湛庐 CHEERS

与最聪明的人共同进化

HERE COMES EVERYBODY

U0233186

新核心素养系列
New Literacy

人人都该懂的遗传学
Genetics
A Beginner's
Guide

[美] 伯顿·格特曼 Burton Guttman
[加] 安东尼·格里菲斯 Anthony Griffiths
[加] 戴维·铃木 David Suzuki
[加] 塔拉·卡利斯 Tara Cullis 著

祝锦杰 译

浙江人民出版社
ZHEJIANG PEOPLE'S PUBLISHING HOUSE

你对遗传学了解多少？

1. 遗传学起源于什么时候？（ ）

　　A. 19 世纪初

　　B. 20 世纪初

　　C. 21 世纪初

2. 生命体的生长是哪些过程的结果？（ ）

　　A. 细胞生长

　　B. 细胞分裂

　　C. 细胞的重新组合

3. 酶的本质是什么？（ ）

　　A. DNA

　　B. RNA

　　C. 蛋白质

4. 生物体发育的起点是什么？（ ）

　　A. 精子形成

　　B. 卵子形成

　　C. 受精

5. 遗传的物质基础是什么？（ ）

　　A. DNA

　　B. RNA

　　C. 蛋白质

6. 对基因进行界定的角度有哪些？（ ）

　　A. 功能

　　B. 突变

　　C. 重组

扫码下载"湛庐阅读"APP，
搜索"人人都该懂的遗传学"，
获取答案。

前　言

　　时至今日，遗传科学以及与之相关的人类生殖生理研究已经深深影响了人类的生活。本书的写作目的，是让非专业的读者能够更多地了解前沿的基础科学研究和由这些研究引发的问题。在写作这本书时，我们脑中的读者画像是那些曾经接受过高等教育，但是在离开学校之后对曾经学过的知识印象模糊的人。书中罗列了一些基本的遗传学概念，还对一些眼下围绕转基因食物，甚至是转基因人类的争议的背景做了介绍，希望它们能帮助读者理解引起这些争议的缘由。

　　目光短浅几乎已经成了现代人的标签。我们总是倾向于认为人们对遗传学的兴趣以及和遗传学有关的知识都是非常现代和新潮的事物，还有人会觉得遗传和生殖问题是分子遗传学发展的产物，它们出现至今只有区区几十年。纠正这类认知也是本书出版的目的之一。我们在书中对久远的人类历史进行了追溯，古老的神话传说、文学作品、连作者的名字都无从考证的艺术品残骸，我们可以透过这些对古人当时的所思所想和所见所感有所体悟。对遗传和生殖问题的关切是人之常情，它的历史跟人类这个物种存在的时间几乎一样长。生殖是每个物种最基本的关注点，只不过很多生物缺乏感受和表现这种关注的意识活动。我们无从知道数百万年前的人类祖先，如能人和直立人开始产生自我和存在意识时，他们会想些什么，但是无论怎么说，在遥远的过去，肯定有那么一个时间点，原始人开始意识到自己的存续必须仰赖于新个体的诞生，他们开始好奇生殖现象的原理，以及如何让自己生一个健康的孩子并使他（她）符合大家对一个"人类幼崽"的期待。我们将会看到，在驯化动植物的活动出现之后，人类对遗传的关注以及对它的控制欲望都开始飞速增长。

我们会用一些篇幅来探讨艺术和文学作品中的真知灼见，这并不是烦琐和不必要的，它们是人类知识不可分割的一部分，只要时机恰当，我们就会设法加入这方面的内容。因此，这是一本想要吸引很多对科学或人类文化感兴趣的读者的书。除了零星涉猎的艺术和历史以及直接呈现的科学结论之外，我们还想向读者介绍另一个现实的层面：现代科学的研究过程。科学依然是激动人心的人类活动之一，所以关于它本身的故事值得好好说道。与此同时，人类也应当理解科学研究的逻辑和界限，这样才能以恰当的眼光看待科学这种文化现象。

对于现代遗传学引发的争论，我们希望给读者提供一种客观中立的视角。事实上，在写作本书的过程中，我们的观点并不是和谐统一的，但我们会努力把文本内容修改到能被所有人接受，这在一定程度上保证了本书的客观性。如果在读者看来，书中的某些内容仍然带有倾向性，那是因为我们认为类似的自由人文主义倾向在生物学的范畴里是合乎情理的。本书的作者们不是科学的狂热啦啦队，因为我们对每一种科学创新都隐含风险的事实心知肚明；同时，我们也不是卢德分子 ①。在重组 DNA 技术刚被发明的时候，许多德高望重的科学

① 卢德分子：19 世纪早期以破坏工厂和设备、反抗工厂主剥削和压迫的反智工人运动的参与者。——译者注

家都站出来向世人警告它可能造成的灾害。回首过去，我们可以看到，科学家在预见和预防技术风险的方面起着举足轻重的作用。只要出台合理而可行的监管举措，再加上对灾难性后果的畏惧，人类总是有可能在通过新技术获益的同时，避免被技术反噬。这似乎是我们在面对新技术时可以采取的最合理的态度。但是，每种技术都会带来严重的社会和伦理问题，这势必在理性和博学的人群里引起争论。我们希望通过努力，把这些问题呈现到读者面前，同时也对一些主要的观点略作介绍。

我们还相信，全人类作为同一个物种并没有生物学上的高低贵贱之分。在当前的时代，世界范围内依然有很多人因为自己"错误"的肤色或者"错误"的母语而遭到骚扰和迫害，新纳粹分子依然在艾奥瓦州和爱达荷州肆虐，散布遗毒，在这样的背景下，重要的是科学家们必须意识到"科学的道德优越性"（ moral un-neutrality of science ）——这是由作家兼科学家查尔斯·斯诺（ C. P. Snow ）提出的说法，显然在生物学领域非常受用。我们在书中会提到，不同人群的内部个体和人群之间都有不小的遗传学差异，但是这些差别只局限在有限的范围内，此外，它们也不能作为区分优劣的标准。我们希望，这本书至少能为那些疑惑的读者呈现一些道德方面的事实。

1

遗传学的过去、现在和将来

遗传学起源于什么时候?

神话与遗传学兴起有什么关系?

为什么有些新生儿一出生就带有缺陷?

遗传学在科学中有着怎样的地位?

GENETICS

"为什么吉米长着一头和他妈妈一样的红发，而不是像爸爸那样的棕发呢？"

"为什么人生不出小狗来？"

"马和奶牛能交配并生崽吗？"

"为什么玛丽的父母那么矮，她却长得那么高？"

和成年人相比，孩子们的这些问题总是少了几分先入为主，又往往直指生命最深奥的秘密。事实上，这些疑问已经困扰了哲学家和科学家数千年之久。为了回答它们，人们借助过神话，借助过迷信，最后不得不用名为"常识"的世俗认知敷衍了事。

我们总是理所当然地认为每个物种都是亘古不变的——一代又一代，奶牛总是生出小奶牛，胡萝卜的种子只能长出胡萝卜，而女人也只能生出人类的婴儿。《圣经》的作者为之深深折服，他在《创世记》中把物种繁衍的能力赞颂为神的旨意。

神说:"地要发生青草和结种子的菜蔬,并结果子的树木,各从其类,果子都包着核。"事就这样成了。

神就造出大鱼和水中所滋生各样有生命的动物,各从其类。又造出各样飞鸟,各从其类。神看着是好的。

但是另一方面,每个物种的个体之间在外形和样貌上又存在巨大的差别。对此,你只要看看大街上形形色色的行人就可以略知一二了。人类繁衍的后代,不仅符合作为"人类"的各种特征,他们在外貌上也会更接近自己的亲生父母。我们身上不光有"各从其类"的指令,还有决定诸如每个个体的身高、体重、肤色、眼睛、毛发等特征的具体指令。我们的祖先一方面把繁衍中的这些现象当成理所当然,一方面又试图寻找合理的解释,只是久久没有人能想明白。无奈,历久经年的追寻无果让人们一头扎进了神话和迷信里。

人类个体特征变化的范围非常大,大到人们偶尔会认为某些新生儿长得根本不像人。极端情况下,有些新生婴儿会患有严重的先天畸形,公众的想象力往往会把他们塑造成某种祥瑞或者天启。通常人类的后代都是普通人,但是多亏了人类特征的浮动性,才让每个新生儿显得独一无二。为什么生物在繁衍的时候能够同时保持自己的物种稳定性和个体的差异性呢? 这个明显的生物学悖论只有通过我们对遗传的研究才能解决。由此,我们把研究生物遗传现象和遗传规律的学科称为"遗传学"(genetics)。

现代遗传学起源于 1900 年,那一年,人类发现了生物的遗传性状在代际传递的基本法则。同样的法则也适用于所有动植物和微生物,类似的通用法则揭示了生物体之间相似的本质。不仅如此，遗传学的发现还赋予了人类操控物种的巨大力量。应用遗传学家们借此成功地培育出了高产的家畜和农作物品种，可以量产抗生素的真菌品系，以及自然界本不存在的珍奇花卉和金鱼。自从人类理解了生命的分子基础，通过基因工程技术改造生物的能力便由科幻电影变成了现实。每天充斥媒体的新闻和故事无时无刻不在宣告，我们已经身处基因工程技术的新纪元。

通过把遗传法则应用于人体，人类知晓了许多遗传病的发病机制及生理和行为学特征的基础。遗传学因此成为我们认识人类本质的又一个角度，发展更早的内分泌学、生理学和胚胎学已然为研究"人类"立下汗马功劳，可以预见遗传学也不会例外。虽然起步较晚，但是遗传学领域的发现已经给我们带来了极大的道德和伦理冲击。比如，一对富有远见的夫妻在什么情况下会选择堕胎——当胎儿有严重的生理或心理缺陷，如患有唇腭裂，还是当他们对孩子的性别有期待时？发育中的胎儿在哪个时间点才能被定义为人？还是这个问题本身就毫无意义？在第一颗原子弹展现了惊人的破坏力之后，1947 年，英国作家阿道司·赫胥黎（Aldous Huxley）在为《美丽新世界》（*Brave New World*）所作的序中写到：

> 在日本投放的原子弹一定会在人类历史上留下肮脏的污迹，但是人类演化的进程却不会为之动摇……人类真正的变革总是源自灵魂和血肉的深处，而不会基于外部的因素。

如今，这段话正在渐渐变成现实。当新纪元来临，我们最好已经对新技术所处的历史和社会大环境做过一番审视。

寻找秩序和意义的原动力

著名的微生物遗传学家弗朗索瓦·雅各布（François Jacob）曾经通过自己的观察总结说："赋予宇宙秩序是人类大脑对世界进行理解的必要过程。"每一个呱呱坠地的婴儿都只能懵懂地感知周遭的世界，他们缺乏系统性解释自身感觉的框架。但是随后，无论这个孩子是出生在位于巴西－委内瑞拉边界上、沿袭着石器时代生活方式的亚诺玛米（Yanomami）部落里，还是达拉斯某个富裕白人家庭的公子哥儿，抑或是纽约市哈姆莱区①街头的黑人小孩，他们很快就会通过语言学会如何用社会规范衡量自己看见的事物。没有了这些规范和框架，人们的生活也就失去了意义。伴随人类语言和概念化能力在演化中的不断精进，为世界创造秩序的需求反客为主。

可以想见，原始人肯定认为自己置身的世界充满了神秘，他们试图用自己假想的念头解释看见的现象，理解自己与其他动植物的联系，弄清后代之所以出生、之所以与双亲神似又不完全相同的原因，以此达到自身、社会和世界的逻辑统一。原始人没有对这样那样的现象习以为常、视而不见，相反，他们挖空心思地想为各种现象寻找解释，哪怕它们既牵强又不着调。未知意味着不可预测，而不可预测的东西总会带来恐慌；原始人想要对抗未知的恐惧，他们的办法是用秩序替

① 哈姆莱区：纽约市的黑人居住区。——译者注

代混沌。由于意义感来源于对碎片信息的相互关联，按照克劳德·利维－斯特劳斯（Claude Lévi-Strauss）的说法，原始人擅长用累加法（totalize），他们习惯于把所有的经历进行叠加，构建知识和经验的统一体。在这个统一体里，他们将不同的事物分门别类，以类比和个人体验为根据，竭尽所能地在不同门类之间创造联系，这个知识统一体就是原始人用于理解世界的武器。即便如此，细致的观察往往还是无法让人们明白现象背后的机制，于是对于自然现象的解释渐渐走上了歧途，人们煞费苦心地创造了包罗万象的神话故事、上古传说以及宗教教义，这些假想的东西成为他们自我安慰的救命稻草。观察和由观察激发的想象是科学的前身。在那些年代，无论是纯粹的记述还是二次创造，脱胎于人类想象的假设和理论都有可能成为广泛认同的事实。从这个角度说来，它也是文学和艺术的前身。

由于原始人对现代科学一无所知，所以我们常常会把他们关于神明和勇士的奇遇，以及魔怪给人间带来祸患的传说故事当成愚昧腐朽的陈词滥调。但是这种对神话传说不胜其烦，认为它们过时、一无是处的态度是不对的，它们在事实上也许不够客观，却是研究人性的无价瑰宝。不少学者发现，比如约瑟夫·坎贝尔（Joseph Campbell）[①] 和克劳德·利维－斯特劳斯，虽然许多地方的文化有差异，但神话诉说的题材却大都相同，它们关注所有普通人关心的问题，是一些我们都会有的想法。随着世界一体化进程的加快，人和人之间的相似程度到底有多高成为亟待解决的问题。神话学恰好是研究人类心理、普适的人

---

① 美国著名作家，神话研究学者，他创作了一系列影响力极强的神话学巨作，其著作《千面英雄》《指引生命的神话》《英雄之旅》《追随直觉之路》《坎贝尔生活美学》中文简体字版已由湛庐文化策划、浙江人民出版社出版。——编者注

类动机、恐惧以及思考规律的学科。虽然限于篇幅我们无法在这里对每一条都展开来探讨，但是作为生物学专业的研究者，我们需要时刻记得在研究人类机能的时候把这些也纳入考虑。

不仅如此，马克·肖勒（Mark Schorer）还拓展了神话学的内涵："神话学旨在赋予日常生活中的事实以哲学意义；也就是说，为客观的经历赋予主观的意义……所有真实的信念都属于神话学的范畴。"按照这种定义，科学也可以被划入神话学。以科学作为事业的人对自己的奋斗价值往往怀有坚定不移的信念。我们普遍相信，获取更多的知识和对自然世界的孜孜以求是一件好事，它可以让生活更美好，让世界更多彩。我们相信自然界由一个又一个独立的事实真相组成，事实真相之间由错综复杂的因果链相连，而我们研究和试图理解的正是这些事实间如何联系的细节。除此之外，对科学知识的追求也让我们每天的生活显得更有意义。这些信念既不正确，也没有错误。它们不是我们试图论证的东西，而是可以指导我们努力的方向，用于衡量事物活动对人类是否有用、是否能够让我们满足的标准。

肖勒的话强调了神话学作为一门学科，能够帮助我们理解人类生活中特定的方面。科学亦然，它长于归纳，寻找事物的普遍规律。万有引力定律告诉我们，物体之间由于相互吸引而趋于向对方运动，而运动的速度取决于两个物体的质量和距离，实验证明，地球表面的物体会以 $9.8m/s^2$ 的加速度落向地面。如果有一个花盆从窗台上掉下去，我们可以据此计算它落到人行道上的时间，以及落地时产生的冲击力；但是科学无法解释为什么偏偏在你路过这里的时候一个花盆飞出了窗户，还不偏不倚地砸到了你的头上。人们往往对后面的问题更执着：

"为什么是我？""世界上有这么多城镇，城镇中有这么多的酒馆，而她却走进了我的这家。"我们总是和《卡萨布兰卡》（*Casablanca*）中的里克一样，执着于为生活中琐碎的小事寻求特别的意义。但是科学向来对赋予主观的意义爱莫能助，除非我们都只满足于用凑巧来解释生活经历和自然现象，并且甘愿做一只井底之蛙，否则我们必须在其他领域寻找慰藉，而这个"其他领域"通常是神话学。

时至今日，我们的知识被切分成了相对独立的学科或者门类，如科学、艺术、商业、礼仪规范、宗教信仰以及神话学等。叠加、统一的知识体系已经作古，独立、分裂的学科正在大行其道，没有谁能够轻易地成为一名在各个领域都驾轻就熟的"通才"。也难怪如今人们时常惴惴不安，因为我们害怕意义缺失带来的空虚感死灰复燃。

现代科学的面貌

遗传学是现代生物学的一个重要分支，为了更好地理解它，我们需要参照现代科学这个更大的背景。作为一种人类活动，科学是人类文明的主要特征之一。收集和组织知识可能是人类最突出的特点，本书撰写的目的之一，就在于向读者展示科学研究的过程，及其强大和激动人心之处。不过，我们也必须看到，人类文明中包含的另一些活动不是，也永远不会是科学。

虽然科学的本意是理解自然界的运行规律，但是它在发展过程中被混入了"知识应当造福于人"的思潮，当下的科学已经朝"改造自然以提高人类生活质量"的方向发生了严重的偏斜。在《旧约》被撰写出来的年代，人类已经把自己对抗自然的经历总结为两条对人类文明影响深远的箴言。

神就赐福给他们，对他们说，要养生众多，遍满地面，治理这地；也要管理海里的鱼、空中的鸟和地上各样行动的活物。（《创世记》）

显然，第一次人口爆炸的种子早就埋在了第一条劝诫（养生众多）中。而第二条则成就了犹太基督教中对人类角色的界定：我们要执掌和治理自然。

我们会在第 2 章里看到，人类对于遗传学的热衷可以追溯到公元前 9 000 年到公元前 7 000 年左右的新石器时代，作为农业的萌芽，那时候的人类刚刚开始学习如何驯养野生动植物。他们很快就发现，通过配种选育可以提升农作物和牲畜的品质。在此基础上，一些心思缜密的人就开始考虑能否用同样的方式改进人类自身。古希腊时期，普鲁塔克（Plutarch）[①] 在记录中称，斯巴达城邦的开国元勋莱克格斯（Lycurgus）曾创立过一个议会，以确定哪些夫妇可以生育符合斯巴达理想的后代。资质低于标准的新生儿都会被遗弃在泰格特斯山脉的山脚下自生自灭。即使是在民智开化、无上高贵的雅典城邦，苏格拉底也曾说过，连猎狗和鸦雀尚需保持血统的纯正，城邦怎能对女人和男人的繁衍有所怠慢。虽然这些理念从来没有被广泛地付诸实践，但是围绕它们的争论在之后持续了将近 1 000 年，这足以证明人类对完美主

① 古希腊历史学家。——译者注

义的偏执，相关的讨论我们将在第 15 章继续。

　　显然，追求人类和自然的极致之路需要知识的指引。17 世纪，英国哲学家弗朗西斯·培根有一句经典格言："知识就是力量。"诚如培根所言，科学知识如果被套上技术的马鞍，就可以成为助力人类进步的巨大力量。而在培根看来，衡量所谓的"进步"的标准与《圣经》不谋而合，进步即意味着对自然的征服。虽然培根对后世的影响很可能遭到了现代学者的夸大和曲解，不过他对实验手段的强调、对"进步"的理解的确左右着英国皇家学会的科学家们。培根学派的观点是推动英国科学革命的中坚力量，为科学发展指明了前进方向。

　　如今，对人类社会最具爆炸性冲击力的莫过于科学的技术化应用。人们对现代科学带来的冲击怀揣着两种相反的态度，按照亲疏程度可以分为两种：一种是完全接纳科学带来的变革，痴迷程度堪比宗教；一种是不安与害怕，对其退避三舍。在罗杰斯（Rodgers）和哈默斯坦（Hammerstein）改编的音乐剧《国王与我》（*The King and I*）中，暹罗国的国王想要把自己的帝国变成一个现代化国家，应允并推行了许多"科学客观"的政策，却唯独苛责剧中的女英文家庭教师安娜，原因是国王嫌弃她做人做事"不够科学"。广告商们早就看透了我们认为"只要是跟科学沾边的东西就是物有所值的好东西"的偏见，借机推销自己的产品。不仅如此，有科学家和相关部门的领导也加入了这个队列，他们极力推崇一种观念——科学至上主义（scientism），认为科学应当在我们生活中得到充分应用，并成为回答所有问题的唯一手段。这些人会尝试为情感或美貌建立方程式，用智能电脑生成艺术品，或者把落日之美简简单单解释为神经元活动的产物。他们没准还会提倡用药物、电疗和选育的方法来约束怪癖行为或管控不合规矩者。

这太愚蠢了。人不是纯粹为了解答问题和获取知识而活的，人类活动的方方面面可以用图 1-1 表示。

工业

体育

文学

科技

艺术

戏剧

音乐

图 1-1　人类活动的多个方面

标着"科技"的那一块分区只是人类活动的众多方面之一。很多科学评论家为了让我们认清科学的局限性而大声疾呼，但从图中可以看出，每种活动都有"边界"，但没有"限度"。我们描述、理解和寻找万物运行规律的能力——即科学，有无限的提升空间。富有创造性的人们也会不断地创新，使艺术、音乐、文学枝繁叶茂。艺术与科学是紧密相连的，艺术会从科学中汲取营养，如新技术和世界观；而科学也可以看作一种艺术，因为很多时候科研都会受到审美观的引导。达·芬奇也曾研究过人体的结构，塞尚等印象派画家也对空间和光线的特性颇有见解。但从根本上说，艺术与科学是两种不同的人类活动，它们追求的目的不同，而且也不可替代。艺术和科学都可以丰富日常生活，却又都不会成为生活的全部。即便能十分准确地了解我们在看日落、听音乐或感受爱时的神经系统的活动，即便艺术家和作家各尽所能地表现和润色着这些体验，我们还是会愿意亲自去看日落、听音乐和感受爱。

在伦理道德这块，人们会问一个特别难回答的问题——不是人们都会做什么以及为什么这样做，而是人们应该做什么。伦理道德与科学的联系非常复杂，本书想要说明的是伦理要怎样约束科学研究，以及新的科学认识怎样影响伦理甚至催生更多的伦理问题。我们无法对这些问题做出解答，但至少可以对其分门别类，讲明重点、难点。

我们反对科学至上主义，科学的地位只是人类努力的方向之一。那害怕、抵制科学的反对声又是怎么回事呢？世界被科学技术彻底地改变了。60 年前出生的人完全不知道喷气式飞机、DDT、塑料、电视、核弹、晶体管、激光、计算机、卫星、避孕药、心脏移植、脊髓灰质炎疫苗以及产前诊断等东西。这一股信息和技术的洪流如排山倒海一般带来了巨大的冲击，人们就像尼安德特人拿到火枪一样不知所措。在一定意义上说来，这种培根式的理念把我们带到了如人类启蒙时期一般恐怖混乱的世界。科学似乎正在全盘接手人们的生活并加以转化，然而它却以某种方式剥夺着生活的丰富度，还依然不能为一些重要的伦理问题给出答案。在过去，人们面对这种情况时会求助于神明、牧师和有问必答的先知。在今天，我们寻求对无常大自然的解释和控制的对象不再是神，而是科学家，他们是会犯错的凡人。在一个以科学为主导力量的世界中，许多人依然会陷入迷信或准宗教，多少有点可笑，但也不足为怪。在物理学和矿物学日趋完善的时间里，有人鼓捣出了占星术，认为水晶具有某种神秘的力量。在生理学和分子生物学逐渐为人们所熟知的今天，有人又琢磨出了虹膜学和反射学，并四处吹嘘这些旁门左道的疗效。

培根预想上帝的造物会因科学而绽放光彩，但事实上，科学却成了宗教最大的威胁。哥白尼、开普勒和伽利略在颠覆"地心说"的同时，也为牛顿铺平了道路。地质学家推算的地球形成的时间越来越早，远远超过詹姆斯·乌雪（James Ussher）主教提出的创世日期（公元前4004年10月23日）；达尔文的"进化论"动摇了《圣经》的"创世论"。教会凭借着其受神启发的著作，与手握实验证据与观察结果的科学家们争辩是非。在这场辩论中失败后，宗教在道德上的权威也逐渐消亡，形成一个道德空洞，然后科学家们不断地向其中填充控制、征服自然的智慧。其实宗教并不适合这种对抗，同样，科学也不是为解决重大伦理问题而生的。

经常有人批判科学，说其脱离文化、无视对社会的影响：

> 现代科学对基本问题的关注奇缺，例如有关结果和方法的关系问题。它过度的工具主义（instrumentalism）充分表现在其控制和主宰自然的欲望上，几近毁灭自身。

这种批评通常是正当的，起码对于那些想专心致志做研究的人来说是这样。我们在本书中会提到此类案例并思考其含义，但要客观地看待这种批评，就需要分辨科学家和研究的场合。据估计，现今 95% 的科学家还在做科研，并发表成果。相比之下，只有少数科学家作为学者供职于学院、高校以及做基础研究的机构中。然而，革新人们对世界的认知的那些研究大多是在这些地方进行的。现有半数以上的科学家和工程师在为军方做研究或全职为军方工作；余下大多数在给私人企业干活，其中就包括搞基因工程的企业。权力和利益成了科学运用的两个主要导向，而大众福祉、社会与环境的长远利益就成了次要目标。

基础科学作为一个整体总是离不开文化背景，极少例外。培根的理念强调搞科学必须要心怀慈悲，心系人类社会的进步。而因在第二次世界大战期间研制了核武器，现代科学在社会意识上无疑越过了一个分水岭。如尤·罗伯特·奥本海默（J. Robert Oppenheimer）所言："物理学家尝到了罪恶的滋味。"可以看到，当现代遗传学研究的基本方法——DNA 重组出现时，科学界很快意识到了它的社会意义和潜在的危险并自我警示，不过也有人认为没必要大惊小怪。

章后总结 ●

1. 人类个体特征变化的范围非常大，正是因为这种浮动性，才使每个新生儿都显得独一无二。遗传和变异是物种繁衍的同时保持本物种的稳定性和个体差异的关键。

2. 现代遗传学起源于 1900 年，在那一年，人类发现了生物的遗传性状在代际传递的基本法则。

3. 遗传学是人类感知周遭世界，并赋予其系统性解释的结果之一。在原始人类中，他们把对遗传学的早期认识与神话结合在了一起。

2

从神话传说到现代科学

遗传学的定义是什么?

古人类早期关注遗传学的证据有哪些?

血统和阶级概念反映了古人什么样的遗传学认识?

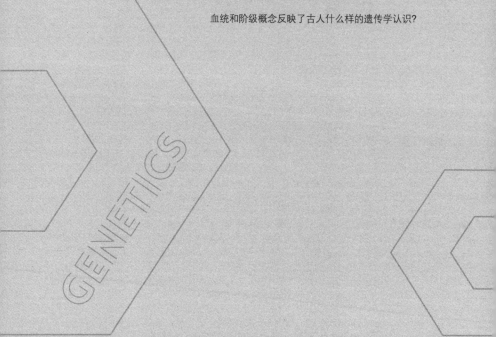

遗传学的概念可以追溯到很久以前，科学不是在 20 世纪凭空出现的，人类可能在意识启蒙时期就思考过遗传的问题。人们对选育法的掌握更是助推了文明的诞生。

就像远古的祖先和近亲物种那样，原始人类在很长一段时间内都以狩猎和采集为生。但在进化过程中，人类的大脑发育得越来越大，越来越复杂，变得能认识自然规律。这样的大脑让我们能够记忆、向别人学习、避免重复以前的错误并不断进步。在大约一万年前，一些新石器时代的古人类——有可能是在男人外出打猎时照看营地的女人，产生了养殖、培育农作物的想法。在约旦河谷的耶利哥古城和连年洪水泛滥的埃及平原等地方，古人发现把种子种在地里浇上足够的水就会长出有用的植物。有了这样一个可靠的食物来源，人们就不用再经常迁徙、采集食物与狩猎了。于是，古人从游牧民变成了定居的耕作者。

最初，古人对作物的选育只是无心插柳。他们四处采集可以食用的瓜果，随手种下的种子长成了作物，形成了最早的作物选育。狗、山羊、牛、绵羊等野生动物被庄稼吸引来，捡食人们的残羹剩饭。其中一些动物被人们捉到圈里留作食物和毛皮储备，或用作苦力。后来，人们开垦土地时留下的水果树和坚果树成了最早的果园。就这样，智人进入了农耕时代。

世界各地的古人类也在时不时对耕种做一些尝试，但大多以失败告终。大规模的农耕文明主要起源于两个地区：公元前约 9 000 年到公元前 7 000 年，从美索不达米亚平原到中国的南方；公元前 5 000 年到公元前 2 000 年，从墨西哥到美洲的秘鲁。新大陆的贡献不容小觑，当前人类种植的农作物中有约 60% 都是哥伦布发现新大陆之后逐渐传入欧洲的。现今的牲畜和作物只是人类当初尝试驯化的物种中的一小部分。

不仅如此，古人对动植物繁衍中"各从其类"的现象早已心知肚明：结大果实的植物的种子会长出产大果实的植物，毛质好的绵羊的后代长出的毛也不会差到哪里去。一旦明白了"龙生龙，凤生凤"的道理，人们就开始按需要"管束"自然。

农业带来的影响是惊人的，认识的突破为人类进化带来了一场变革——文明的进化成了推动人类历史发展的强劲力量。由于食物来源不再依赖于采集和狩猎，驯养动物、种植植物让人类过上了安土重迁的生活。随着人口激增和大面积开垦农田，社群的需求日渐多样，成员的分工和技能越发专精：需要有人防御游牧民族的劫掠；需要有人对农作物进行栽培、灌溉、收割和储存；还需要有人从远方搜集建造材料。分工给人们留下了更多的时间去思考、想象和创造，而这些正是刺激文明发展的东西。这些空余时间也开拓了实验和变革的新途径：

陶艺、纺织、冶炼和制轮技术，每一样都提高了人类驾驭环境和掌控自身命运的能力。当人们完成从不断迁徙的猎人和采集者到会养殖动植物的农民的蜕变，文明的诞生就指日可待了。

人类对遗传学的原始兴趣

在历史中追寻人类关注遗传学的早期证据时，我们发现即便是旧石器时代的人类也基本领会了生殖的规律。以远古壁画上对人类和动物交配与繁育行为的刻画为例，这些壁画往往有两个方面的作用。一方面，它们以一种交感巫术①式的方式承载着古人对自身和驯养物多子多孙的希冀；另一方面，这些壁画同时能用以告知孩子们人类和他们赖以生存的动物的长相、生命周期和生活习惯。这些壁画表明，古人在雕刻、绘画或书写其传说和神话时，已经对遗传学的原理有了懵懂的认识。当初古人在创造那些源远流长的神话时，已经懂得通过精心选择公母种的品相来改善动植物的某一性状。这些故事作为记录新发现的载体，反映了人们的这种领悟，为遗传学历史提供了重要的线索。

神话有一条定律：诸神万世难逃红尘百态，嬉笑怒骂皆是人间烟火。古时候的神话是对侵略、迁徙、朝代更替、接纳异教团体和社会改革等事件的夸张简述。当面包传入希腊时（在那之前人们只知道豆子、罂粟子、橡子和水仙根），德墨忒耳（Demeter）和特里普托勒摩斯（Triptolemus）的故事就对其进行了神化；在威尔士，同样的事件催生了古老的白人神话（The Old White One）——一位女神带

---

① 对代表某物的东西施法进而影响原物的巫术。——译者注

着谷物、蜜蜂和自己的孩子周游全国；在农业方面，养猪和养蜂是被同一批新石器时代的入侵者教给原住民的。除此之外，还有神化酿酒法的传说。

古人对生殖和遗传关注的广泛度和深度可以从一些主流文化提出的观点中见识到，古人驯化动植物的理念就是一个典型的例子。在农业和养殖技术出现后，人们的目光转移到了自己的繁衍上。神话中详尽阐述了诸如婴儿怎样诞生、其性别如何决定等问题，让我们来简单看一看早期的一些解答。

为每一个有用的物种指定一个保护神

在众多的绘画、雕刻作品和神话故事中，古人记载了各种可以利用的农作物和牲畜，以及它们的出现对社会的影响。每当驯化一种有价值的动物或植物后，人们通常会指定一位神来代表或守护它。通过用祭品敬拜神或平息神的怒火，人们就可以借由这位神明左右无常的自然，同时这也表现出人们对相应植物或动物的感恩和依赖之情。为每一种植物和动物指定的保护神，对于创造它们的文化有着重要的象征意义。

古埃及的相关范例更为丰富。人们把对其十分重要的麦子和葡萄的培育归功于大神奥西尔（Ousir）。在古埃及神话中，奥西尔的降临是为了教授庶民如何用犁耕地、播种、收割庄稼，他还让人们尝到了面包、葡萄酒和啤酒的美味。英俊的奥西尔是一位特别善良的神，性格温和、歌声迷人，从埃及出发走遍世界，传播耕种技术并催生文明，就像史前的苹果佬约翰尼（Johnny Appleseed）[①]。奥西尔的妹妹兼妻子伊西斯（Isis）教会了埃及妇女把谷物磨成粉，还有用亚麻纺线织衣。女性可能是历史上最早的耕种者，在男性忙着用更原始、低产而不稳定的方法获得食物和衣着时，是她们驯化了可食用植物与小型动物，如山羊和绵羊。在伊西斯－奥西尔神话的那个时代，社会上开始出现约定俗成、按部就班的驯化方法，而这些神话故事的细致程度也显示了古埃及人探索和利用植物的超高水准。

有一些动物在伊西斯－奥西尔神话当中起到了很关键的作用，尤其是牛。我们很难确定牛是什么时候被驯化的，最早的洞穴壁画表明，家牛来自三个祖先种：欧洲的两种野牛（Bos primogenius 和 Bos longifrons）与出自印度和非洲的肩峰牛（Bos indicus）。人们在阿特拉斯山发现的新石器时代的艺术作品描绘了温顺的牛任由绳子牵着走的样子。在伊西斯－奥西尔神话形成之前，古埃及人就完成了对牛的驯化，因为伊西斯是和她的圣宠奶牛联系在一起的，所以伊西斯和奶牛女神哈索尔（Hathor）常被混淆。

牛的驯化过程一定是漫长而又艰辛的，因为原品种的野牛体形庞大、性情凶猛。人们可能先是把野牛抓起来关进结实的畜栏里，通过一代又一代的人工选育，某些性状逐渐得到积累和改良，直到新品种诞生。也许挑选宗教祭品的做法加速了驯化过程，把最大、最凶、最显眼的动物个体献祭给神明，就等同于留下了较小、较温顺的个体来繁衍后代，于是野性就逐渐地从群体中被移除了。也许人们最开始是

① 本名约翰·查普曼（John Chapman），美国苗圃工，他把苹果树传播到了美国的许多地区。——译者注

在无意识中驯化牛的，后来才意识到不管是挤奶还是放牧，温顺的牛都要省心得多，随后才发展成进一步的、有意识的驯化。

驯养得来的、听话而多产的牲畜对古代社会意义非凡，以至于公兽和母兽都被人们与神联系起来。神话故事中常有牧师促进驯养方法优化的记载。每当一种经驯化的动物（牛、奶牛、猫或狗）成为一位神的圣宠，古埃及人就要学习新的遗传学知识，用以选择、培育带有特定标记的动物来接续神殿中的神兽。举个例子，人们认为孟菲斯的诸神之一——卜塔（Ptah），曾让一头处子之身的母牛怀孕，母牛产下了小黑牛哈比（Hapi），或称埃比斯（Apis，希腊语）。卜塔的化身哈比被供养在孟菲斯的卜塔神庙中。这头牛死后，牧师就要找到它的继任者，这可不是随随便便哪头牛犊都可以的。哈比必须是黑色，而且在额头上要有一个白色三角，在背部、身体右侧和舌头上各有一道白色花纹，分别代表秃鹫、新月和圣甲虫，它尾巴上的毛必须分两岔。为保证总有一头合适的牛来代替将死的哈比，牧师们会让较有希望的公牛和母牛配对繁殖来生育一定数量带白花纹的黑牛。神殿院子里进行的每一个实验都让牧师们获得了更多选育的道理，于是关于生殖和遗传的认识开始快速增长。如此一来，培育牛获得了人们的崇拜，而后者又刺激了实验的进行。

其他文明的神话故事中也有关于培育植物和养殖动物的记载。西亚人在古希腊时代之前就明白两性和生殖之间的关系；巴比伦人和亚述人在公元前 5 000 年就知道枣椰树分雌雄株；公元前 1790—公元前 1750 年的汉谟拉比时代（Hammurabi）之前就有人在做人工授粉。在亚述巴尼拔时代（Ashurbanipal，公元前 870 年）的许多浮雕中，牧师们戴着面具、插着翅膀以代表长翅膀的精灵，他们用松果蘸取金色袋子中的雄株的花粉授给雌株的花。显然他们是认识到了植物有雌雄之分，需要授精才能繁衍。人工授粉的做法促成了许多枣椰新品种的培育，到现在为止，被命名的品种已经超过了 5 000 种。

5 000 年前的古中国人凭借遗传学知识培育了漂亮的玫瑰。种植玫瑰曾十分盛行，以至于汉朝皇帝不得不毁掉很多花圃来为食品生产腾出土地。两个中国的玫瑰变种——月季和蔷薇，直到 18 世纪、19 世纪才传入西方。但克诺索斯（Knossos）的湿壁画表明，公元前 1 600 年的克里特人（Crete）也培育过玫瑰；1 000 年之后，两种新玫瑰——法国蔷薇（Rasa gallica）和大马士革玫瑰（Rosa damascena）出现在了埃及的绘画作品和织物上。从古至今都有人培养变种玫瑰，比如迈达斯（Midas）国王的花园里生长着 60 瓣的玫瑰花。

有关农业的神是希腊、罗马神话中最早出现的。之后，随着驯化的普及，文明之间的冲突变得更加频繁，于是原先的神当中有许多都被替换成了不那么和蔼的神。希腊神潘留存了下来，他有着半人半羊的形态，是牧羊人和羊群的守护神。传说他可以让绵羊和山羊多产，还因此在人们心中留下了一个顽皮的形象。潘因为把农耕文明带入希腊而受人尊敬，据说他还会教授人们养蜂与培养橄榄和葡萄。

希腊神话中随处可见的遗传学创造力反映了当时社会对生殖的理解程度。希腊人懂得每种生物都是纯育的——只生育与自身相似的后代，还有动物个体会表现出父母双方的特征。然而，就像后来的许多文化一样，古希腊人不明白物种间的生殖隔离，还把一些不寻常的动物（如长颈鹿）当作不同物种间交配产出的后代（如花豹和鸵鸟）。这种认知反映在了神的宗谱中。为了解释人羊嵌合的潘，人们就说是阿卡迪亚（Arcadian）中的神赫尔墨斯（Hermes）以雄山羊的形态接近珀涅罗珀（Penelope）并与其交配。与之相似的还有迈诺斯（Minos）的妻子帕西法厄（Pasiphaë），据说她与一头公牛交配生下了有名的弥诺陶洛斯（Minotaur）——半人半牛的克诺索斯迷宫怪兽。

神话告诉我们，像山羊和牛一样，马在古希腊早期就被养做家用。在荷马创作《伊利亚特》（*Iliad*）的公元前 900 年，动物养殖在人们的日常生活中就已经相当重要了，书中对特洛伊人埃涅阿斯（Aeneas）繁育的某个品种的马有一段这样的描述：

> 它们源于万能的宙斯为回报特洛斯（Tros）之子伽倪墨得斯（Ganymedes）而赐予他的同一群马，它们是全世界最好的马。后来安喀塞斯（Anchises）王子在没有拉俄墨冬（Laomedon）的准许下偷偷地用母马与它们交配，在他自己的马厩里产下六匹小马驹。他留下四匹自己饲养，将另外两匹赠送给埃涅阿斯做战马。如果能抓住它们，我们应当非常自豪。

在约公元前 100 年的古罗马时期，维吉尔（Virgil）搞清了培育马和牛的原理并留下了这条箴言：

> 正当牲畜年轻力壮时，放开公兽让它们尽早交配，一代一代，如此反复。

英格兰石灰岩壁上独特的古代雕刻同样提及了马的重要作用。

从这些出自不同文明的神话故事中可以看出，理解动植物生殖规律对文明的崛起和神话的起源起着至关重要的作用。神话是对古代知识诗意的、富有想象力的渲染，它把原始的科学认识和历史传说创造性地融合到了一起，使得知识更有条理，也为早期人类在已知事物和未知事物间找到了平衡。当这些文明进一步发展，像亚里士多德这样的思想家便开始区分事实与想象，于是科学逐渐从迷信中脱出身来。最初人们对遗传学的阐释离科学十万八千里，但是它们让人相信遗传学是有规律可循的，如果不然，人们哪里能有如此持之以恒的兴趣和热情去探索后来的那些规律呢。

可遗传的血统和"社会阶层"

孩子和父母之间显著的相似性是一种普遍现象。古代人类无疑注意到了有共同祖先的人会彼此相似，也因而非常看重血缘关系。血缘概念为发展中的社会增添了凝聚力，在此基础上，"血浓于水"的观念无形中在古代家族里成为一种世代相传的思想。古老的故事都会强调血统是决定一个人性格的关键因素；《旧约》长篇的"产生"（begat）中通过把家族或个人与受尊崇的祖先相联系来赋予其荣耀。人们认为环境是次要的，有血缘关系的陌生人比邻里之间更为亲近。北美地区最神圣的仪式，就是没有亲缘关系的人们在自己身上割出小伤口，而后互相把血混在一起，以此互称"血盟兄弟"。

按照血缘关系把人按亲缘、家族分组，使社会具有了空间性的结构和暂时的稳定性。

> 古代希伯来社会的基本组成单位是户……一定数量的互相关联的
> 户组成宗族，一定数量的宗族组成部落，十二个部落组成一个国家。
> 这些统统都被看作是家庭的延伸，而整个民族因血缘关系合为一体。

在这种社会结构中，人们都知晓自己所处的地位，一种秩序感油然而生。人们从身体、心理和行为的遗传特性中体会到了贯穿过去、现在和未来的联系。这种联系保证了生存的延续性，能够使人们在瞬息万变中获得认同感，也是人类在世间得以永存的必由之路。

除此之外，对遗传学的领悟还使得早期的社会结构有所依凭，例如对社会稳定不可或缺的阶级概念。人们认为个人能力、道德品质和身体素质是遗传而来的，于是统治者的孩子可以继承父亲的王位，其他阶级的家族也能一直保持其社会地位，这些都在遗传概念的背景下变得顺理成章。聪明人的孩子会继承父母的头脑；工匠的后代会继承父亲的手艺；仆从的子女也被认为适合同样的工作。在利维部落的犹太人中，神职是世袭的，西伯利亚族群中的萨满也是如此；在古希腊，占卜术从不外传；而财富和权力不管在哪里都是代代相传的。在印度，种姓制度就是以继承为首要矛盾的社会体系；在历史上的中东和北美，奴隶身份也是代代相传的；而在世界各地，拥有统治臣民这一神圣权力的国王、酋长、皇帝和沙皇，都会通过性和生育把权力传给下一代。人们认为社会公职这样代代相传的制度是在效仿自然的运行规律。

生出带有不治之症的孩子对于任何一个家庭而言都是体力、情感和经济上的极大负担。古印度的《吠陀经》(*Vedas*)和《修多罗经》(*Sutras*)中曾指出过一些疾病的可遗传性。它们劝告要找对象的男青年查证女方的家族史，有时甚至上溯10代之多，就像《八科提要》(*Astangasamgraha*)中说的："要确定她没有遗传疾病且她的家族中也没有这样的病。"这条箴言体现出了古人对于遗传缺陷可能间隔遗传的认识，即一名健康的女性依然可能携带遗传病，并在她的孩子或孙辈里显现出来。这些古籍在哪些疾病可遗传这点上没有达成一致，这也不奇怪，因为传染病和由环境造成的疾病都可能在家族中成批出现。《摩奴法典》(*Manu Code of Law*)建议人们拒绝和有麻风、癫痫、消化不良、肺结核甚至痔疮病史的家族婚配。除此之外，优良品性和做善事的倾向也被认为是可遗传的，《摩奴法典》就劝诫年轻人择友时要看对方家庭是否有好的声望。

古人甚至认为诅咒能遗传。希腊传说中有厄运不断的阿特柔斯(Atreus)家族的故事，它描述了因阿特柔斯杀害了堤厄斯忒斯的孩子使自己的家族走向毁灭的故事，这一故事还曾被埃斯库罗斯(Aeschylus)和索福克勒斯改编成剧本。希伯来神对罪过的惩戒会持续到第三代、第四代。基督教借鉴了这种罪恶的继承性质，称之为原罪，即亚当因违背上帝，他的后代都生而有罪。

至少有一种遗传病——亨廷顿舞蹈症(Huntington's chorea)，使人们相信巫术是可遗传的。这种可致死的疾病会引起慢性的机体萎缩、逐渐加重的阵发性抽搐和舞蹈动作，还有精神反常，如失忆、性格变化或阵发性的暴力倾向。此病只在中年发作，彼时的患者通常已经结婚生子，并把缺陷传给了下一代。此病最有名的患者是民谣歌手、作曲家伍迪·格思里（Woody Guthrie），他在 1967 年死于亨廷顿舞蹈症。他的妻子和儿子阿洛·格思里（Arlo Guthrie）——他显然没遗传此病，在支持寻找治疗方法的研究与呼吁大众关注该疾病等方面做出了许多贡献。

在美国，亨廷顿舞蹈病可以追溯到 350 年以前从英国沙福克郡布尔斯镇移民到马萨诸塞州水镇种植园的一个家庭。马萨诸塞州的清教徒总是对巫术怀有戒心（在英格兰也一样），也遵循《圣经》的谕旨认为巫师必须被处死。著名的科顿·马瑟牧师（Cotton Mather）说巫师们因效仿十字架上受苦的耶稣而亵渎了上帝。因为罹患亨廷顿舞蹈症的妇女阵发性的抽搐符合这一描述，所以马瑟断言，她们的祖先曾嘲弄过被钉在十字架上的耶稣，上帝是在用这种疾病诅咒其家族。移民中一位女性回到了英格兰，并因施用巫术罪被处死。还有一个人——埃莉诺·纳普（Elinor Knap）曾被关在康涅狄格州的牢笼中示众，任由人们观赏她"女巫般的"行为；之后，埃莉诺在 1653 年被处死。1671 年，在马瑟的呼吁下，埃莉诺的女儿"格罗顿的女巫"（Witch of Groton）也被吊死。1692 年，被怀疑是埃莉诺妹妹的一个叫玛丽·斯特普尔斯（Mary Staples）的人与其女儿和外孙女，因施用巫术受到了康涅狄格州女巫法的审判。该法律裁定，女巫嫌犯的孩子可被监禁，因为"女巫临死前会将其巫术传给她的后代"。虽然此人最终在多名原告的指控中被宣判无罪，但马瑟牧师的遗毒留存至今。

孩子是怎么来的?

由于遗传对人类文化心理的深刻影响,以及它促成的、对拥有健康子女的欲望,人们开始对生殖过程感兴趣并渴望对其进行控制。依据对植物生殖的认识,古人们推测,人类生殖是从男人在女人身体里种下一颗"种子"开始的。古埃及人只了解其原理的一部分,他们把生殖过程看作一项奇迹,而不是在生物学上可解释的现象。古埃及人把这项使妇女怀孕的奇迹归功于太阳神拉(Ra),并且认为是他(以法老的外表)使法老的妻子怀孕生出了继任的王,人们也因此认为王权是神圣的。古埃及国王阿肯纳顿(Akhenaton,也叫 Ikhnaton)曾在他的《太阳颂歌》(*Hymn to the Sun*)中赞美神力。

> 你是在女人身体里创造男婴之人,
>
> 你造出了男人的种子,
>
> 你给了母亲体内的孩儿以生命,
>
> 你安抚他不要哭,
>
> 你是子宫中的护士,
>
> 给他创造的每一个人生之气息。

古希腊人是最早试图理解生殖的生理过程的人。在荷马创作《伊利亚特》的年代,古希腊人理所当然地认为身体和性格特征是遗传的,而英雄的血统格外重要。荷马在家族谱系中仅记载了男性祖先,忽略了女性祖先。这种在文化上重视父系社会的现象可能与诗人对勇气和力量等英雄品质的推崇有关，但古希腊人似乎真的以为遗传特征来自父亲，很少有人提到身体或行为跟母亲相似的例子。平德尔（Pindar）于公元前 446 年这样写道："父亲高尚的灵魂，在儿子的天性中闪光。"这让与他同时代的欧里庇得斯产生了共鸣："高贵的父亲会生出高贵的儿子，普通的父亲会生出普通的儿子。"也许这种观念的产生是因为人们注意到男性在性交过程中会产生精液，而女性不会。

第一个阐述精液生理学本质的人是一名公元前 6 世纪的医生——克罗托纳的阿尔克迈翁（Alcmaeon），他注意到与母亲相似的孩子也很常见，因此女性肯定也对遗传有贡献。他推测女性也能产生精液，但因为在体内所以看不见（古印度的贤者们也提出过相似的理论）。阿尔克迈翁认为如此重要的液体一定来源于大脑，然后流向生殖器官。而利基翁的希波（Hippo）却断定它来源于脊髓。

后来的希腊哲学家，包括留基伯（Leucippus）、阿那克萨哥拉（Anaxagoras）和德谟克里特（Democritus），发现身体的每一个部位都有可遗传的特征。于是他们得出结论，身体各个部位、器官都能产生精液，在性交时通过血液运送到生殖器官。柏拉图也支持这个理论，后来人们称其为"机体再生说"，此学说在几个世纪内占据着主导地位。在 19 世纪，达尔文尝试过用机体再生理论模型来解释遗传规律，然而适得其反，这一度让他为进化论建立遗传学基础的努力停滞不前。

希波克拉底赞同机体再生说，但认为遗传物质产生于四种体液——血液、黏液、黑胆汁和黄胆汁，而精液既来源于这些体液也来自各个器官。不过阿那克萨哥拉（Anaxagoras）仍然相信女性不会产生精液，他认为进入母亲体内的精液中已经存在雏形的人。这种理论在19世纪依然经久不衰。

伟大的哲学家亚里士多德具有独特的、辨别任何观点中的缺陷的能力，对遗传学的早期见解是他阐明过的诸多主题之一。亚里士多德认为，女性不产生精液，但他也指出，既然女性确实贡献了遗传性状，就说明雏形人理论是不够充分的。对于机体再生说，他也凭借几种该理论无法解释的现象机智地予以了批判：战争中断了胳膊的士兵依然能生出正常的孩子；有些性状只有在生育后才在父母身上显现（如少年白）；非具体性状的遗传也不适用，如嗓音、体态和走路的样子；机体再生说同样也不适用于隔代遗传的性状，即比起父母，小孩更像祖父母。亚里士多德指出，孩子经常长得像跟父母精液毫无关系的祖先。

瓦解了机体再生说，亚里士多德提出，精液由血液生成。而不产生精液的女性，由经血携带遗传物质。事实上，亚里士多德推断精液传递的不是器官的可再生部件，而是一种非物质性的信息——"显形之能力"，它给了胚胎发育成所继承性状的"潜能"，而不是性状本身。这种在2 000多年前提出的理论，竟与现代遗传学十分相似。

亚里士多德琢磨着这种信息在胚胎发育过程中是如何表达的，还有每个器官要如何才能长在恰当的位置。他提出在子宫中形成的第一个器官是带有灵魂的心脏，而灵魂是胚胎结构的主宰。他猜想，若子宫中一切正常，孩子就会像父母；但如果精液和经血相互作用，就会抵消这种相似性。

对于在人一生中获得的性状均可传给后代这件事，亚里士多德与希腊的大众观点一致，即一个人的伤疤或肢体残缺也可能遗传给后代。尽管他清楚，这种遗传并不一定会发生，他认为自己提出的"机体传递的是'潜能'，而不是'真实性状'"的理论可以解释这一差异。作为例子，他提到"胳膊上被打过烙印的男子也可能有一个带着相同烙印的孩子"。获得性性状能够遗传的理论经久不衰，今天在创新论坛中还经常会有人提到它。

亚里士多德的思想统治了古希腊、古罗马时代后的几个世纪。公元前 300 年，卵巢被发现，人们正确地认识到它相当于女性的睾丸。虽然希腊的医生和哲学家从理性的、生物学的角度阐释遗传规律并颇有建树，但大多数普通民众仍对这些理论一无所知并继续用想象力编造着自己的解释。他们把孩子与父母间的差别和相似之处归因于性交时的思维映像、一闪而过的想法和情绪的突然变化等因素。

罗马覆灭后，只有少数学者还保留着古希腊和古罗马的智慧遗产，而到了中世纪，这些只是在阿拉伯世界得以存续，如伟大的哲学家兼医生伊本·西拿（Ibn Sina）和哲学家伊本·路世德（Ibn Rushd）。当阿拉伯人从西班牙撤出后，西班牙人把他们的著作翻译成了拉丁文，人们随即认识到，古希腊关于生殖的理论对基督教教义是一大威胁（直到 1251 年，教皇格里高利九世才允许亚里士多德的科学著作流通）。尝试统一科学与宗教成了神学家的工作重点，然而令他们沮丧的是，亚里士多德的实证主义和基督教信仰很难融合到一起。13 世纪，现代人所熟知的科学与宗教之间的鸿沟在那时形成了。在中世纪的伟大博物学家们之中，艾伯塔斯·马格努斯（Albertus Magnus）认同希波克拉底的机体再生说，但不相信女人有精液。与他同时代的托马斯·阿奎那

（Thomas Aquinas）认为，孩子只像父亲是反常的。这些博物学家依然相信基督教，但不接受与实验不符的教义。罗杰·培根（Roger Bacon）支持机体再生说，但认为精液产生自过剩的营养素，他坚定不移地要把科学从宗教思想中分离出来，结果受到了教会的严酷迫害。达·芬奇全盘接受了亚里士多德的理论，并肯定了父母双方对孩子遗传性状的贡献是相同的。瑞士的炼金术士帕拉塞尔苏斯（Paracelsus）尝试融合科学、宗教和哲学，并在希波克拉底的理论基础上提出了他自己的机体再生说。

到了 16 世纪，受过良好教育的外行人开始关注遗传学的经典理论并对其提出的问题产生了兴趣，如法国散文家蒙田。为了弄清楚他是如何继承了父亲的肾结石，蒙田写了一篇随笔——《关于孩子与父亲的相似性》。文中他提到，父亲直到 67 岁才患上此病，而自己是在那之前的 25 年、父亲健康状况最好的时候出生的。这么长时间，疾病的根源藏在哪儿呢？既然父亲那么健康，生出自己的那个精虫是如何产生这样大的效果的呢？为什么蒙田是众多兄弟姐妹中唯一一个患肾结石的呢？蒙田对机体再生说提出了质疑，如亚里士多德一样，他推测自己并没有继承肾结石，而是继承了产生这些烦人的肾结石的倾向。

17 世纪，英国人威廉·哈维（William Harvey）推测女人会在子宫中产生卵子，卵子在与男人的精液相遇受精后才能发育为婴儿。不久之后，英国人罗伯特·虎克（Robert Hooke）与荷兰人安东·范·列文虎克（Anton van Leeuwenhoek）充分利用了显微镜。列文虎克在显微镜下观察了人和其他动物的精液，从中发现了精子。就像 2 000 多年前的阿那克萨哥拉一样，列文虎克也认为精子中藏着一个人的雏形，这个微型小人会在子宫中逐渐长大直到出生。皮埃尔·迪奥尼斯（Pierre Dionis）则认为，哈维假设中的卵子需要很多精子才能完成受精，因为大自然不可能这么低效，每一滴精液中就含有数以百万计的精子。

18世纪，随着自然秩序信念的产生和对其基本法则的理解，越来越多的学者开始思考"孩子如何出生"这个令人着迷的问题。精子论者（spermatist）延续了列文虎克的观点，认为每一个精子都含有一个完整的个体（雏形人）。意大利人马塞洛·马尔比基（Marcello Malpighi）对此并不认同，并提出了另一种学说——卵子论（ovist），他猜想女性的卵子（当时连其存在都仅仅是假设）中含有雏形人，精子穿透卵子时只是把它唤醒而已。这两种学说引发的激烈争论持续了几个世纪。

法国人德·莫佩尔蒂（de Maupertuis）猜测父母双方的生殖液体里含有粒子（élémens），这些粒子会形成一个遗传池，其中一些粒子相互联系发育成了胚胎的各个部分，这样胎儿就会与父母双方相似。如果有多余的粒子或粒子存在缺陷就会产生畸形。他还说剩下的粒子留在这个池中，可能会在后代中表达，这样小孩就会像祖父母或曾祖父母。

比起希波克拉底和亚里士多德的原始想法，这个理论更接近于20世纪的遗传学理论。最终卡尔·厄恩斯特·冯·贝尔（Karl Ernst von Baer）于1827年发现了哺乳动物的卵子，也铺平了通往现代遗传学起点的道路。

章后总结 ●

1. 人类对选育法的掌握助推了文明的诞生。古人对动物繁衍中"各从其类"的现象早已心知肚明，认识的突破为人类进化带来了变革的力量。

2. 在众多的绘画、雕刻和神话故事中，古人记载了各种可以利用的农作物和牲畜，以及它们的出现对社会的影响。每当驯化一种有价值的动物或植物后，人们通常会指定一位神来代表或守护它。

3. 孩子与父母之间的相似性是一种普遍现象，古人类无疑注意到了有共同祖先的人会彼此相似，因而也非常看重血缘关系。对遗传学的早期认识使得早期的社会结构有所依凭。

4. 遗传对人类的文化心理具有深刻的影响，基于它促成的、对拥有健康子女的欲望，人们开始对生殖过程感兴趣并渴望对其进行控制。古希腊人是最早试图理解生殖的生理过程的人。

3

什么是遗传

孩子为什么有些地方像妈妈，而有些地方像爸爸？

生物的基本构成单位是什么？

生物生长的原理是什么？

酶的本质是什么？

GENETICS

生物体继承某些特征的说法是何种意思？举个例子，有一户人家，妈妈有着醒目的红色头发和绿色眼睛，爸爸有着棕色的头发和棕色的眼睛；他们的一个孩子的头发是红色，另一个的头发是红褐色，两个小孩的眼睛都是浅褐色。父母双方的耳垂都没有紧贴脸颊，而其中一个孩子的耳垂下端与他的脸颊紧密相贴。父母双方的身高都属于中等偏上，孩子们也长得比同龄人高。即使有些例外，如他们的耳垂形状不一样，但这两个孩子无疑遗传了父母的特征。不过，在讨论遗传如何发生之前，我们得先弄清哪些性状是可遗传的。

各种各样的植物，乃至人类自己，通常都是因为一种被称为"色素"的化学分子而具有各自独特的颜色。每种色素分别对应吸收光谱中的特定成分，其余部分则被允许通过；这些经过过滤的光被眼睛看到就产生了各种颜色，而完整光谱在我们看来就是"白色"的光。人类身上的黑色、棕色和红色部分都是色素在起作用。也有一些颜色，比如人的蓝色瞳孔或者某些鸟类色彩斑斓的羽毛，却不是因为色素，而是其他物质的屈光和散光作用。

那身高呢？许多因素都会影响人的身高，这其中就包括一些化合物，比如激素，尤其是"人类生长激素"（human growth hormone）。那耳垂呢？为什么某块皮肤的褶皱在耳郭发育的过程中会长成这样而不是别的样子？目前我们对此还所知甚少，但可以从皮肤是由许多细胞构成的组织这点入手，皮肤的样子是由这些细胞怎么长、怎么互相连接所决定的。人类所有这些特征的共同点是，它们都与某种化学组分有关：色素、激素和由许多化学物质组成的细胞。孩子遗传父母的特征是因为他们从父母那里获得了某种"指令"，告诉他们的身体要合成特定的色素，产生一定水平的人类生长激素，让他们的皮肤和肌肉组织长成父母的样子。

遗传意味着传递指令以形成特定的结构。

人们距离弄明白这些复杂特征如何形成还有很长一段路要走，现代遗传学的发展方向旨在深入理解可遗传的因子——我们称之为"基因"，何以能够导致特定色素、激素的产生以及组织的特异发育。要弄清楚这些，我们必须先了解这些结构都是什么。

细胞的结构

就像望远镜彻底改变了天文学一样，显微镜揭示了一批最本质的、有关生命结构的原理。安东·范·列文虎克等科学家于一滴池塘水或一抔土中窥见了前人不知道的生命世界，而我们无法凭借想象来体会他们当时所感受到的惊喜和激动之情。列文虎克发现了精液和血液中的"活物",并把它们称为"微动物"。1665 年,罗伯特·虎克借助由软木塞切削成的薄片,观察到了规则排列的方框样结构,命名为"细胞"(cell)。虎克看到的结构实际上是早已死亡的细胞的细胞壁,但其他的观察者逐渐意识到,植物和动物都是由类似的、形状大小多样的单元组成的,其中充满了各种可能用于执行生命功能的结构。1839 年,植物学家马蒂亚斯·雅各布·施莱登(Matthias Jakob Schleiden)和动物学家西奥多·施旺(Theodor Schwann)进一步提出,"所有动物和植物都由细胞组成"。他们猜想一切生命体都起始于单一细胞,多细胞生物由细胞多次分裂发育而来。当代生物学最基础的原则就是所有生命体要么是单细胞,要么由许多细胞组成,细胞是生物的基本构成单位——构成一种由一层把内容物与外界环境分开的膜包裹的结构。细胞是最小的生命单位,反过来,生命也可以被定义为由细胞组成的物体。

图 3-1 展示了蠕虫和植物茎秆的横切面。显而易见,两者的结构中都包含了许多方块样的相互紧贴的细胞。单个有机体体内的细胞也是各不相同的;细胞组成不同的组织,例如动物身上的表皮组织(皮肤或表层)和肌肉组织,以及植物中的木质;每种组织都由独特的细胞构成。但我们能看出细胞结构普遍包含两种特征:一个确定的边界(通常会使细胞形成方块状结构)与一个核(一个较大的球形结构,通常存在于细胞中央,而在许多植物细胞中位于侧边)。一个细胞的复杂组分由一层非常薄的膜作为与周边的分界,并由其保持细胞的完整性,同时形成出入口控制物质的进出。

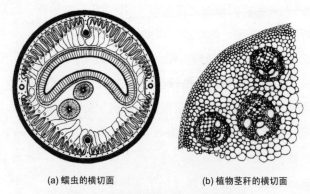

(a) 蠕虫的横切面　　　　　　　　(b) 植物茎秆的横切面

图 3-1　动物及植物细胞横切面示意图

用显微镜观察横切面切片可见，复杂的有机体由许多方块状的细胞组成。

　　我们可以在单个细胞上观察到最基本的繁殖形式，它需要合适的条件，有可能发生在营养丰富的体液或植物根部的汁液中，也有可能发生在实验室烧瓶里人工配制的营养液中。每一个细胞从环境中吸取营养并使其成为自身的组成部分，进而长大，最后一分为二（见图 3-2）。

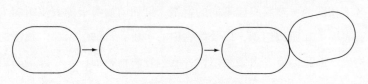

图 3-2　细胞分裂示意图

　　一切有机体都可根据细胞结构分为两类：原核生物和真核生物。前者多包括我们熟知的细菌，它们体积极小且没有细胞核。后者有细胞核，包括植物、动物和许多单细胞生物，例如阿米巴原虫和藻类。

接下来我们会重点讲述真核细胞的结构。

现代显微镜技术，特别是电子显微镜，让人们知道细胞内有许多相同的结构，科学家称之为"细胞器"，如图 3-3 所示。最重要的细胞器要属细胞核——位于细胞中央，由膜包裹形成的囊状结构。细胞核在遗传学中格外重要，因为它内含作为遗传物质的染色体。细胞内还有许多形状狭长的线粒体，它们从食物分子（如糖）中获取能量，并以可以被一切细胞活动所利用的化学能形式储存起来。许多植物细胞中含有绿色的叶绿体，它们利用叶绿素将光能转化为化学能。这两种细胞器都主要由薄片状的生物膜构成。我们还经常能见到许多在细胞内形成囊泡的膜结构，它们能储存多种物质以备后用。许多细胞都含有广阔的膜系统，生物学上称之为内质网，蛋白质等物质就是在这里合成然后被运送至特定位置的，其中一些还会被运送到细胞外。

除了动植物等多细胞生物，生物世界还包括许多简单的单细胞生物和群体生物，它们每一个都是独立的细胞，也可能是一串或一团非常相似的细胞。这种生物中的一类为藻类，它们有着形状诡异、颜色鲜艳的叶绿体。剩下的被称为原生动物，它们凭借纤毛或鞭毛在池塘里或溪流中游来游去。形状不固定的阿米巴原虫主要借助细胞质的流动，伸出指状的伪足进行移动。跟其他生物比起来，最小的生物——细菌，仅有正常细胞长度的 1% ~ 10%（其体积为真核细胞的百万分之一到千分之一）。尽管如此，它们依然是细胞，因为细菌具有明确的界线和规则的形状。不过它们没有细胞核，即使有一条或多条作为遗传物质的染色质，它们也没有任何核膜结构。

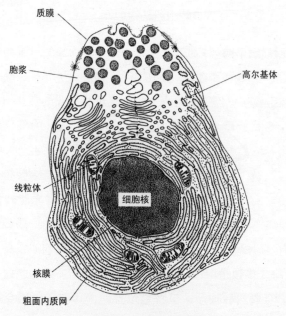

质膜

胞浆

高尔基体

线粒体

细胞核

核膜

粗面内质网

图 3-3　动物细胞结构图

包括植物和动物在内的大多数有机体的细胞都含有许多次级结构，生物学上称之为细胞器。该图为电子显微镜下的动物细胞结构图，图中展示的细胞器有细胞核、线粒体和内质网的膜结构，还有一种层状膜结构叫高尔基体。事实上，细胞内还包含许多更小的、有特殊功能的结构，这里没有标出。

　　生物细胞还具有一些更本质的共同点，我们必须了解它才能理解遗传学。在这里，我们先明确一下最基本的化学假设：物质是由原子构成的，原子以一定方式结合成分子，化合物的化学式体现了其分子构成。水的化学式 H_2O 意味着每一个水分子由两个氢原子（H）和一个氧原子（O）组成。你还应该知道每种元素的原子对应一个确定的重量（或称质量）：氢的质量为 1 个单位，碳为 12 个单位，铁为 55.85 个单位。一个分子的质量就是组成该分子的所有原子的质量总和。

生物的结构

图 3-4 中展示了两种非常典型的晶体结构——金刚石和方解石，它们广泛存在于一般物质中。

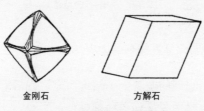

金刚石   方解石

图 3-4 两种典型的晶体结构

世间万物大多数是由这样的物质构成的。如此明显的规律性一定有其背后的道理，我们可以通过把它们切成小块来逐步探究其奥秘。放下金刚石不说——因为研究预算肯定不允许我们拿这样的材料做实验，我们可以先试着用凿子和锤子小心翼翼地敲开方解石，使其碎成小块。令人惊奇的是，每一块碎块都保持了原先的形状——不是尺寸，而是所有边角和断面的夹角都相同。我们可以进一步把小块方解石打成更小的碎片，借助显微镜，仍然可以看到同样的结构，因此可以想见，即使是小得看不见的碎片肯定也具有相同的结构。

方解石被化学家们称为碳酸钙，其中包含一个碳酸根（CO_3，表示一个碳原子结合三个氧原子，见图 3-5）和一个钙原子。物理学的解析方法显示，方解石中众多的碳酸根和钙原子呈规则的空间分布，在原子水平形成的夹角跟我们可以握在手里的大块方解石相同。由此可见，我们见到的该物质的形状就是这种晶体结构延伸和重复的结果。

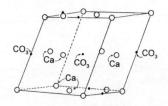

图 3-5　方解石的结构

宏观的结构源自规律性排列的微观结构。

生物的结构由它们的微观分子结构决定。许多生物的结构看起来与晶体很像，在显微镜下展现出规则的形状。我们之前见过的组织中就有极为规则的细胞排列，所有这些都依赖于其构成物质。

一切生物的细胞和组织都由几类相同的物质组成。大多数生物的组成部分包括 70% ～ 90% 的水，生物反应过程很大程度上依赖于水的特性，诸如钠、钾、钙、镁、氯等盐类都会溶解在水中。生物的组成部分还包括有机化合物，它们由碳原子结合氢原子、氧原子、氮原子组成，有时还包括硫原子或磷原子。

最简单的有机分子有甲烷、乙烷和丙烷，主要存在于天然气和石油中（见图 3-6）。

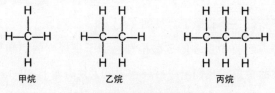

图 3-6　最简单的有机分子

这些有机分子又被称作碳氢化合物，由氢原子和碳原子组成。我们可以把这些原子想象成一个个小球，通过共享一对电子——每个原子贡献一个，形成化学键，从而彼此结合。每个键在图中以两个原子中间的一条线表示。每种元素都有其典型的化合价，即其原子能结合其他原子形成的化学键的数量。碳是四价，所以每个碳原子能与四个原子结合，这就派生出了多种原子组合方式和种类繁多的化学分子（见图 3-7，两条或三条线代表了两个或三个键在一起的情况，即双键或三键）。由共享电子构成的键是非常牢固的共价键，它们的形成或断裂都会耗费相当多的能量，所以有机分子都比较稳定。另一方面，当这些物质燃烧（氧化）时，共价键会被破坏，释放大量能量[①]，所以这些化合物也是有用的燃料。

在最简单的有机分子甲烷中，碳原子只与四个氢原子结合。在图 3-7里展示的其他分子中，碳原子会和其他碳原子间形成共价键，继而形成碳–碳链，而其他空位则由氢原子填补。碳–碳链有时会特别长，石蜡中的碳链可能长达 $30 \sim 36$ 个碳原子。碳链还可以弯曲，形成大小不一的环，但多样性更多来自结合的其他基团。羟基（OH，氧连着氢）连在碳链上就组成了醇。由两个氢原子连着一个氮原子组成的氨基（NH_2），连在碳链上就组成了胺。在更复杂的基团中，氧有时和碳以双键结合（C=O），羧基 COOH 中就有这种组合，它可以形成有机酸分子。酸是能解离出氢离子的任意化合物，如羧基就可以；离子是带正电荷或负电荷的原子。

---

① 原文有误。共价键的形成会释放能量，破坏会吸收能量。燃烧过程包含原键断裂和新键形成两部分，总的来说是释放能量。——译者注

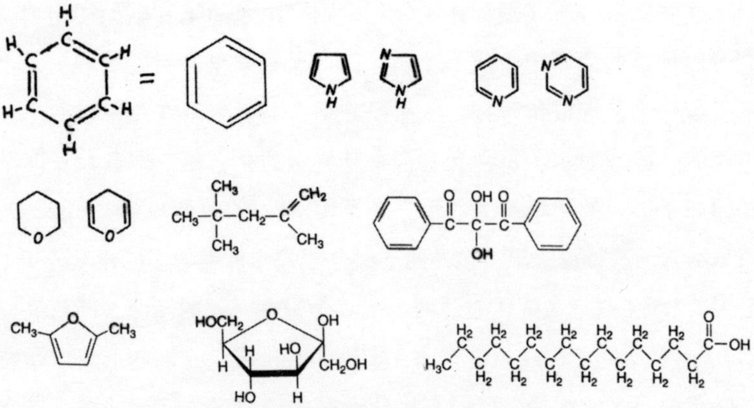

图 3-7　几种以碳原子为基础的有机分子

> 原子之间的每一条线都代表一个共价键，即原子间共享的一对电子。两条线和三条线代表原子之间有两个或三个共价键。更为复杂的分子，尤其是那些带有闭环结构的，通常只用简单的线表示：每个点（拐点）代表一个碳原子，一般都结合着一到两个氢原子（但未画出）。因为碳的化合价是四，每个碳原子要有四个共价键；所以如果一个碳原子上只画出三个键，那么它肯定还结合了一个氢原子但未画出。

在不同长度的碳链或碳环上以各种方式结合这些基团，就可以形成种类繁多的化合物，但构成生物体大半结构的只是其中的一小部分。一些重要的化合物有蛋白质、核酸、碳水化合物和脂类。

脂类主要指我们熟悉的脂肪和油，通常含有 16 ～ 18 个碳原子的长碳氢链。它们是弄脏衣服的罪魁祸首，无法用水洗掉。如果一种物质能跟水混合，我们就说它是亲水的（即其字面意思，"喜欢水"）；如果一种物质会跟水分开，我们就说它是疏水的。衣服上的油渍必须用干洗剂，用四氯化碳或苯等疏水有机溶剂才能去除。脂类也可以被定义为只溶于疏水溶剂的物质。

　　除此之外，一些重要生命体的构成物质的突出特点是它们拥有巨大的分子量，如丙烷、苯或葡萄糖之类的小分子物质，其分子量最多只有几百道尔顿；相比之下，蛋白质、核酸以及其他一些构成细胞的物质被称作大分子，它们的分子量能达到几千道尔顿。建材体积硕大是理所应当，毕竟人类也会用巨大的钢梁、胶合板和石膏板建造建筑。细胞同样是拥有复杂结构的庞然大物。

　　大分子的基本结构都相对简洁。它们都是聚合物，由许多个相近或相同的分子（称为单体）相连组成（见图 3-8）。

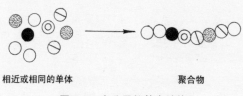

相近或相同的单体　　　　　　　　　　聚合物

图 3-8　大分子的基本结构

　　碳水化合物的基本单位都是单糖，它们是一类小分子有机化合物，分子式为 $C_6H_{12}O_6$。与人们关系比较大的单糖，如葡萄糖、半乳糖和甘露糖的分子结构为环形。它们可以互相联结形成长链，链上还可以形成分支。葡萄糖以某种特定的方式（化学家们称其为 β-1，4 糖苷键）联结就形成了纤维素（见图 3-9）。

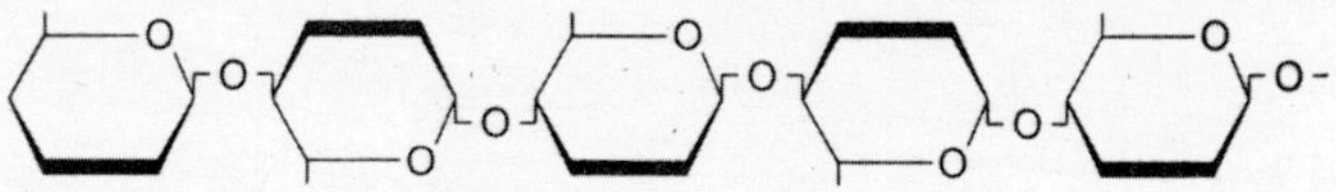

图 3-9　纤维素的结构

纤维素是植物细胞壁中坚韧的纤维材料，也是木材的主要成分。如果葡萄糖以另一种方式联结（α-1，4 糖苷键，还带有一些 1，6 糖苷键的分支），就成了植物或动物用以储存能量的物质：淀粉或糖原。其他单糖以各种方式联结，可以形成果胶或树胶，它们构成了植物果实的肉质部分。这些聚合物的分子量可达到数千道尔顿，它们有一个共同的名字：多糖；构成它们的单体叫单糖。其他聚合物也都以相似的方法命名，如多聚磷酸。

作为一类重要的聚合物，蛋白质是由氨基酸单体构成的长链。之所以叫氨基酸，是因为每一个分子都有一个氨基（NH_2）和一个羧基（COOH）。一个氨基酸的羧基和另一个氨基酸的氨基缩合，脱去一个水分子就可使两个氨基酸分子相连（见图 3-10）。

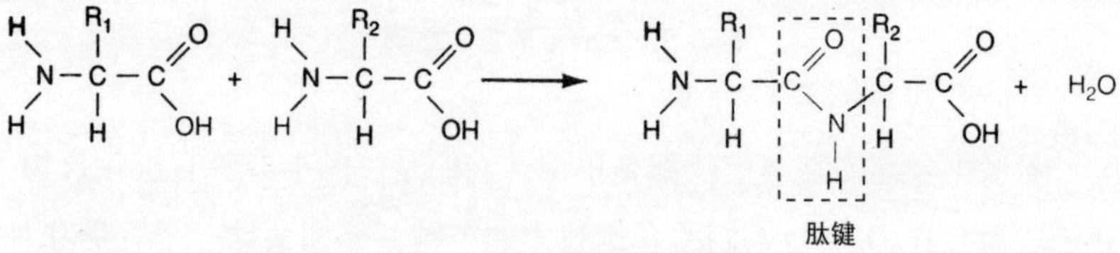

图 3-10　蛋白质的分子结构

结合产生的分子（二肽）仍然是一端有一个氨基，另一端有一个羧基，于是第三个氨基酸就可以结合上来形成三肽。这个过程可以无限重复下去，这样由多个氨基酸联结形成的分子叫多肽，这也是蛋白质的别称。典型的蛋白质一般含有至少 200 ～ 300 个首尾相连的氨基酸。因为缺少完整的氨基和羧基，肽链上氨基酸的剩余部分被叫作氨基酸残基。氨基酸的平均分子量约为 100 道尔顿，300 个氨基酸的长链分子量就是 3 万，这也是大部分蛋白质的分子量。

组成天然蛋白质的氨基酸有 20 种，它们的区别主要体现为侧链结构的不同（见表 3-1）。这些氨基酸能以任何顺序排列，所以细胞可以产生种类繁多的蛋白质，这种多样性大大超出了人类的理解范围。肽链上的第一个氨基酸就有 20 种可选，第二个同样有 20 种，仅仅是二肽（含两个氨基酸残基）就有 400（20×20）种可能。三肽有 8 000 种可能，四肽有 160 000 种可能，而一条含有 300 个氨基酸残基的肽链就有 20^{300} 种可能。没有人能想象这是多大的一个数字，所有地球上存在过的生物合成的蛋白质种类数量只是其中很小的一部分。

每种蛋白质都有着独特的序列，人血红蛋白 A 分子（人类血液中携带氧气的红色物质）的一条链就由该序列起始：Val-His-Leu-Thr-Pro-Glu-Glu-Lys-Ser-Ala-Val-Thr-Ala-（每种氨基酸都以三个字母的简写表示）。正常人的每个血红蛋白 A 分子都有这个结构。最简单的生物体内都有几千种蛋白质，而像人类这样的复杂生物则有 30 000 ～ 50 000 种蛋白质（阐释人类基因组的研究把蛋白数量定在这个范围，但事实上仍有很大变数）。每种蛋白质都有着特殊的功能，是生物活动的主力军，它们负责与生命有关的所有重要工作。

- 蛋白质是酶，可以让生物体内的一切化学反应迅速且可控地进行。
- 蛋白质是某些重要结构的组成部分：角蛋白构成了头发、皮肤和羽毛，胶原蛋白构成了软骨和骨头。
- 蛋白质构成了肌肉和其他可动结构，如纤毛和鞭毛中的纤维，主要通过互相拉扯产生运动。

表 3-1　　蛋白质的单体——氨基酸

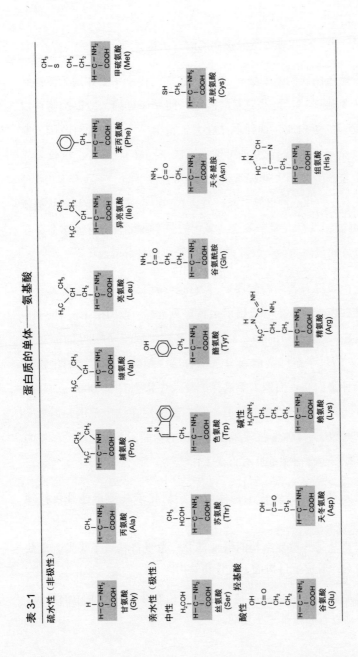

- 蛋白质是激素的重要组成部分，负责在体内从一种细胞向另一种细胞传递信息。

- 蛋白质可以构成受体，通过与其他分子结合接收信号。激素分子通过与一个受体结合的方式，让细胞接收激素传递的信号。那些能尝出或闻到味道的受体，能使我们察觉到环境中的小分子并对其做出反应。

- 蛋白质是搬运离子和小分子穿越生物膜的转运体，这也是我们的神经系统和肾脏等器官执行功能的基础。

- 蛋白质是调节各种生命活动、保证其按合适的速率运转的控制元件。

我们可以通过进一步了解蛋白质的功能，来搞清细胞是如何产生和工作的。

生物生长与合成

生命体最显而易见的本领是生长。生命体生长是细胞生长和细胞分裂两种过程的结果。人类和许多其他生物一样，长到一定大小后，体积就基本保持不变。但我们体内的所有组织都在不停地更新，有些组织更新的速率甚至快得令人难以置信，与此同时，我们体内的多数细胞也在不停地生长着，形成新组织，替代旧组织。显然，生物体需要摄入食物并将其转化为自身的组成部分。古语有言："人如其食。"我们在把食物中的一些分子转化成身体的组分时，还会产生一些废物，如二氧化碳、水和尿素。能进行光合作用的生物则会将这些废物转化成自身细胞的组分。无论哪种方式，本质上都是原子从环境中进入了生长中的生物体内。

从根本上来说，生长是一个化学过程。在分子间发生相互作用的过程中，各自的原子互相施力使得旧化学键断裂、新化学键生成，于是，产生化学反应的分子间会发生原子的重新组合。举个例子，在一些热量的帮助下，空气中的氧气会与木炭中的碳原子结合形成二氧化碳。这是木炭燃烧时的产物，由于碳氧原子间形成的新化学键所含的能量比原来的碳原子和氧原子自身的化学键少，所以这个过程会释放热量。二氧化碳分子可以进一步与水分子结合形成碳酸：$H_2O+CO_2 \rightarrow H_2CO_3$。

生命体的存活依赖于这样的化学反应，因为每一个细胞都必须从环境中摄取各种分子，然后将其转变为自身结构的组成部分，同时从中获取能量。例如血液中必须要有持续的葡萄糖供应，因为我们身体的所有细胞都需要利用这些糖产生能量。细胞还会通过重新排列糖中的碳、氢、氧原子，形成结构复杂的蛋白质等大分子来维持新陈代谢和生长。

生物体自产自销的过程被称为"生物合成"，主要发生在细胞内。我们可以把细胞想象成一座工厂，但不是生产汽车或电视机，而是复制自身的工厂。工厂通常以流水线的形式运作，每个工人负责组装一个基本部件，依次运作直到整个产品完成组装。而像汽车这样复杂的产品，需要多条流水线来制作不同的部件，最后再完成整车组装。

生物体自我合成的过程都是相同的，所有涉及的化学反应称作代谢，每一条流水线叫作一个代谢通路，其中被转化的分子叫作代谢物。在每一个代谢通路中，代谢物经过一步一步地添加或删减原子、原子团，最后被转化成终产物。一个代谢通路可能包括一系列反应：第一步，一个分子中的两个氢原子从相邻的碳原子上被移除；第二步，一个分子的水被添加到这两个碳原子上——H给其中一个碳原子，OH给另一个；第三步，氢原子从OH上被移除，使氧原子和碳原子双键连接；第四步，一个NH₂基团添加到另一个碳原子上。这些变化必须一步一步进行，因为化学反应本就如此，每个正常细胞都包含成百上千个代谢物。

这样的代谢通路基本是用来合成细胞所需要的单体和小分子的，有些则负责分解食物中的分子并释放其所含的能量，这些能量之后会被用于生物合成等过程。细胞拥有的各种代谢通路能合成组装蛋白质所需的20种氨基酸、组装成多糖的每一种单糖和脂质等。所有这些通路的终产物之后都会被装配到蛋白质或细胞膜等结构中去。

酶

流水线要由人来操作（虽然许多工厂中人力正在逐渐地被机器人替代），那么在代谢通路中由什么替代他们呢？把一种代谢物转化成下一种的化学反应受什么影响呢？有时化学反应的过程不需要什么特别的东西。有些化学反应，一旦把参与反应的分子混合就会自发、迅速地发生，因为分子相互碰撞时就有足够的能量相互作用。让铁与水接触就会发生反应生成铁锈——一种铁氧化物。但是生物可不能仰赖自发反应。许多反应如果不提供能量就不能发生，而且所有细胞都有获得能量推动这些反应的机制。另外，几乎所有代谢反应在一般状况下都进行得相当缓慢，所以必须要有使其加速的方法。为了达到这个目的，生物利用了酶。酶是一种蛋白质，它可以特异性地与某些底物分子相互作用，并使其发生某一化学反应；一个酶可以一个分子接一个分子地重复这个过程，有时可以达到每秒数千次。

每种代谢物都有特定的形状。作用于它的酶有一个形状互补（就像拼图一样）的小凹槽——即活性位点，它通常刚好能与底物小分子相嵌（见图 3-11）。

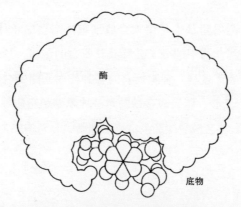

酶

底物

图 3-11　酶与底物分子的相互作用

酶的特性决定了底物将发生何种反应。比如酶 A 能够在某种底物上添加一个羟基，酶 B 能把相同的底物切成两半，而酶 C 能从底物身上去掉一个氨基。这里的每一个酶都在不同的代谢通路中发挥着不同的作用，许多相同的代谢产物会因此被转化成几种不同的终产物。

酶相当于代谢通路中的流水线工人。有些通路中的一系列酶在细胞中就像流水线一样规律排列，这样底物分子可以便捷地从一个酶移动到下一个。许多反应能够顺利进行仅仅是因为所有酶和底物都被混合和局限在细胞这个小区域内。

我们之前说过，所有酶都是蛋白质。图 3-12 展示了一种酶的结构，组成其基本结构的氨基酸链以一种特殊的方式折叠，形成活性中心。在这个区域中，某些氨基酸残基的侧链以一种恰当的方式排列，使其与底物的原子相互作用进而催化正确的反应。酶和底物曾被比喻为完美匹配的锁和钥匙，但是这两种分子的相互作用实际上是动态的，它们在结合与分离的过程中都会变形。酶是非常高效的催化剂，它可以让一个反应以数千倍于其自发反应的速度进行，而一个酶分子每秒能够作用于数千个底物分子。有一个关键的问题需要在此指出：一个细胞内的每一种酶分子都有许多，每一种代谢物也数量巨大，它们处于不停地互相转化的状态之中。我们会说细胞内包含了某一种代谢物（或终产物）的反应池，某些酶会不断地往池中添加新分子，而其他酶则从池中取出分子并把它们送入各种各样的反应途径。

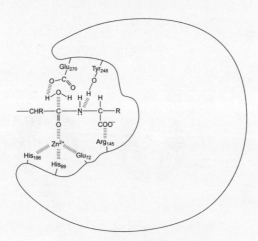

图 3-12　羧基肽酶结构示意图

羧基肽酶的结构，展示了氨基酸（由带数字的三字母缩写表示）如何形成活性中心的正确形状来催化相应的化学反应。这是一种切割食物中的蛋白质的消化酶，含有一个锌离子（Zn），虚线表示了分子间的相互作用。

　　还有一些酶——或称酶样蛋白质，会运送分子穿过细胞膜。这些膜结构由薄薄的几层脂质分子和蛋白质分子组成（见图 3-13[a]），大多数小分子和离子都不能穿过，它们要依靠转运蛋白运送进出细胞，或在细胞内部的不同区域间穿梭。图 3-13(b) 展示了一种转运蛋白是如何工作的。其中间的通道贯穿膜结构，这个通道有着类似于活性中心的特殊形状，这使它只能结合一种分子。一旦这个分子在膜的一侧结合，转运蛋白就会通过变形，让分子穿越通道进入膜的另一侧。有些转运蛋白会通过消耗能量把一种分子聚集在细胞内，而将另一种排到细胞外，借此控制细胞内各种成分的比例。

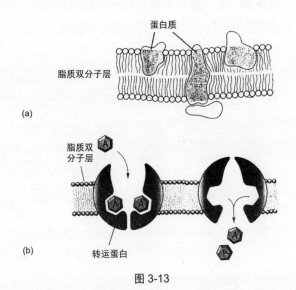

图 3-13

(a) 所有细胞膜结构都是其中嵌有多种蛋白质的薄层脂质分子。所有分子都可以在脂质中自由扩散。大多数分子不能穿过脂质分子层，除非是脂溶性分子。
(b) 转运蛋白中间有狭窄的通道，它们会与小分子或离子在膜的一侧结合，然后改变形状让这些分子穿到另一侧。

蛋白质

基础生物合成反应通路可以合成所有氨基酸、单糖、脂质和其他细胞需要的小分子，这些小分子大多数都会被连接起来形成大分子，如蛋白质和多糖。照此看来，合成类似纤维素这样基础的聚合物并不算复杂。因为纤维素由许多葡萄糖分子组成，所以它的合成只需要在某种酶的作用下，不断重复串联葡萄糖的过程即可。

蛋白质由 20 种氨基酸组成，它们的组合方式多得无法想象。但每一种蛋白质都有其特别的氨基酸序列，并不是随便哪种序列的肽链都拥有功能。一个正在合成血红蛋白的骨髓细胞需要某种方法来指导自己所合成的氨基酸顺序。换句话说，它需要的是信息。信息是你从庞杂的可能性中去伪存真所必需的东西。当你知道了一个人的电话号码或者了解了埃菲尔铁塔有多高时，你就获得了信息，因为你从大量可能的组合中找到了那个正确的数字。同样，确定某种蛋白质的序列为 Ser-Gly-Ala-Ala-Val-Glu-His-Val-……就是在获取信息。每种生物都需要信息来维持正常运转，因此它需要一种作为信息载体的分子。如果说人体由大约 5 万种蛋白质组成，那么我们的细胞就需要对应数目的指令，来指导如何正确地排列和构建每一种蛋白质的氨基酸。

现在我们应该能明白，这种信息应当就是遗传的内涵，因为正是这些精确的信息才让每种生物成为它们应有的样子。每种生物都会从父母那里得到有关其结构的图纸。必须由上一代传给下一代的正是各种各样的指令，它们指导生物体合成自身的每一种蛋白质，以便后代能够合成自己需要的组分（红头发、大量生长激素、耳垂不紧贴），并与其他个体（金发、中等量生长激素、耳垂紧贴）相区别，而不是像鸟枪一般乱打一气。

遗传信息的主要功能是指定生物所有的蛋白质组分。

要讲述清楚这种遗传信息来自何处，已经远远超出了我们在本章所探讨的范畴，但现在几乎所有人都知道这个秘密藏在 DNA 里。核酸是一种聚合物，与蛋白质和多糖有很大不同。DNA 由四种单体组成，它们能以任意顺序排列，所以 DNA 分子同样是利用其单体的排列序列来携带信息的，而细胞则会利用这个信息指导蛋白质的合成。我们最终会把一个基因定义为"携带合成一种蛋白质的信息的 DNA 结构"。不仅如此，核酸除了能携带信息之外，还能自我复制，即 DNA 分子能指导自身副本的合成，由此，它所携带的信息就能传递给每一个新细胞或新个体，这也就是遗传的意义。

现在让我们再想一想一个生命体都能干些什么。它从环境中摄取原材料并转化它们，通过代谢途径变成自身结构的分子——先是合成单体，然后形成聚合物。但这么做的意义是什么呢？起先，由于运作代谢通路的酶增多，所以更多的单体和聚合物得以合成，随后，这些代谢产物又变成了更多的运作此代谢通路的酶……明白了吧？生物体的目的就是要产生更多的自己。这里的"自己"主要是蛋白质，它们从核酸分子———般是 DNA 那里获得关于其结构的信息。细胞内所有的 DNA 构成了它的基因组。以另一种方式来看，基因组就是所有基因组成的实体结构。遗传信息指定了如何合成更多的生物体本身，既有催化剂也有基因组自身。最终，一旦一个细胞的体积增大了约一倍，积累了足够的新成分，细胞就会一分为二，然后整个过程又会从头开始。由此可见，生命的基本单位（细胞）不过是一个被设定为不断复制自己的机器。

是时候看看这其中的细节了。

章后总结

1. 有关人类外表的各种特质都与某种化学组分有关：色素、激素及由许多化学物质组成的细胞。孩子遗传父母的特征是因为他们从父母那里获得了某种"指令"。

2. 显微镜的发明揭示了一批本质的、有关生命结构的原理。1665 年，罗伯特·虎克借助由软木塞削成的薄片，在显微镜下观察到了规则排列的方框样结构，将之命名为细胞。

3. 生物的结构由它们的微观分子结构决定，一切生物的细胞和组织都由几类相同的物质组成，包括水、钠、钾、钙、镁、氯及各种有机化合物。

4. 生命体生长是细胞生长和细胞分裂这两种过程的结果。从根本上来说，生长是一个化学过程。在分子间发生相互作用的过程中，各自的原子互相施力使得旧化学键断裂、新化学键生成，产生化学反应的分子间会发生原子的重新组合。

5. 酶是一种蛋白质，它可以特异性地与某些分子相互作用，并使其发生某一化学反应。

4

遗传学中的重大发展突破

试图研究遗传学的人那么多，为什么只有孟德尔有所斩获？

孟德尔的遗传理论模型的主要内容是什么？

为什么白化病人的后代有的会患病，有的则很健康？

血型的遗传体系是怎样的？

GENETICS

遗传现象历来都让人类摸不着头脑。公元前 1 世纪，罗马哲学家卢克莱修（Lucretius）注意到，一个孩子可能会与自己的祖父或者曾祖父有几分神似。一个世纪之后，大普林尼（Gaius Plinius Secundus）写道："健康的父母生下畸形的孩子的情况时有发生，残疾的父母生下健康抑或带有相同残疾的孩子也不是不可能，都取决于具体的案例。"自发展农业以来，人类就学会了区分玉米、绵羊，以及其他被驯化的动植物的某些特征，并通过针对性的选育对它们进行性状改良。纵观人类史，每每有人大喊"他笑起来像他的妈妈"或者"她的脾气跟她爸爸一样"，这些表述冥冥中其实已经触及了对人类性状遗传的认知。

虽然"龙生龙，凤生凤"的道理早就广为人知，但是没有人懂得其中的原理。早先试图寻找遗传规律的努力全部付诸东流、无疾而终。于是，人们索性理所当然地认为孩子的特征来自父母双方特征的混合，而遗传就意味着平均和中和。按照这种说法，遗传的过程不啻把一桶红色油漆和一桶白色油漆混合，继而调出一桶粉色的油漆，据此推断，孩子某方面的特征，不管是头发、瞳孔的颜色，还是鼻子的形状和大小，甚至于复杂的行为表现，都将彰显这种平均的遗传特点。无论如何混合，两桶油漆调和出的颜色也绝无可能像原先的红色或白色那么纯粹。但是早在 1 000 年前，罗马人就知道人和油漆不同。还有一个让情况变得更复杂的因素是，对于复杂的行为表现而言，譬如运动能力，它们还深受学校、家庭等外界因素的影响。

性状的可遗传性在达尔文关于进化的理论中扮演着关键的角色。犹如农民会用选育的方式改良牲口的性状，大自然的规则本就是适者生存。倘若在繁殖竞争中留存下来的并非那些能够为个体赢得优势的性状，生物进化也就不可能发生。不过，达尔文的谬误之处在于把错误的泛生论当成了解释遗传原理的救命稻草。我们看到，泛生论认为携带身体各个部分的微小因子（即泛生子，pangenes）会集中于性腺，随后进入配子中（精子或者卵子），由此，每个配子内都携带着全身所有部位的泛生子的集合，如脚趾、头发、牙齿等。泛生论作为解释遗传现象的原理，在 19 世纪末成为主流，并且直到今天仍在影响人们的认知。

不管怎么说，早先人们对于遗传特性的想法大多基于猜测。直到 19 世纪中期，来自孟德尔的实验数据，加上他对数据的解读，才第一次让人们窥见了可以正确解释性状遗传现象的原理。

孟德尔的发现

孟德尔为人类理解遗传现象的原理立下了汗马功劳。在布尔诺的一所修道院——如今位于捷克共和国境内，孟德尔曾在那里研究豌豆性状的遗传现象。然而，孟德尔在 1865 年将自己的研究结果整理发表后却无人问津。孟德尔的发现可谓遗传学的关键成就之一，也是进化论成立的前提，但是 1859 年发表的进化论依然抢尽了它的风头，为数不多听过孟德尔理论的科学家也完全没有把它当回事。转折发生在 1900 年，有三名科学家分别以三种不同的物种为研究对象，分别证实了孟德尔的理论，孟德尔在遗传领域的先锋地位这才得以被后世认清。

试图研究遗传的人不计其数，又为什么只有孟德尔有所斩获呢？首先，孟德尔的研究只选择了那些简单、直观的性状，如豌豆的花色或是豌豆种子的表皮。并不是所有可遗传的性状都很容易区分。一些模棱两可的性状，譬如植株的高度、人类的智商或是鼻子的形状都过于复杂和多样，要在代际确认遗传情况不是一件容易的事。拥有足够的区分度且能够被用于遗传研究的复杂性状屈指可数。此外，孟德尔还对每一种研究的性状进行了数代的遗传追踪。不过，最重要的一点或许在于，孟德尔记录了子代性状出现的频率，并且运用统计法分析了这些数字。

经典的遗传学实验往往会选择同一物种的两种或两种以上的变异个体，或者也被称为"品系"（strains），通常情况下，这些不同的品系实验中仅会有一个简单明了的性状差异，例如，如果实验对象是植物的话，则选择不同的花色；而当对象是某种哺乳动物时，则选择不同的毛色。孟德尔的实验始于纯种的豌豆品系，纯种品系意味着这些豌豆在过去数代中都遵循严格的自花授粉，所以无论传递多少代，每一株豌豆的性状都稳定如一，我们把这样的品系称为"纯育"（breed true）。孟德尔在实验中让两种不同的纯种豌豆品系进行遗传杂交。杂交即让两株不同品系的植株个体相互授粉，借此获得"杂合"（hybrid）的后代，有的杂合植株同时获得了亲本双方的性状，它们又可以在后续的杂交实验中被用作研究对象。在其中一个实验里（见图 4-1），孟德尔通过隔离植物接受花粉的部位，用来自另一株植株的花粉为之人工授粉的方式，将纯种黄色豌豆与纯种绿色豌豆进行杂交。在下方简化的示意图中，"×"读作"交于"，而箭头表示通过杂交获得子代的过程。

P　　黄色　　×　　绿色
↓
F_1　　　　　全为黄色　　　自交
↓
F_2　大多数为黄色，亦有绿色

图 4-1　纯种豌豆杂交实验

在实验之前，人们可能会猜测黄色豌豆和绿色豌豆的杂交后代的颜色会介于黄绿相间，但是实验的结果是所有子代豌豆均为黄色。看起来就好像是绿色这个性状在子代豌豆中完全消失了，图中 F_1 的意思是第一子代（first filial generation）。孟德尔随即把 F_1 代种进了土里，并在长成的成熟植株间进行了杂交，以此获得了第二子代（F_2 代）。引人注目的是，在 F_1 代中消失的绿色豌豆又重新出现了；F_2 代中既有黄色的豌豆，也有绿色的豌豆。其他性状也反映出了相同的规律。当孟德尔对纯种紫花豌豆和纯种白花豌豆进行杂交时，F_1 代全部开出了紫色的花朵，而白色花朵在 F_2 代中又再次出现。

与从前的研究者们不同的是，孟德尔想到了对每一株豌豆的特定性状进行计数。在研究豌豆种子颜色遗传的实验中，他在 F_2 代中分别收获了 6 022 粒黄色种子和 2 001 粒绿色种子。而在研究花色遗传的实验中，他又在 F_2 代中分别收获了 705 株紫花植株和 224 株白花植株。这些数字本身看上去似乎并没有什么意义，孟德尔之前的人对此也所见略同，觉得从这些数字里看不出什么特别的门道来。而孟德尔不然，他发现这两组数据都非常接近 3∶1，他为此想到了一种非常简单的解释。

孟德尔提出了一种理论模型，用以解释他得到的实验数据，理论模型的价值大小在于它可以多大程度上解释过去观察到的现象，同时又能在多大程度上预测未来实验中的结果。孟德尔提出的理论模型假定了植株的每个性状都由成对的遗传因子共同决定，每一个因子分别来自父本和母本中的一方。此外，孟德尔还假定当一株植物同时拥有两个不同的遗传因子时，其中一个为"显性"，即其代表的性状在杂合个体中可见；而另一个为"隐性"，即其代表的性状不可见。

豌豆种子的黄色表皮性状肯定算是显性，而绿色表皮则是隐性；豌豆花朵的颜色中，紫色为显性，白色为隐性。遗传因子通用的标记和书写法则也正是基于这个事实：以大写字母代表显性因子，而以小写字母代表对应的隐性因子。举个例子，我们用字母"Y"指代决定豌豆表皮为黄色的因子，而用"y"指代决定绿色表皮的因子（见图 4-2）。如今，我们已经知道显性因子和隐性因子其实是决定表皮颜色的基因的两种不同形态，所以我们称它们互为对方的"等位基因"（allele），或者也叫"对偶基因"（allelomorph）。

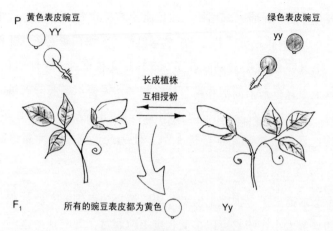

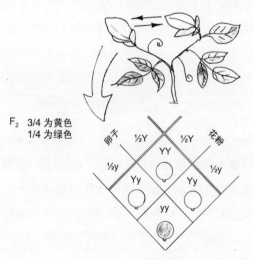

图 4-2　对孟德尔实验结果的解释

每株植物含有一对用于决定种子表皮颜色的基因，但它产生的配子中只含有一对基因中的一个。Y 相对于 y 而言是显性的，由于所有的 F_1 代豌豆均为 Yy，所以它们全部表达为黄色。当相同的过程在下一代中被重复时，一共可以产生四种组合方式，其中三种表达为黄色，另一种表达为绿色。

图 4-2 展示的理论模型能够轻易地解释孟德尔的实验结果。纯种的黄色表皮豌豆品系肯定携带了两个 Y 因子（YY），而纯种的绿色种子品系肯定携带了两个 y 因子（yy）；由于纯种植株中成对的两个因子总是相同的，我们就把这种情况称为"纯合的"（homozygous），把这种植株称作"纯合子"（homozygotes）。原本的两株纯种植株分别贡献出一个决定种子表皮颜色的遗传因子，所以 F₁ 代的植株均为 Yy；由于它们携带的两个因子不同，所以我们把这种植株称作"杂合的"（heterozygous），把这些对应的植株称作"杂合子"（heterozygotes）。当这些杂合子进行繁殖并再次进行相互之间的杂交时，每一株植株都会产生两种不同的配子，一半配子携带 Y，另一半配子携带 y。这些配子会进行随机组合，所得的组合有四种情况：YY、Yy、yY 和 yy。只有最后一种，即同时携带两个隐性因子的组合，才会表达出绿色表皮的性状；另外三种组合的结果皆为黄色，孟德尔由此解释了自己观察到的 3∶1 的比例。

家族谱系图

除了从随机交配的动植物实验中获取数据之外，另一种对理解遗传规律富有指导意义的途径是以人类和驯养动物为研究对象，这种研究的结果通常借由"家族谱系图"表示（见图 4-3）。

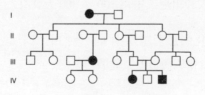

图 4-3　家族谱及示意图

图中的圆形代表女性，方块代表男性，菱形代表对象的性别未知（图 4-3 中未标出，例如某个早夭的远方亲戚）。连接男性和女性的横线代表两人的婚配。同一婚配产生的几个孩子，也就是兄弟姐妹（sibs），在图中以从横线中伸出的分支表示，并按照出生的先后以从左到右的顺序排列。图中将家族谱系开始处的夫妇标记为代际 I，而他们的子孙后代依次为代际 II、代际 III，以此类推。双胞胎的线段从父母婚配关系的同一个点上发出，如果是同卵双胞胎，则在两人之间额外加一条相连的线段。堕胎和流产则用较小的黑色实心圆表示。如果家族谱系图中出现了没有父亲的情况，则代表孩子生父的身份未知。

当我们用家族谱系图研究某个具体的特征时，带有该特征的个体就以在图形中额外添加标记来表示，例如 ● 或 ⊗。如果是图形的中间带有一个黑点，则代表虽然该个体没有表达出目标性状，但是是决定该性状的某个或某些因子的携带者。

现在，我们可以用家族谱系图来更形象地展示孟德尔在他的植物实验中提出的理论了。白化病是一种常见的遗传疾病，病因是个体的皮肤、毛发和瞳孔中缺乏正常的色素分布。白化病在不同的人种中都不鲜见，美国白人中的发病率约为两万分之一。白化病在北美土著人口中并不多见，而在美国西南部，白化病患者被认为是祥瑞而受到追捧，当地的霍皮人和祖尼人中每 200 ~ 300 人就有一个白化病患者。

如果两个白化病患者结婚生子，他们的孩子也会是白化病患者。图 4-4 是一个有白化病成员的家族的谱系图。

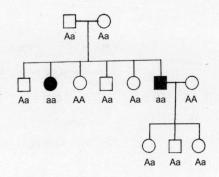

图 4-4　有白化病成员的家族的谱系图

在绝大多数情况下，白化病患者会与正常人结婚，并且通常（前提是婚配对象的家族中从未出现过白化病患者）他们的孩子都是正常的（见图 4-5）。

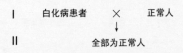

图 4-5　白化病患者与正常人婚配谱系图

通过研究足够数量的患者与正常人的婚配案例，我们能够从中汲取经验，并验证孟德尔理论中的基本原则。图 4-6 说明，白化病的等位基因之间不会相互稀释干扰。他们的后代个体拥有正常的肤色，我们不会看到皮肤略深的白化病患者，也不会看到略显煞白的正常人。白化病的特征看起来就像消失了一样。但是在另一种婚配情况中我们可以看出，其实白化病并没有消失。

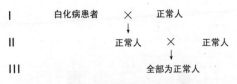

图 4-6　白化病患者与正常人婚配谱系图

　　假如我们让两个均为白化病人和正常人的后代的人婚配：从图 4-7 可以看出，白化的性状并没有从家族里消失；它只不过是以某种方式隐藏了起来，暗中等待着在某一代人中卷土重来。白化病患者和白化病患者的后代只能是白化病患者，这意味着白化性状不具备产生任何其他性状的"潜力"。与之相对，某些白化病患者和正常人结合产生的正常个体却可能生出白化的后代。也就是说，生物体可以在携带某种遗传潜力的情况下而不表达出其所对应的性状。

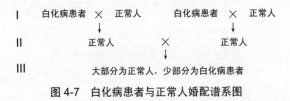

图 4-7　白化病患者与正常人婚配谱系图

　　孟德尔的理论也能够解释这种现象。首先，我们先假设白化和正常肤色是由单个基因控制的；其次，假设控制肤色的等位基因与孟德尔的豌豆一样，是成对的两个；最后，我们姑且认为控制肤色的等位基因只有两个：其一是正常肤色基因，为显性，以 A 表示；另一个是导致白化的隐性基因，以 a 表示。个体所携带的特定基因组合方式被称作"基因型"（genotype），因此，一个普通人（先辈中没有白化病患者）的基因型一定是 AA，而白患病患者的基因一定是 aa。两者皆为纯合的基因型。正常人只能给后代传递基因 A，而白化病患者只能给后代传递基因 a，于是，白化病患者和正常人婚配得到的后代由于分别从父母方获得了一个基因，所以其基因型必为杂合的 Aa。这些基因型为 Aa 的杂合个体从外表上看与纯合的 AA 个体无异。从遗传的角度来看，这两种基因型所控制的外显性状相同，这种相同的表现被称为基因的"表现型"（phenotype）。就严格的命名法而言，所有个体都可以被分为三类：显性纯合子，AA；隐性纯合子，aa；杂合子，Aa。

如果杂合的 Aa 个体间互相发生婚配，正如婚配方式 2 中所展示的那样，他们后代中的大多数将表现为正常肤色，但是仍有少部分会表现为白化病。不过，孟德尔的经历告诉我们，我们应当对每种性状的个体进行具体计数，而不是笼统地将之描述为"大多数"或"少部分"。诚然，对大样本的人群进行计数可没有孟德尔数豌豆那么容易，不过从许多婚配案例中积累获得的结果同样趋向于简洁的 3∶1——大约每三个正常人对应一个白化病患者，这与孟德尔在豌豆中的发现一致。不仅如此，我们也可以用同样的理论来解释这个比例。在配子形成的过程中，成对的基因互相"分离"，导致每个配子中仅含有两个基因中的其中一，这个分离的过程被称为孟德尔"分离定律"（law of segregation）。具体说来，杂合 Aa 父亲的每个精子只会携带成对基因中的一个等位基因，也就是一半的精子携带 A，而另一半携带 a。同样，杂合 Aa 母亲一半的卵子会携带 A，而另一半携带 a。由于受精的随机性，所以一共有四种可能的结合情况。

A 卵子与 A 精子结合：基因型为 AA。

A 卵子与 a 精子结合：基因型为 Aa。

a 卵子与 A 精子结合：基因型为 Aa。

a 卵子与 a 精子结合：基因型为 aa。

鉴于前三种组合的结果表现为肤色正常，而第四种表现为白化病，所以这种理论恰好可以解释实际中出现的 3：1 的比例。

此外，这个理论还可以解释为何只要不与家族成员中有白化病史的人婚配，由白化病人和正常人生育的后代就不会出现白化病。因为在这样的婚配中，代际 II 的个体均为杂合子，很多代际 II 之后的个体也会是杂合子。杂合个体都会有一半的配子携带 a 基因，但是只要这些带有 a 基因的配子一直都与基因型为 AA 的配子结合，就永远不会有基因型为 aa 的白化病患者出现。

还有一种我们到目前为止没有探讨过的婚配方式，它可以作为上述理论进一步的验证手段（见图 4-8）。

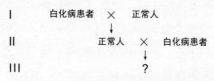

图 4-8　白化病患者与正常人婚配谱系图

我们应该如何预测这种婚配方式的结果？在上文中，我们就分析过代际 II 中的正常个体一定是基因型为 Aa 的杂合子（以男性为例），他的精子各有一半携带 A 或 a，而他的白化病配偶的基因型为 aa，所以她的卵子全部携带 a，由此，精卵组合的可能性只有两种。

a 卵子与 A 精子结合：基因型为 Aa。

a 卵子与 a 精子结合：基因型为 aa。

如此一来，他们的后代中将有一半的个体基因型为 Aa，表现为正常肤色，还有一半基因型为 aa，表现为白化病，而这正是我们在现实中发现的。我们在理论中提出的假设并不多，而且全都合情合理。

- 个体体内的每个基因都由成对的等位基因构成。

- 等位基因间有显隐性的区别。

- 配子形成过程中成对的基因会发生分离。

- 配子结合形成合子是完全随机的。

这个简单的理论在帮助我们理解遗传现象时起到了四两拨千斤的作用，鉴于它能够解释我们的所见，并且与事实有着极高的契合度，因此孟德尔的理论显得颇有可取之处。

现在，让我们用另一个例子来试试手。有一种名叫苯硫脲（PTC）的化学物质，对某些人来说它的味道奇苦难忍（有味觉者），但对另一些人来说却淡如白水（无味觉者）。美国白人中大约有 70% 的人是有味觉者。有味觉和无味觉的表现型是可遗传的，我们通常会将有味觉定义为显性。我们把有味觉的等位基因标注为 T，无味觉标注为 t，可想而知，纯合有味觉者（TT×TT）的后代皆为有味觉者，而纯合无味觉者的后代也皆为无味觉者（tt×tt）。现在，我们来设想一下婚配发生在两种纯合个体之间的情况（见图4-9）。

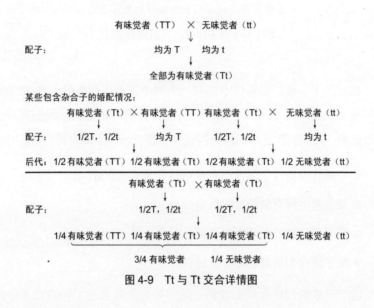

图 4-9　Tt 与 Tt 交合详情图

上图中详细展示了 Tt 与 Tt 交合的情况。如果你能理解这种婚配方式中后代表现型的比例为3：1，那么你就已经理解孟德尔分离定律了。这里我们用"庞氏表"（Punnett square）来加以说明，方法是在这种表格的第一行和第一列分别标注每种性别可能产生的配子类型。由此，在 Tt 与 Tt 交合的婚配方式中，它的庞氏表表示法如图4-10、图4-11所示。

表中的每一格都代表了一种配子组合的形式。

卵子

精子 \ 卵子	½ T	½ t
½ T		
½ t		

图 4-10　Tt 与 Tt 交合的庞氏表表示法

卵子

精子	½ T	½ t
½ T	¼ TT	¼ tT
½ t	¼ Tt	¼ tt

图 4-11　Tt 与 Tt 交合的庞氏表示意图

庞氏表在更直观地呈现出 3 ： 1 的比例的同时，还能让我们看到，这个比例在基因型的层面上其实是一个显性纯合加两个杂合再加一个隐性纯合的结果。

迄今为止，在我们所举的例子中，杂合子与显性纯合子的基因型都拥有相同的显性表现型。不过，如果杂合子与显性或隐性纯合子的表现型均不同，那么孟德尔发现的遗传规律将更为明显和直观，这种情况我们称之为“不完全显性”（incomplete dominance），顾名思义，杂合子的表现型将介于显性纯合与隐性纯合之间。举例来说，在某些植物中，由红色花朵与白色花朵品系杂交获得的后代会开出粉色的花朵；随后，如果以粉色的杂合品系繁育后代，则会出现孟德尔式的比例，即红花、粉花和白花的比例为1：2：1。这种情况下，基因型1：2：1的比例将直接反映在表现型中。

血型研究

历史上某些对遗传学的突破性理解来自对血型的研究。人体免疫系统会攻击和对抗异于自身的外来成分，如细菌、病毒和真菌。根据与人体免疫系统的相互作用关系，血液被分为不同的类型。鸟类和哺乳动物的免疫系统最为完善，以分子的构型，尤其是蛋白质的构型为功能效应的基础。所有细胞的表面都覆盖着许多独特的蛋白质和其他分子，这些分子的种类和数量因物种而异。它们是我们身体组织的个人烙印，这也是为什么除了近亲之间，人类的肾脏或任何其他器官的移植都非常困难。

外来分子总是会通过破损的伤口或是介入性的医疗措施，阴差阳错地进入我们的身体，比如为了获得对某种疾病的免疫力而注射疫苗。免疫系统会将这些进入体内的分子视作外来物，至此，这些分子就成了名副其实的"抗原"（antigen）。所谓抗原，顾名思义，就是能够引起免疫系统排异反应的物质。某种特定的抗原一旦进入身体，就会诱发与之对应的某种免疫细胞（淋巴细胞）合成名为"抗体"（antibody）的特异性蛋白质，抗体继而识别并消灭上述抗原。每种抗体都拥有与诱发其合成的抗原互补的分子结构，故而两种分子可以互相结合（见图4-12）。

　　两者结合的结果，可能是消除抗原的活性，或者是形成巨大的分子复合物，然后再由血液中的其他白细胞（中性粒细胞或者巨噬细胞，身体中的清道夫）识别并清除。举个例子，如果皮肤破损，进入其中的细菌由于细胞表面独特的蛋白质和多糖分子而被识别为外来物，这些表面分子即是抗原。识别外来物后，身体开始合成对抗它们的抗体，后者与细菌牢牢结合形成巨大的复合物，随后被清除。

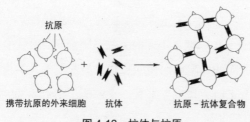

图 4-12　抗体与抗原

　　1927 年，卡尔·兰茨泰纳（Karl Landsteiner）和菲利普·莱文（P. Levine）发现，如果把人类的血液注射进兔子体内，就会诱发它们产生对抗人类血细胞的抗体。借助用不同人的血液诱生的抗体，兰茨泰纳和莱文鉴别并命名了两种不同的抗原：M 和 N。M 型的人类血液能够诱使兔子产生对抗 M 抗原的抗体，而 N 型的人类血液可以诱使兔子产生对抗 N 抗原的抗体。每个人的血型要么是 M，要么是 N，抑或是 MN，即同时具有这两种抗原。

　　已知父母的血型，其后代的表现型仅有以下可能的情况。

M 与 N 交合：孩子的血型均为 M。

N 与 N 交合：孩子的血型均为 N。

M 与 N 交合：孩子的血型均为 MN。

从中可以看出，血型为 M 或 N 的人均为该等位基因的纯合体，而血型为 MN 的人则是同时拥有 M 和 N 且两个等位基因同时表达的杂合子。为了纪念兰茨泰纳，决定人类 MN 血型的基因被命名为 "L"，它有两个互相独立的等位基因，对应 M 抗原和 N 抗原的基因分别被称为 "L^M" 和 "L^N"。等位基因这样的关系被称为 "共显性"（codominant），即在 $L^M L^N$ 的杂合子中，两个不同的等位基因会同时并完全地表达，由此就可以解释上面的婚配中出现的后代血型的现象。不仅如此，当父母双方同为杂合子时，每一方都有一半的配子为 L^M，而另一半为 L^N，它们可能的组合情况如下，这与我们的观察相符。

$$L^M L^M \quad L^M L^N \quad L^N L^M \quad L^N L^N$$
$$\tfrac{1}{4}\,M \qquad \tfrac{1}{2}\,MN \qquad \tfrac{1}{4}\,N$$

早在 1900 年，兰茨泰纳其实就已经发现了一种在今天与人类输血密切相关的血液分型：A 型、B 型、AB 型和 O 型。人们之所以注意到这种血液分型，是因为当时在输血中经常会发生受血者体内的红细胞凝聚的情况。血液同型者间的输血往往不会有大碍，但是血液异型者之间的输血却总会因为外源血进入人体后发生凝集而导致严重的负面反应。之所以会导致严重的后果，是由于红细胞的表面通常带有 A 抗原或 B 抗原，而在血液中有与抗原不同类型的抗体存在。A 型血的红细胞表面只有 A 抗原，体内的血清中含有对抗 B 抗原的抗体；B 型血的情况与之正好相反。O 型血的红细胞表面既没有 A 抗原也没有 B 抗原，所以 O 型血的红细胞不会触发任何血清的免疫发生；O 型血的人是万能的供血者，他们的血液可以输送给任何血型的人。AB 型血的人的红细胞上同时拥有两种抗原，而他们的血清中既没有针对 A 抗原的抗体，也没有针对 B 抗原的抗体，因此，他们是万能的受血者，可以接受任何血型的供血。

A-B-O 血型的遗传体系非常简单且具有启发性。决定 A-B-O 血型体系的基因被称为 I，它有三个不同的等位基因，这是最简单的"复等位基因"（multiple alleles）的情况。A-B-O 血型体系与之前仅有两个等位基因的例子不同，像这样最少有三个等位基因的关系才可以被称为复等位基因。等位基因 I^A 决定 A 抗原，I^B 决定 B 抗原，既不决定 A 抗原，也不决定 B 抗原的等位基因为 i。I^A 和 I^B 均相对 i 为显性，这从它们的大小写的标记方式里就可见一斑。O 型血的基因型为 ii，A 型血的基因型为 I^AI^A 或者 I^Ai，而 B 型血的基因型为 I^BI^B 或者 I^Bi。不过，如同 L^M 和 L^N 一样，I^A 和 I^B 互为共显性关系，所以一个基因型为 I^AI^B 的人将表达为 AB 型血。

现在，对于不同的婚配方式，你应该已经能够预测出后代的血型了。我们以一对 A 型血的夫妇为例，他们的基因型只有 I^AI^A 和 I^Ai 这两种可能的情况，由于我们不能确定究竟是哪一种，所以姑且把他们的基因型标记为 I^A-，短横代表这个位置上的等位基因有两种可能。很显然，A 型血的人能够为后代传递等位基因 I^A，因此我们预计他们的孩子中肯定会有 A 型血的个体出现。当夫妇双方中有一个人是杂合子时，那么他们所有的孩子都将是 A 型血。但是，当夫妇双方均为杂合子时，那么平均来说，他们的后代中有 1/4 的人会因为同时从双亲处获得等位基因 i 而表现为 O 型血。

现在，试一试你能不能预测出下面这些婚配方式产生的后代的血型，答案会在本章结尾处公布。

1. $I^A I^B \times I^A i$ 2. $ii \times I^A i$
3. $I^A I^A \times I^B i$ 4. $ii \times I^A I^B$

总而言之，孟德尔的遗传理论具有举足轻重的作用，因为它帮助我们理解了动植物中许多可遗传的表现型差异，实际上是由同一个基因上成对的等位基因导致的。对于人类自身而言，孟德尔的发现无异于一条强大的法则，我们可以用它作为预测类似血型这样的多样性状，抑或某些遗传疾病等异常情况发生的规律。我们现在知道，许多人类疾病都与单基因的等位基因有关，其中就包括苯丙酮尿症，它是由一个隐性的等位基因决定的，我们在这里称之为 p；泰－萨克斯病（Tay-Sach's disease），它的病因是一个名为 t 的隐性等位基因；还有亨廷顿舞蹈病，它是由另一个基因上的显性等位基因 H 导致的。所有这些等位基因的遗传规律都与依据孟德尔理论做出的预测别无二致。但是请注意，也有一些疾病的遗传机理甚是复杂，还有许多疾病根本就不是遗传病。只有对家族谱系进行认真恰当的分析，才能区分出一种疾病的发病原因。我们会在后续的章节里进一步探讨单基因遗传病。

鉴于有不完全显性和共显性这样的现象存在，等位基因相互之间的关系就显得没有那么复杂。A-B-O 血型系统是由三个等位基因组合决定的，而某些决定性状的等位基因的数量更是在这之上，相互之间的作用关系也非常复杂。这种繁复的关系说明等位基因之间的显隐性关系是一种相对的概念，而非单个等位基因的绝对特性。以兔子的毛色为例，假设决定兔子毛色的基因名为 c，它有四个等位基因：c^+、c^{ch}、c^h 和 c^a。c^+ 相对其他三个基因为显性，所以，纯合子 c^+c^+ 或任何带有一个等位基因 c^+ 的杂合子均表达为深灰色毛，有时也被称为豚鼠色。纯合的 $c^{ch}c^{ch}$ 则是金吉拉灰，但是 c^{ch} 相对 c^h 和 c^a 而言是不完全显性，所以 $c^{ch}c^h$ 和 $c^{ch}c^a$ 的兔子毛色会呈现较浅的灰色。再者，c^h 相对 c^a 为显性，所以 c^hc^h 或者 c^hc^a 的兔子具有典型的喜马拉雅地区物种的特征——通体雪白，而鼻子、耳朵、脚掌和尾巴为黑色。最后，c^ac^a 的兔子为纯净的白色。

测交与概率

拥有显性性状的个体可能是纯合，也可能是杂合。换种说法，也就是它的基因型可能是 AA 或 Aa。在某些情况下，区分这两种基因型显得非常重要，比如当你希望繁育带有某种显性性状的个体时，你会希望确保它们是该性状的纯合子。这时，你就可以用"测交"（test cross）的办法进行验证。用隐性纯合个体与基因型未知的目标个体进行杂交，所用的 aa 型个体在这里被称为"测交系"（tester）。显性纯合 AA 的个体只能产生带有等位基因 A 的配子，所以它的测交后代只能是表现为显性性状的杂合子。但是，杂合子的测试对象将有一半的配子带有等位基因 a，因而测交后代中将有大约一半的个体为 aa 的隐性纯合子。实际上，一旦测交后代中出现 aa 性状的个体，就能说明测交的对象为杂合子。这是一种简便而有效的测试方式。

虽然将人类的婚配行为称作"测交"有失妥当，但同样的原理也适用于人类。比如在一个家庭中，双亲中的一方是 A 型血，另一方为 O 型血，那么他们的孩子就可以成为区分 A 型血亲本到底是纯合子还是杂合子的依据。只要后代中出现一个 O 型血的个体，就可以说明 A 型血亲本为杂合子。反过来，如果这对夫妇有几个孩子且全部都是 A 型血，我们也不能由此推断家长是纯合的 A 型血，因为如果基因骰盅晃动的次数有限，杂合亲本的显性等位基因完全有可能在每次的婚配中都被后代继承。

孟德尔的分离定律让我们得以预测某种性状被遗传的概率。他在研究中采用的计数大量个体并对这些数据进行简单的统计学处理的方式，首开定量分析的先河。如若不然，遗传学或许永无出头之日。在深入探讨遗传学的内容之前，我们有必要先介绍一些与概率有关的入门概念。

对于许多人来说，概率并不是一个容易理解的概念。如果你经常跟育有遗传缺陷的孩子（例如罹患苯丙酮尿症、囊性纤维化或者唐氏综合征）的家长打交道，就会发现他们普遍缺乏对这些疾病病因的理解，即使是在向专业的遗传学家咨询之后，也没有多少人知道为何这些疾病会有相对固定的发病概率。即使是内科大夫也对概率问题讳莫如深，遗传医学家朱迪思·霍尔（Judith Hall）更是直言不讳地说："医生根本不喜欢讨论概率，他们更喜欢拿绝对与否说事。医生偏爱绝对论的原因则是它更能吸引患者的眼球。"尽管如此，我们每天的生活仍然离不开对概率的估计，如我们在心中盘算某件事"很有可能"发生的感性认识，或者精算师们建立在硬核统计数字上的理性抉择。遗传学也一样，它需要坚实可靠的概率运算作为基础。我们经常会碰到有人想要确认与某些亲属拥有相同等位基因的概率，而这时就需要做一些简单的计算。

我们都知道投掷一枚硬币得到正反面的概率是一样的，两者比例是 1 : 1。用概率来表达，就是掷出正面的概率为 1/2。与此类似，投掷一个质量分布匀称的骰子，每个侧面朝上的概率也相同，所以掷出每个面的概率均为 1/6。

但是当把两件或者两件以上的事情放到一起时，我们该如何处理与它们相关的概率问题呢？比如同时投掷两枚硬币，那么得到两个正面的概率是多少？假设我们多次投掷这两枚硬币，那么第一枚硬币出现正面朝上的概率为 1/2；第二枚硬币有 1/2 的概率正面向上，有 1/2 的概率反面向上。同理，在第一枚硬币为反面向上的情况里，第二枚硬币正面或反面向上的概率仍然是 1/2。综上所述，投掷两枚硬币一共可以产生四种可能的结果，而每一种结果出现的概率均为 1/4（见图 4-13）。

图 4-13 投掷硬币中的概率

我们从这个例子中可以总结出概率计算的一条法则：两个相互独立的事件，即其中一件事的结果对另一件事的结果没有影响，那么两者同时满足某一特定条件的概率为其分别满足该条件的概率之积。结合上面投掷硬币的例子，这种概率相乘原则意味着，两枚硬币同时出现正面朝上的概率为：其中一枚硬币正面朝上的概率（1/2）乘以另一枚硬币正面朝上的概率（1/2），也就是1/4。投掷硬币的另外三种结果也同理可得。

在确定不同精卵组合出现的概率时，我们面对的也是类似的问题。以两个杂合子 Tt 的杂交为例，每个杂合子都可以产生 1/2 的 T 配子和 1/2 的 t 配子。这时我们可以通过庞氏表获知四种可能的组合情况，每一种出现的概率均为 1/4，这也解释了标准比例 1∶2∶1 和 3∶1 出现的原理。

现在，我们假设你的外公是某个基因的 Aa 杂合个体，那么你通过遗传获得外公的等位基因 a 的概率是多少呢？你的母亲从外公那里遗传获得该等位基因的概率为 1/2，随后，你从母亲身上遗传获得该基因的概率同样为 1/2，所以这个问题的答案是 1/4。这与将一个硬币投掷两次的问题几乎毫无差别。如果把问题换作从祖父母中任何一位身上遗传获得任何一对等位基因中的一个，不管是运算的过程还是结果，也都与此一致。

那在什么样的情况下，两个事件不是互相独立的呢？我们假设由于某种原因，携带等位基因 A 的卵子会更容易吸引携带等位基因 A 的精子，而携带 a 的卵子更容易吸引携带该等位基因 a 的精子。于是，在基因型都为 Aa 的男性和女性的婚配中，虽然他们都可以产生相同数量的 A 和 a 配子，但是由于受精并不是在完全随机的前提下发生的，所以获得各基因型后代的概率将偏离我们通常的估计。

概率计算的一个重要应用，是帮助我们在同时跟进两个或两个以上的基因时预测不同基因型出现的概率。孟德尔本人也进行过类似的预测实验，他在当初的实验中同时跟踪了两种性状的遗传情况，这让他总结出了另一条重要的规则，即"自由组合定律"（law of independent assortment）：两个成对的等位基因在配子形成中会进行自由组合。在第5章中我们将会看到，针对细胞分裂的过程，孟德尔的两条遗传定律是如何在染色体的层面上得到体现的。孟德尔当时对染色体和它们在生殖中的作用一无所知，而仅凭性状遗传规律就总结出了自由组合定律，不得不说这其中有着运气的成分。我们将在后续的内容里看到，许多基因是定位于相同的染色体上的，所以它们的遗传关系更接近于同进同退，也就无所谓什么自由组合了。无巧不成书的是，孟德尔在研究中选取的那些性状，决定它们的基因都位于不同的染色体上（或是虽然在同一条染色体上，但是由于相距非常远而表现出类似相互独立的行为）。我们可以用人类遗传的例子来说明孟德尔的遗传定律，再反过来利用这些定律预测某些特征组合在后代身上同时出现的概率。

假设有一对夫妻，两人都是味觉基因的杂合子 Tt，以及眼睛颜色的杂合子 Bb，后者决定个体的眼睛为棕色（B-）或是蓝色（bb）。现在，我们来看看他们会产生哪些配子。根据孟德尔的第一条遗传定律，等位基因 T 和 t 会发生分离，所以一半的配子会带有 T，而另一半的配子会带有 t。再根据孟德尔的第二条遗传定律，等位基因 B 和 b 也会发生分离，且不会受到 T 和 t 的影响，所以，携带 B 和 b 的配子也分别各占一半。因此，和投掷硬币的例子一样，我们一共可以得到四种可能的组合——TB、Tb、tB 和 tb，并且每一种组合出现的概率都是 1/4。

夫妻双方所产生的配子的情况完全相同，那么这些配子可以有哪些组合方式呢？由于四种精子中的任何一种都可以与四种卵子中的任何一种发生结合，所以共有 16 种组合方式，并且每一种组合发生的概率均为 1/16（1/4 × 1/4）。直观展现这些情况的一个方法是借助一张更大一些的庞氏图（见图 4-14）。从方便确定表现型的角度考虑，我们先找出至少包含一个显性等位基因（T 或者 B）的方格，这些基因型对应的表现型为棕色眼睛和有味觉者。可以看到，一共有九个这样的方格。有三个格子中的基因型是 bb 与包含至少一个等位基因 T 的组合，它们的表现型是拥有蓝色眼睛的有味觉者。基因型 tt 与至少包含一个等位基因 B 的组合也同样有三个，它们的表现型是拥有棕色眼睛的无味觉者。最后，还有一格的基因型是 ttbb，它的表现型是拥有蓝色眼睛的无味觉者。这个经典的 9 ∶ 3 ∶ 3 ∶ 1 的比例，正是两对相互独立的杂合子基因杂交所得的后代的表现型比例。

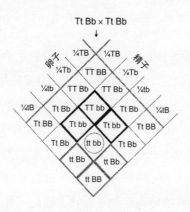

图 4-14　两对独立杂合子基因杂交庞氏图

图中展示了当婚配双方是某两对相互独立的基因的杂合体时，其后代所有可能的组合类型。所有组合的表现型共有四种，其出现比例为 9 ∶ 3 ∶ 3 ∶ 1。

不过，如果只是为了计算某种性状在后代中出现的概率，我们大可不必大费周章地画出这些方格，毕竟画图既费力又容易出错。由于两对基因的遗传是相互独立的，所以我们可以单独"看待"这两对基因。如果只考虑杂合子 Tt 的杂交情况，我们会预测其后代中有 3/4 的有味觉者和 1/4 的无味觉者。同理，当只考虑杂合子 Bb 的杂交时，我们也会预测其后代中有 3/4 的拥有棕色眼睛的个体和 1/4 的拥有蓝色眼睛的个体。好了，这下我们手头就有了可以用于进一步讨论的基本概率。就像先前做的那样，我们只需要简单相乘，就可以获得需要的概率。

$$\frac{3}{4} \text{ 有味觉者} \times \frac{3}{4} \text{ 棕色眼睛} = \frac{9}{16}$$
$$\frac{3}{4} \text{ 有味觉者} \times \frac{1}{4} \text{ 蓝色眼睛} = \frac{3}{16}$$
$$\frac{3}{4} \text{ 无味觉者} \times \frac{1}{4} \text{ 棕色眼睛} = \frac{3}{16}$$
$$\frac{1}{4} \text{ 无味觉者} \times \frac{1}{4} \text{ 蓝色眼睛} = \frac{1}{16}$$

沿用这种思路，我们就能够轻松预测同时涉及三对、四对乃至于任意数量基因的遗传结果。另外，就算是面对基本概率不同的情况，这种思路也同样适用。

亲子鉴定

借助孟德尔理论的基本原理，现代的遗传学家们可以凭借家族谱系图确定某种性状的遗传模式，继而确定家族中后代表达出同一性状的概率。不仅如此，孟德尔的遗传定律还可以帮助解决涉及父亲的亲子争端。我们在后续的章节中会介绍一种叫 DNA 指纹图谱的技术，它也是亲子鉴定的重要依据。经典遗传学在证明"某人是某人的父亲"

这个问题上几乎毫无作用，但是它确实可以明确地排除某人作为父亲的可能性。举一个简单的例子，假设一位女性的血型是 M 型，她的配偶也是 M 型血，那么他们就不可能生出 MN 型血（$L^M L^N$）的后代。

利用遗传学证据解决亲子争端的最著名的案例，要数琼·贝瑞（Joan Berry）诬告查理·卓别林，称卓别林与其育有一个私生女。在这个从 1943 年一直打到 1945 年的官司里，卓别林饱受赫斯特集团基于道德立场的指责和中伤。《纽约时报》在头版头条还用了类似这样的标题：《卓别林，另有六起玩弄女性的指控需要背负》（1944 年 2 月 11 日）。虽还未被法庭定罪，但是当时的卓别林已然千夫所指、身败名裂。而事实是，卓别林是 O 型血，琼·贝瑞是 A 型血，而她的女儿卡罗尔·安·贝瑞（Carol Ann Berry）是 B 型血。由于这个女孩跟 A 型血毫不沾边，所以她的母亲肯定是杂合个体，即 $I^A i$，而女孩肯定是从母亲那儿继承了 i。由此，女孩的另一个等位基因 I^B 肯定来自父亲，而这个人肯定不是卓别林。祸不单行，卓别林还在加利福尼亚吃到了类似的官司，对他的指控一直闹到了地区上诉法院，最后法院以如下陈述下达了判决。

有关血型测试的证据属于专业意见，检察官据此达成的结论建立在专业的医学研究成果之上，该结论涉及诸多对非从业者来说完全陌生的化学和生物学问题，但是由于美国相关法案（《民事诉讼法》，1978 年版）中未有对相关技术的认证，所以不能将其作为审理本案的决定性证据……当基于科学手段的证词和证据与事实发生冲突时，陪审团与初审法庭需自行权衡各个证据的轻重。

我们只能希望从那次判决之后，相关法案能进行修订，但是辛普森杀妻案的庭审依旧反映出，法庭在权衡遗传学证据与其他传统的证据时，轻贱前者的风气还是阴魂不散。

有关亲子争端的另一个有趣的情景是同期复孕（superfecundation），主要指女性在同一个晚上先后与两名男性发生性交之后怀孕，并在随后产下一对生父显然不同的双胞胎的情况。假设这几人的资料如下。可以看到，双胞胎 1 一定是男性 2 的孩子，而双胞胎 2 则是男性 1 的孩子。

	表现型	基因型
母亲	O	ii
双胞胎 1	B	$I^B i$
双胞胎 2	A	$I^A i$
男性 1	A	$I^A —$
男性 2	B	$I^B —$

遗传学分析是一种强大的预测手段，只要控制某种性状的等位基因已知，遗传咨询师就可以为某个特定的表现型在后代中出现的概率进行估算。比如，医生可以借此向一对夫妇解释为何他们的孩子会罹患囊性纤维化。由于父母双方都没有这种病，所以他们分别携带有一个正常的显性基因。而有鉴于他们生下了一个隐性纯合的孩子，所以，他们又每人携带有一个隐性致病基因。换句话说，父母双方都是杂合子，因此，如果他们选择再生一个孩子，他们将有 1/4 的概率会再生出一个罹患该病的孩子。

与此类似，希望培育某个性状纯种品系的动植物育种者也可以利用孟德尔的遗传定律来估算所需的繁育次数和规模。现代农业中的精确繁育项目正是建立在这个基础之上的。

章后总结

1. 性状的可遗传性在达尔文进化论中扮演着关键的角色，犹如农民会用选育的方式改良牲口的性状，大自然的规则本就是适者生存。

2. 孟德尔的豌豆实验为人类理解遗传现象的原理立下了汗马功劳。他提出的遗传理论帮助我们理解了动植物中很多可遗传的表现型差异实际上是由同一个基因上成对的等位基因导致的。

3. 以人类和驯养动物为对象对于理解遗传规律具有指导意义，而这种研究的结构通常借由"家族谱系图"表示。

4. 历史上某些对于遗传学的突破性理解来自对血型的研究。

5. 借助孟德尔理论的基本原则，现代的遗传学家们可以凭借家族谱系图确定某种性状的遗传模式，继而确定家族后代中表达同一性状的概率。遗传学分析是一种强大的分析手段。

   血型问题的答案：

   1. $I^A I^B \times I^A i$: ½ A, ¼ B, ¼ AB
   2. $ii \times I^A i$: ½ A, ½ O
   3. $I^A I^A \times I^B i$: ½ A, ½ AB
   4. $ii \times I^A I^B$: ½ A, ½ B

5

遗传与生殖

生长的本质是什么?

"生成论"的主要内容是什么?

细胞周期包括哪些过程?

如何用减数分裂解释孟德尔的遗传理论?

基因所处的位置在哪里?

GENETICS

在孟德尔的遗传理论被人重新发掘之前，其他生物学家们已经对细胞的结构研习了多年，所以，当他的理论在 1900 年重新浮出水面之际，生物学家们没有花费太多的力气就定位到了孟德尔所说的"因子"——它们在染色体上。我们现在把孟德尔口中的"因子"称为基因，而每一条染色体上都有许许多多的基因。在抽象的因子和现实的结构之间建立起联系是遗传学发展肇始的伟大成就之一，而这个成就的渊源始于人们确定性别的努力。

细胞与生殖

在施莱登和施旺的细胞学说得到普遍认可之后，病理学家鲁道夫·菲尔绍（Rudolf Virchow）给他们的理论补充了一条重要的普适原则：除了所有的生物都是由细胞组成的之外，细胞本身也来自已经存在的细胞。我们已经说过，生长是细胞吸收营养、合成自身成分的自然结果，随着细胞体积的增大，直至两倍于最初的大小时，它们就会一分为二。这种被称为细胞分裂的过程也是最简单的生殖方式。这种繁殖手段在原生动物和酵母中尤为常见，而多细胞生物体内的每个细胞，例如我们的体细胞也采用同样的方式进行增殖。虽然也有一些类型的细胞会逐渐变得功能专精并失去继续分裂的能力，但许多其他种类的细胞（如位于皮肤、肝脏和肠道表皮等地方的细胞）终其一生都在经历不断耗损又不断被新生细胞替代的循环。事实上，在你读这段文字的时候，你的身体正在以每秒两百万个的速率清除衰老的红细胞，同时，骨髓中的细胞也在生长、分裂，并以几乎相同的速率在弥补这些耗损。

所有的生物，但凡是由细胞构成的，均来自先前存在的生物。认为生物来源于非生命物质的自然发生学说早在 19 世纪就被人们抛弃了，给它当头棒喝的正是路易·巴斯德（Louis Pasteur）的实验。那么，有性生殖到底是怎么回事呢？虽然这个问题的答案对今天的我们来说显而易见，但是这些知识其实是科学家们数个世纪持续观察和试验的成果。正如我们在第 2 章所说的，显微镜的发明让人们看到了精液中的精子，而后来，人们终于看到了由卵巢排出的卵子。

曾在很长的一段时间内，科学家们都相信"先成论"（preformation），这种理论认为生殖细胞内含有一个完全成熟的个体的复制，而所谓的胚胎发育只是这个完整个体尺寸的增长。直到 1759 年，卡斯帕·弗里德里西·沃尔夫（Caspar Friedrich Wolff）用显微镜观察到了以"渐成"（epigenesis）方式发育的鸡胚胎。"渐成"的意思是指胚胎每个部分的生长和发育都是从无到有、循序渐进的。发育的起点是精子对卵子完成受精，两者形成合子（见图 5-1）。生物体的器官和不同的部分均由体细胞构成，例如肌肉细胞、骨细胞和肝细胞；与此不同的是，配子起源于某些特殊的生殖细胞，而后者只存在于卵巢和睾丸内。现存的生命都可以追本溯源至从前的细胞，生命的星火传递在代与代之间生生不息，而它的源头则是上古时期所有物种的某个共同的祖先。

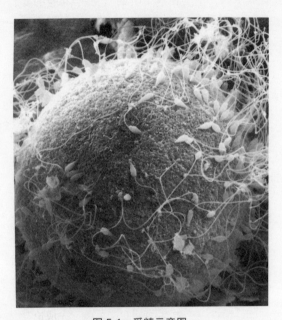

图 5-1　受精示意图

这张照片展示了受精发生时，一颗被众多精子包围的卵子。

有丝分裂与细胞周期

单个细胞生长而后分裂，这样一个一分为二的完整过程被称为一个"细胞周期"（cell cycle，见图 5-2）。细胞周期的全部功能在于让一个细胞变成两个乃至更多个细胞，并让新形成的细胞不断重复这个过

101

程，为此，每个新形成的细胞必须拥有一套完整的基因组。由于基因组主要的载体是位于细胞核内的染色体，所以细胞分裂的首要任务是完整地复制这套染色体。染色体的复制发生细胞周期的 S 期（S phase，S 意指 DNA 合成）内，细胞在这个时期内完成 DNA 的复制，基因组由此翻倍。随后，新的细胞核形成，分别包裹两组染色体中的一组，翻倍的染色体在这个被称为分裂期（M 期）的周期内被平分。

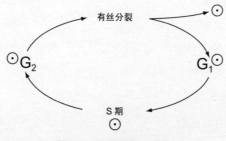

图 5-2　细胞周期示意图

细胞周期内主要包括两个关键事件：一个是染色体的复制，一个是细胞分裂，两者的目的是保证每个子细胞含有母细胞内每一条染色体的精确复制。

介于 M 期和 S 期之间的，是一个被称为 G_1 期的时期，这个阶段持续的时间相对较长，是细胞生长的主要时期。从 S 期到 M 期还有一个间隔期，被称为 G_2 期，它是细胞启动有丝分裂前的准备阶段。G_1 期、S 期和 G_2 期的全长有时被合称为间期（interphase），这是一个遗留概念，因为早年的人们完全被细胞的分裂期吸引了眼球，所以没有把不显山不露水的间期当回事儿。有丝分裂的过程被人为划分成了若干个不同的阶段，实际上都是同一个动态过程的连续组成部分。我们会在之后的第 7 章探讨 DNA 的结构，届时会对 DNA 的复制做更详细的介绍。眼下，我们姑且把重点放在 S 期结束之后，此时染色体复制完成，已经做好了被平均分配到两个子代细胞中的准备。

在整个间期，我们都看不出细胞核内有什么明显的变化。而一旦细胞周期进入分裂期的第一阶段——分裂前期（见图 5-3），构成细胞核边界的核膜就会发生崩解，继而我们可以看到数条明显的、细线状的染色体。在分裂期的这个阶段，每条染色体都成对存在，分别由两条紧贴在一起的“细线”构成，我们称每条“细线”为染色单体（chromatids）。两条染色单体互为对方的姐妹染色单体，它们是 DNA 在 S 期完成复制后所形成的两条完全相同的染色体拷贝，每条染色体的姐妹染色单体都由着丝粒相连。在动物细胞中，细胞中心线的两侧会分别出现一对名为“中心体”（centrioles）的微小结构，随着分裂过程的推进，它们会分别向细胞的两极运动，最终在那里形成两个分裂极（division poles）。介于两个极点的中心体之间，会形成纺锤体（spindle）结构；纺锤体由许多纤维（这些纤维的本质是微管，由微管蛋白构成）构成，它们的作用是在分裂的最后牵动染色体分离，使之进入两个新形成的细胞核中。有些纤维连接着中心体和着丝粒，正是这些纤维承担着牵引染色体的作用。

纺锤体发出的纺锤丝前后牵动着染色体，但是很快它们就会在两极中点的地方（称为赤道板，equatorial plate）停驻下来。自此，细胞的有丝分裂进入第二阶段——中期。突然之间，每条染色体的姐妹染色单体就像接到统一的指令一样分离，并开始向着相反的两极移动。

起着牵引作用的纺锤丝，有的靠缩短自身的长度拉拽，有的则通过延长自己起着推挤两极令其进一步分离的作用。这些过程在后期持续发生就进入了有丝分裂的第三阶段，细胞的中间会出现箍缩的凹陷，整个细胞一分为二的迹象初现。

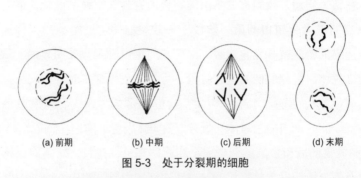

(a) 前期   (b) 中期   (c) 后期   (d) 末期

图 5-3　处于分裂期的细胞

（a）前期，染色体变得肉眼可见，核膜崩解。（b）中期，染色体在细胞中央有序排列。（c）后期，每条染色体中的两条染色单体分离，并向着相反的方向移向两极。（d）末期，新的核膜形成，染色体再次消失。

在有丝分裂的第四阶段，染色体到达两极，纺锤体消解，新核膜在重新分配的染色体周围形成，同时，染色体逐渐恢复不可见的状态。至此，细胞完成从一个母细胞到两个子细胞的分裂过程。

如此精细的分裂过程，其结果是将两套完全相同的染色体平均分到了两个子细胞当中，保证它们分别拥有一套与母细胞完全相同的染色体组。因此，有丝分裂保证了细胞系能在一代又一代的分裂过程中保持自身染色体组的完整性。除此之外，分裂过程的细胞光学特征反映了高度精巧的分子协同过程，由一个合子发育为一个含有千亿个细胞的个体，需要不断重复这一过程。细胞分裂不仅保证了动植物体积的增长，对维持机体的正常运作也必不可少。每一天，由有丝分裂获得的新细胞都在替换不断耗损的皮肤细胞，修复切口、损伤，以及制造新的红细胞。

核型

现在，我们可以利用已有的对有丝分裂的认识，再仔细审视一下染色体在分裂过程中的移动行为了。我们把一份血液样本加入含有培养基的试管中，如此一来，血液中的白细胞便可以在其中生长存活。经过数日的增殖之后，我们用秋水仙素（colchicine）处理试管中的细胞，该药物能够阻止纺锤体的形成，使所有分裂的细胞都停留在中期，而此时，染色体的浓缩程度最高、光学形态最清晰。华裔科学家徐道觉（T. C. Hsu）曾发现，如果把细胞放入盐浓度低于正常生存环境的溶液中，它们就会吸收水分并肿胀，挤压染色体，促使它们舒展和分散，这样更便于观察。

把这些细胞涂抹在显微镜的载玻片上，置于镜下观察，就可以清楚地观察到它们的染色体组成，必要的时候还可以拍照（见图 5-4[a]）。通过这种方式，我们可以看到不同染色体的长度和形状都不同：有的染色体长，有的染色体短，不同染色体着丝粒所在的位置也不尽相同。不仅如此，每一个物种都有自己确定的、特征性的染色体数量，如人类拥有 46 条染色体。对人类和绝大多数动物而言，染色体都是成对存在的。人类的 46 条染色体可以被分为 23 对（见图 5-4[b]），我们把按编号次序整齐排列的染色体图像称为核型（karyotype），在诊断某些遗传疾病时，核型的价值无与伦比。

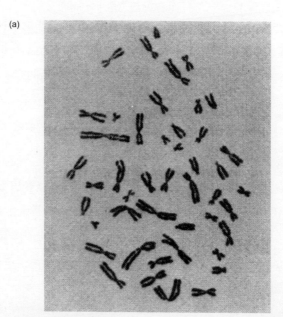

(a)

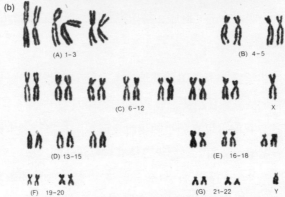

(b)

(A) 1-3

(B) 4-5

(C) 6-12

X

(D) 13-15

(E) 16-18

(F) 19-20

(G) 21-22

Y

图 5-4　染色体核型

想要获得染色体的核型，可以将处于有丝分裂期的细胞涂布于载玻片上，这样便于对染色体进行观察和拍照。随后，对照片中的同源染色体进行配对，挑拣出成对的染色体后再有序排放，这样就可以从整体上对染色体组进行检查了。

形态相同的两条染色体被称为同源染色体（homologs），我们称这两条染色体是"同源的"（homologous）。在给人类染色体编号时，一般是从最长的一对开始，依次从长到短，直到最短的那一对时，我们会在男性和女性之间发现一个有趣的区别。女性有 23 对染色体，而男性身上成对的染色体仅为 22 对，还有两条染色体看上去比较奇怪，其中一条比另一条短了许多。这条格外短的染色体是 Y 染色体，另一条相对较长的则是 X 染色体。而我们在女性中看到的那两条相同的 23 号染色体，实际上是两条 X 染色体。显然，X 染色体和 Y 染色体与个体的性别有关。其他 22 对同源染色体是每个人都有的，不论男女，所以它们被称为常染色体（autosomes）。人类的染色体之所以成对存在，显然与每个人都有父亲和母亲有关。每个人的诞生都始于精卵的结合；每个配子都携带了 23 条染色体——每对染色体中的一条，故而由它们结合形成的合子就有了成对的染色体。

探讨至此，我们便可以进入有性生殖的话题了。

减数分裂

正常体细胞中发生的有丝分裂，可以保证子细胞的染色体组与母细胞保持完全一致。然而，如果精子和卵子同样是有丝分裂的产物，那么合子的染色体组含量将变成亲本体细胞的两倍，并且这种代际的翻倍现象本应贯穿生物数百万年的繁殖史。

显然，这和我们所见的事实不符。出于稳定染色体组数量的目的，生物繁殖过程中势必要借助一种不同的分裂方式，这种分裂方式可以把配子中的染色体数量减半，故我们称之为减数分裂（meiosis），减半的染色体随后通过配子受精而复原。综上所述，对有性生殖的理解可以通过将其置于一个更大的循环，即生殖周期（sexual cycle）中来看待（见图 5-5）。

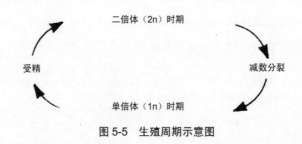

图 5-5 生殖周期示意图

　　只有一半染色体的细胞被称为单倍体（haploid），而染色体数量正常的细胞被称为二倍体（diploid）。我们在人类的核型中可以看到两组相同的染色体，每组 23 条，可见人类是一种二倍体生物。在成年人的性腺——睾丸和卵巢中，有一些细胞就会采用减数分裂的方式产生精子和卵子，这些细胞也就是生殖周期里的单倍体时期。人类产生的配子都含有 23 条染色体。受精的结果是产生二倍体的合子，合子内的染色体又恢复到了 46 条，随后合子发育为成年个体，并开始新一轮的生殖周期。

　　作为人类的我们很容易理所当然地认为，二倍体时期才是生物生殖周期中的主要阶段。实际上，许多物种的二倍体阶段在生殖周期中所占的比例很小，占据优势地位的恰恰是单倍体时期。比如，在藓类植物中，枝繁叶茂的绿色植株是它的单倍体阶段，这比它瘦小的二倍体阶段——通常是从绿色的单倍体植株中长出的一小段棕色茎秆要显眼得多。我们不是说单倍体或双倍体更像"活物"，之所以提及生殖周期，多少是为了给"人类是如何起源的"这个经常被人提及的问题抛砖引玉、拓宽思路。数百万年前，原始人类成为灵长类的新分支，自从有人类出现以来，这种单倍体、双倍体交替的生殖周期就在不断地循环。作为个体而言，精子和卵子与胚胎的意义大同小异。而在每一天，我们在对二倍体个体死亡怀有无限感伤的同时，却对单倍体细胞被挥霍浪费的行为视而不见。

参与减数分裂的中心粒、纺锤体以及其他结构和参与有丝分裂的结构并无二致，区别仅仅是分裂过程中染色体的移动行为（见图5-6）。由于正常细胞是二倍体，所以进入减数分裂阶段的细胞含有每条染色体的四个拷贝——正常二倍体的两个拷贝在分裂开始前的 S 期进行过复制，因而数量翻倍。细胞随后发生两次分裂，并产生四个单倍体子细胞，每一个都含有每条染色体的一个拷贝。

当细胞开始第一次减数分裂时（减数分裂 I），同源染色体会出于某种原因而相互靠近并配对。细胞的染色体在前期逐渐变得肉眼可见，我们通常可以在带状的染色体上看到坑坑洼洼的痕迹，有些地方突起，有些地方收缩，随后同源染色体的染色单体之间发生相互缠绕，它们的光学特征总是按照相同的先后顺序出现，从不出错。随着时间的推移，染色体固缩，变得越来越致密、越来越粗大，随即同源染色体被拉向相反的两个方向。同源染色体之间仅有的维系点被称为交叉（chiasmata），在交叉的位置上，染色单体紧紧地绞缠，甚至融合在了一起。

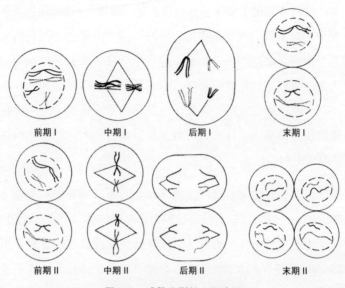

前期I　　　　　中期I　　　　　后期I　　　　　末期I

前期II　　　　　中期II　　　　　后期II　　　　　末期II

图 5-6　减数分裂的一般步骤

含有四个染色体拷贝的细胞所经历的减数分裂的一般步骤：图中带点的交叉实线段与交叉虚线段一起代表成对的同源染色体。前期I：染色体变得肉眼可见，同源染色体开始彼此配对。中期I：完成配对的染色体整齐排布于细胞中央。后期I：原本成对排布的同源染色体分别向相反的两极移动，此时每个染色体上的着丝粒并没有断开。末期I：首次分裂完成。前期II：染色体再次固缩可见，如同将进行有丝分裂。中期II：染色体再次排布于细胞中央。后期II：染色单体互相分离，分别向相反的两极移动。末期II：减数分裂结束，获得四个单倍体细胞。

到了中期I，完成配对的染色体悉数排列在细胞中央。它们在分裂进入后期I后，便开始向相反的两极移动，只是在成对的同源染色体互相分离时，同一染色体上的两条染色单体依然保持相互结合的状态。这一点与有丝分裂有明显的区别，后者的染色单体在后期会互相分离。同源染色体在末期I抵达各自的极点，在那里为新的核膜所包被，细胞随后一分为二。减数分裂 I 获得的每一个子细胞——现在它们都是二倍体细胞，都会在进行第二次分裂之前先进入一段短暂的间期（但是不会再发生 DNA 的合成）。

减数分裂 II 本质上是一次减少染色体数量的分裂。在前期 II 伊始，每条染色体都还含有两条染色单体，它们在中期 II 时再次排布于细胞的赤道板上。进入后期 II，染色单体互相分离，并向着相反的两极移动，新的核膜在到达两极的染色单体外形成，此时分裂来到末期 II。减数分裂的结果是产生了四个单倍体子细胞，每个子细胞内都仅含有每条染色体的一个拷贝。就人类而言，每个精子和卵子内都含有 23 条染色体。X 染色体和 Y 染色体表现出同源行为，也就是说，每个精子都含有 22 条常染色体和 X 染色体或 Y 染色体中的一个。你可以自己尝试画出这些染色体，以作区分。

在动物的减数分裂中，雄性和雌性略有不同（见图 5-7）。雄性产生精子的生理过程——精子发生（spermatogenesis），指初级精母细胞（primary spermatocyte）分裂为两个次级精母细胞（secondary spermatocyte），再由后者分裂为四个精细胞（spermatid）；每个精细胞都可以长出标志性的头部和鞭毛样的尾巴，成熟为一个精子。卵子，或者也叫卵细胞也是通过类似的、名为卵子发生（oogenesis）的过程产生的，区别在于，雄性的减数分裂可以由一个初级精母细胞产生外形相同的四个精子，而卵子发生过程中母细胞的细胞质分配非常独特，最终只能产生一个卵子。虽然一个人类卵子的质量可以忽略不计，但是它的直径是精子头部的 70 倍。

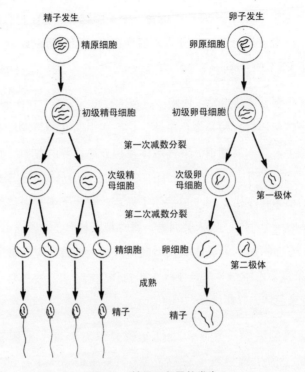

图 5-7　精子及卵子的发生

精子发生的结果是由最初的细胞产生四个生育细胞，而卵子发生的产物仅有一个。在初级卵母细胞发生分裂时，伴随次级卵母细胞产生的是一个微小的极体，极体内含有初级卵母细胞一半的染色体组，它仍可以继续分裂，但是无甚意义。第二次分裂时，次级卵母细胞同样也会产生一个极体。卵母细胞通过这种方式将细胞质的损失降到最低，以此得到一个体积巨大的成熟卵细胞。

精子的全部职能仅在于把自己的细胞核送入卵细胞。卵细胞体积硕大的原因在于它需要发育成一个新胚胎，在受精卵刚开始分裂时，细胞数量增加的同时几乎不会伴随细胞质量的增加。此外，卵细胞内含有大量卵黄样的营养物质，这些正是胚胎发育所需的。在初级卵母细胞（primary oocyte），也就是未成熟的卵细胞内，减数分裂会发生在细胞的边缘，在第一次减数分裂结束后，细胞的边缘会有一块微小的胞质突起并脱落，这一产物被称为极体（polar body）。不管是次级卵母细胞还是极体，都会进入减数分裂 II 期，而且照旧会有一小块包含新核的细胞质从卵母细胞上脱落。由此，便有了三个极体和一个卵细胞，一次卵子发生仅产生一颗成熟的卵子。

一名成年男性一天可以产生数百万个精子。相比之下，成年女性在长达 40 年的生育期内大约每 28 天才会排出一颗卵子。这样算来，一名女性一生仅能排出 400 ~ 500 颗卵子。所有能形成卵子的细胞——大约 200 万个——在女性出生的时候便已经确定。等进入青春期，这个数字就跌到了 30 万左右，其实只有一小部分的卵母细胞能够最终成熟为卵子并被排出卵巢。

如今，基因位于染色体上已是生物学界的共识，我们会在稍后对这个共识的起源再做探讨。现在，我们来看看减数分裂何以能够解释孟德尔的遗传定律。孟德尔的第一条遗传定律——分离定律假设个体的每种性状都由两个因子控制，而配子只含有两个因子中的一个。这显然与减数分裂的过程不谋而合。每个人，或者说每株豌豆都是拥有同源染色体的二倍体，它们或许是彼此相同的纯合子，又或许是由不同等位基因构成的杂合子。以前文提到过的对化合物苯硫脲有无味觉的性状为例，决定该性状的基因势必位于 23 对染色体上的某处，而该位置有两种可能的等位基因——T 和 t。对杂合子 Tt 而言，同源染色体在减数分裂的初期配对，并在第一次分裂的后期分离，这导致每个配子细胞中只会携带 T 或 t 中的一个等位基因。

孟德尔的第二条遗传定律——自由组合定律，同时涉及两对相互独立的遗传因子。事实上，只有当两个基因位于不同的染色体上时，它们才会发生自由组合。我们会在第 8 章探讨如何处理和解决与连锁基因——那些位于相同染色体上的不同基因相关的遗传问题。在此，我们强调的关键区别是在发生分离时，染色体相互之间的行为独立性。假设某种生物只有两对染色体，其中一对同源染色体上分别有等位基因 A 和 a，而另一对同源染色体上有等位基因 B 和 b。对于这个 AaBb 的双杂合个体，在减数第一次分裂的中期，它的染色体将以图 5-8 所示的方式排布在细胞的中央。

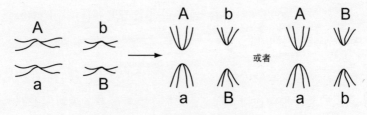

图 5-8　染色体排布示意图

减数第一次分裂的后期，有时等位基因 A 和 B 会同时进入一个子细胞，而等位基因 a 和 b 会同时进入另一个子细胞。与之概率相当的情况，是等位基因 A 和 b 进入同一个细胞，而等位基因 a 和 B 进入另一个细胞。如果有数量足够多的细胞进行减数分裂，其结果是产生四种数量相同的配子：AB、Ab、aB 或 ab。这就是我们在第 4 章中提到的遗传规律背后的原理。

遗传因子在哪里

　　早在 19 世纪晚期，减数分裂和有丝分裂过程中发生的基本事件就已被阐明。时至今日，我们已经很清楚这些现象和行为是为了保证染色体在子细胞中的精确分配，但是在 20 世纪之前，没有人真正理解它们的生物学意义。随着孟德尔的研究在 1900 年重见天日，西奥多·博韦里（Theodor Boveri）与沃尔特·萨顿（Walter Sutton）分别通过独立的研究，意识到了孟德尔在两条遗传定律中提到的基因的行为，与染色体在减数分裂中的移动现象有诸多吻合之处。1902 年，两人提出了萨顿–博韦里假说（也称遗传的染色体学说，chromosome theory of heredity），认为孟德尔定义的遗传因子应当位于染色体上，他们还逐条列出了两者之间的平行关联（见表 5-1）。

表 5-1　　　　　　　　　基因与染色体的对比

基因	染色体
1. 成对存在，两个基因分别来自父亲和母亲	1. 来自父亲和母亲的单倍体配子结合形成二倍体后代，在个体中以成对的同源染色体的形式存在
2. 成对的等位基因会相互分离，分别进入不同的配子中	2. 同源染色体在减数分裂中分离成不同的配子
3. 不同的基因对之间能够自由组合	3. 不同的同源染色体之间似乎可以发生自由组合

性染色体

　　即便是古人也早就注意到，某些性状的拥有者绝大部分，甚至只能是男性，但这些性状却往往是经由男性的母亲遗传给他们的。无法正常凝血的症状被称为血友病（hemophilia），这就是个家喻户晓的例子。血友病患者也被称为"易流血患者"，对他们来说，一个小小的切口或者淤青就可能导致一场无法控制的失血。《希伯来书》中就反映了人们对这种疾病具有可遗传性的认识，书中规定：婴儿接受割礼乃必经的社会仪式，但若男婴的前两个兄弟均因手术导致流血不止而死，他就可以被豁免。不仅如此，希伯来学者们在 12 世纪就已经意识到，虽然血友病的患者几乎全部都是男性，但是他们的疾患却都遗传自母亲，而不是父亲。类似的、不寻常的遗传方式也曾引起过达尔文的注意，他在 1875 年记录过一个印度家庭，这户人家里横跨四代人的 10 名男性成员，每个人都牙齿细小、体毛稀疏、头发早脱且皮肤异常干燥。这个家族中的女性没有一人表现出这些特征，却将这些遗传给了自己的儿子，而带有这些性状的男人却从来不会遗传给自己的儿子。

解释这种遗传现象的关键在于核型中反映出的、不同性别的染色体之间的区别：女性有两条 X 染色体，而男性只有一条 X 染色体，外加一条体积上要小得多的 Y 染色体——它在减数分裂的过程中作为 X 的同源染色体。女性产生的所有卵细胞中都含有一条 X 染色体，而男性则能产生数量相当的两种精子，一半含有 X 染色体，而另一半含有 Y 染色体。这也是男女性别比无限接近 1∶1 的原因：每个卵子要么与含有 X 染色体的精子结合，得到 XX 的雌性合子；要么与含有 Y 染色体的精子结合，得到 XY 的雄性合子。这也就是说，孩子的性别其实是由精子，而非母亲的卵子决定的，而现实中，女性因为生不出某种性别的孩子而受到责备的例子依然随处可见，许多君主还会因为没有子嗣而休妻。不过，在某些别的动物中，包括两栖动物、鸟类、蝴蝶和蛾，决定后代性别的反而是卵子。这些动物的雄性含有两条相同的染色体 Z，而雌性的两条染色体分别为 W 和 Z。

就目前已知的而言，人类的 Y 染色体上没有多少基因。有一段名为 SRY 的区域，它的存在能够让性腺向睾丸，而非卵巢的方向发育，因而它是决定雄性性别的区段；只要合子中包含 Y 染色体，就能发育成雄性，而没有 Y 染色体的合子则会发育为雌性。任何由 Y 染色体上的基因决定的性状都会表现出独特的遗传规律，它们只会由父亲遗传给儿子。唯一已知且记录完备的这类性状包括一种被称为"耳郭多毛症"的表现型。它往往在个体的晚年出现，毛发覆盖的程度因人而异，这让它的遗传方式显得不够直观，但是只能由父亲遗传给儿子这一点则确切无疑。

相比之下，许多性状都是与 X 染色体相关的——决定这些性状的基因位于 X 染色体上。由于遗传规律独特，所以这些基因往往非常容易被定位。红绿色盲是一种广为人知的性状，也是一个很好的例子。我们将带有变异基因的 X 染色体标记为 X^c，把带有正常基因的染色体标记为 X^+。由于决定色盲的等位基因为隐性，所以该基因的杂合子女性（X^+X^c）拥有正常的色觉。但是，如果是带有色盲基因的男性（X^cY），由于缺少第二条 X 染色体上正常基因的弥补作用，就会表现为色盲。一名男性色盲会把 X^c 染色体传给他所有的女儿，（一般情况下）使她们全部成为色盲性状的杂合携带者。他的儿子则全都不会是色盲，因为儿子从父亲那里遗传到的是染色体 Y。杂合女性的儿子有 50% 的概率会获得正常的 X^+ 染色体，另有一半有 50% 的概率会获得致病的 X^c 染色体。罹患色盲的女性非常少见，因为她们必须是色盲父亲和杂合母亲的孩子，即便如此，她们也只有 50% 的概率能获得母亲的 X^c 染色体。

X 连锁的性状可以通过对家族谱系图的分析而确认，因为它们会以一半的概率从母亲遗传给儿子，或者从父亲经由女儿隔代遗传给孙子。

人类有数百种符合这种遗传规律的性状，包括某些类型的秃顶和杜兴氏肌肉萎缩症（Duchenne's muscular dystrophy）。与 X 连锁遗传有关的最知名的例子，恐怕要数欧洲皇室的血友病流行了。

染色体不分离与疾病

正常的男性和女性的许多表现型都是由 XY 或 XX 染色体决定的。某些人中偶尔会出现性染色体数量紊乱，导致一类名为"性腺发育不全"（gonadal dysgenesis）的异常病变和其他两性特征的畸形。性腺发育异常的病症有两种，分别以最初对其做出诊断的医生的名字命名。第一种是克氏综合征（Klinefelter syndrome），患者通常是身材颀长的男孩，还有男性乳房发育、智力低下和睾丸偏小等表现。1959 年，雅各布斯（Jacobs）与斯特朗（Strong）发现，克氏综合征与 XXY 的染色体组成有关，也就是患者多了一条 X 染色体。

第二种性腺发育不全的病症名叫特纳氏综合征（Turner syndrome），患者为女性。罹患该综合征的女性没有卵巢，身材矮小，第二性征发育不良，有颈蹼。特纳氏综合征女患者的染色体组成为 XO，她们只有一条 X 染色体，"O"在这里代表染色体缺失。由于患者女性为 X 染色体的半合子（hemizygous），所以她们能够表现出 X 染色体上携带的隐性表现型，例如色盲，而这些 X 连锁的隐性性状通常只能在男性身上看到。大约每 700 名新生儿中就有一例 XXY，而大约每 2 500 名新生儿中会出现一例 XO。此外，大约每 1 000 名新生儿中就会出现一例染色体组成为 XXX（称为三 X 染色体综合征）的女性，她们除了智力稍有缺陷之外，其他方面往往表现正常。

　　为什么会出现 XXY 和 XO 这样的染色体组成？确切的原因犹未可知，我们只知道在减数分裂的过程中，配对的染色体偶尔不会分开，或者说不会发生正确的"分离"（见图 5-9）。

所有配对的染色体在减数第一次分裂中都正常分离，除了 X 染色体

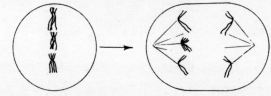

若未分离的 X 染色体留在卵细胞中　　　　若未分离的 X 染色体进入极体

（假设减数第二次分裂中所有染色体都发生正常的分离）

卵子内含有 22 条常染色体 +XX　　　　卵子内只有 22 条常染色体

如果在受精时遇到：

X 精子　　　　胚胎为 XXX　　　　　胚胎为 XO（特纳氏综合征）

Y 精子　　胚胎为 XXY（克氏综合征）　　胚胎为 YO（死胎）

图 5-9　染色体不分离

图中展示了 X 染色体在减数分裂 I 期未发生分离，随后形成的卵子与带有 X 染色体或 Y 染色体的精子结合的情况。若是 X 染色体在减数分裂 II 期仍未发生分离（图中没有画出这种情况），X 染色体的数量将进一步增加。

　　这种现象在遗传学里有一个专门的叫法：不分离（nondisjunction）。不分离可以发生在任何性别的个体体内，发生在减数分裂 I 期或者减数分裂 II 期，又或者在两个阶段都发生。它的结果是产生含有两条性染色体（XX、YY 或 XY），或者不含任何性染色体的配子，在某些罕见的情况下，也会有包含更多条性染色体的配子细胞出现（常染色体的不分离也会导致严重的疾病，我们会在第 14 章探讨相关的内容）。异常的减数分裂发生之后，XY 的精子与 X 的卵子结合便有了 XXY 的后代；空的精子与 X 的卵子结合便有了 XO 的后代。含有 X 染色体的卵子与含有 XX 染色体的精子发生受精之后，便产生了罹患三 X 染色体综合征的女性后代，而如果前者与含有 YY 的精子结合，则会得到 XYY 的结果。

这些由性染色体数量异常引起的疾病不禁让人疑惑，同样由 X 染色体数目不同的 XX 和 XY 染色体组成，为何却能够成为表型正常的两性个体呢？想必是有某种机制在弥补 X 染色体的缺失和维持基因的平衡。1961 年，玛丽·莱昂（Mary Lyon）与利亚纳·拉塞尔（Liane Russell）分别通过自己独立的研究，同时提出了 X 连锁基因的补偿理论。他们的理论指出，杂合雌性常常具有嵌合的表现型：以杂色的猫咪为例，小花猫通常都是杂合的小母猫，黑色和黄色的毛发色块也都是随机分布的结果。

莱昂和拉塞尔提出，在发育的过程中，雌性胚胎中的每一个细胞内会随机选定一条 X 染色体使之失活，就算把这个细胞从胚胎中分离出来，已经失活的 X 染色体也不会恢复。在杂合的猫体内，某些细胞的 X 染色体上决定黑色毛发的等位基因被关闭，于是在这些皮肤的区域就长出了黄毛；而在另外一些皮肤细胞内，则是决定黄色毛发的基因被关闭，因而那些区域就长出了黑毛。尽管这种现象在母猫和母鼠中最明显，但是基本上所有的雌性哺乳动物都可以被看作是由体内两种细胞镶嵌组成的马赛克，X 染色体上两个等位基因之间的任何区别都可以被转化为表现型上的变异维度。

X 染色体浓缩形成致密的条束，借此被关闭。这些浓缩的染色体被称为性染色质（sex chromatin），或者也叫巴氏小体（Barr bodies），这一名字源于它的发现者默里·巴尔（Murray Barr）。正常情况下，巴氏小体可见于雌性个体的细胞内。除了一条具有正常功能的 X 染色体之外，其余的 X 染色体都会发生固缩和失活，因此，通常情况下，女性体内巴氏小体的数量总是比 X 染色体的总数少一个。一名正常女性的每个体细胞内都有一个巴氏小体，罹患特纳氏综合征的女性则没有巴氏小体，而拥有额外 X 染色体的女性则可能有两个、三个，甚至四个巴氏小体。男性通常没有巴氏小体，但是克氏综合征患者视细胞中 X 染色体的实际数量可能会有一个、两个或者更多。

基因决定罪犯？

1956 年，帕特丽夏·雅各布斯（Patricia Jacobs）和她的合作者发表了一篇报告，一石激起千层浪，争论的余波从此久久难以平息。他们在苏格兰的卡斯泰尔斯·马克西姆（Carstairs Maximum）监狱医院开展了一项针对智力缺陷男性病患的核型的研究，结果发现，在 196 名男性中，有 7 人（3.6%）的核型为 XYY。核型为 XYY 的个体有一个突出的表现，那就是身高远高于常人。另一项后续开展的研究调查了医院中新出生的 3 500 名男婴，结果发现了 5 名（0.14%）XYY 个体。假设正常情况下 XYY 男性在男性人群中的占比为 0.14%，而这种男性在一座戒备森严的监狱中所占的比例却高达 3.6%，这似乎可以说明，XYY 的男性具有更高的暴力犯罪倾向。倘若事实真的如此直白，那么它的直接推论将是 Y 染色体上带有一个或多个促使个体表现出进攻性的基因，而当这些基因的数量翻倍时，个体将表现得更暴力、更具攻击性。媒体头条纷纷刊登危言耸听的标题，把 Y 染色体称作"犯罪染色体"。

这种潮流并不鲜见，曾有报纸报道称芝加哥的连环杀人魔理查德·斯佩克（Richard Speck）在自己身上文了一行字：Born to raise hell（地狱使者），而他的基因型是 XYY。但事实上他并不是。不仅如此，也曾有人试图谎称自己是 XYY 基因型，想借此逃脱谋杀罪的指控。到 1974年，至少有 6 起庭审的被告以天生的 XYY 染色体组成为由，恳请法庭宽大处理：他们分别是巴黎的丹尼尔·休根（Daniel Hugon）、墨尔本的劳伦斯·汉内尔（Lawrence Hannell）、德国的厄恩斯特－迪特尔·贝克（Ernst-Dieter Beck）、纽约的肖恩·法利（Sean Farley）、洛杉矶的雷蒙德·坦纳（Raymond Tanner）以及马里兰州的米兰德诉州政府案（Millard v. State）。

虽然没有实打实的证据，但是偏激，乃至是煽动性的激进言论依然甚嚣尘上，炮制这些言论的人当中甚至不乏遗传学家。比如，身兼律师和遗传学家双重身份的肯尼迪·麦克沃特（Kennedy McWhirter）就曾宣称："XYY 是犯罪核型，可以预见这类人有一定的概率会成为社会危险分子。"一份法律期刊曾提议：

> XYY 个体的存在是对社会的永久威胁，因为他在任何时候都有可能失去对自身行为的控制。虽然行走的"定时炸弹"千千万万，但是 XYY 个体是目前少有的、能够被明确鉴定的人。

还有报道称，"美国国内权威的遗传学家"说："我们不确定 XYY 是否真的会把人变成罪犯，但是我绝不会邀请一个染色体为 XYY 的人到家里共进晚餐。"

甚至杰出如海勒姆·本特利·格拉斯（H. Bentley Glass）这样的科学家——生前曾任美国科学促进会主席，也曾把 XYY 个体称作"性缺陷者"，并主张借助现代胎儿诊断和流产技术，将其消灭。

这件事的真相是，从来没有严谨的科研人员证实过 XYY 的染色体组成与犯罪行为之间存在任何明确的联系。欧内斯特·胡克（Ernest B. Hook）在对以往的几项研究进行细致的评估之后发现，XYY 个体在人群中的出生率约为 0.1%，而 XYY 的男性在"收容"机构（如监狱，以及收容智力缺陷、扰乱治安、精神失常、酒精成瘾或者罹患癫痫者的机构）中受到处置的比率约为 2%。但是从进一步的研究中可以看出，XYY 个体并不具有犯罪和暴力上的额外倾向。他们最典型的特征仅仅是身材颀长。除此之外，他们更有可能遭受严重的痤疮，也许在智力上略有不逮，或者交际能力不足、行事容易冲动。有趣的是，XXY 男性在上述收容机构中的比例同样高于普通人群，大约是正常情况下的 5 倍，因而有一些解释认为，XYY 和 XXY 男性在某些机构内集中是由于身材高大的年轻人容易在社交生活中适应不良，他们更有可能被社会权威视作威胁，受到排挤，走上歧途，以至于沦落为阶下囚或者被特殊机构收容。

XYY 染色体的逸事理应作为一个警示。科学家们素来对接纳新的理论满腹踌躇，但是在这个事件里却为新理论所迷惑，明明数据寥寥，证据又不够可靠，却对犯罪行为和 XYY 核型之间经不起推敲的关系言之凿凿。如此武断的推论可能会贻害无穷。按照类似的逻辑，我们可以说由于监狱里男性的数量要远超女性，所以 XY 也是促进个体犯罪行为的核型，这样的结论显然非常滑稽。

对遗传学家来说，类似 XYY 这样的情况所包含的真正意义和价值在于它们起源于染色体的不分离，通过研究特殊的染色体组成与其对应的表现型，我们就有了窥见两者之间的关系的机会。基因确确实实位于染色体上，这也是为什么染色体组成的异常往往也是研究基因表达的绝佳机会。

掌握婴儿性别的渴望

最初促使人类探究生殖现象的巨大动力来自对预测，甚至于掌控婴儿性别的渴望。从古到今，许多人都倾向于生育男孩。由于许多社会学家坚信只有精液才是遗传特征的载体，所以生育男孩就成了延续自身血脉的唯一选择——只有世代相传的"香火"才能让自己永存不朽，这种理念同样反映在人类的种姓制度中。在大多数的社会中，家族财产通常传男不传女，所以为人父母者，都希望自己能生育长子，如此才能守住家财，避免一生的心血落入远房的男性继承人手中。

而在拥有酋长、君王、萨满的继承制社会，整个部族或国家都会希冀于当权者获得男性的继承人，倘使新的继任者缺位，则难免出现势力纷争、社会动荡。有的家庭想要儿子是出于对未来儿媳带来的嫁妆的觊觎；有的是为了培养健壮的猎人和战士，以保护家族。至于女儿，除了平添一张吃饭的嘴巴之外似乎别无他用，甚至在某些文化里，女儿还意味着不菲的嫁妆，而如果一个男人不幸生养了好几个女儿，他的人生将悲苦不堪。出于这里提到的以及许多其他的原因，生养儿子在早期的人类社会中是一件值得骄傲的壮举，这种情愫直到今天都还根植于大多数社会的文化中。

我们时不时也会见到珍视女儿的社会群体，即使她们有时还是会被作为一种令人骄傲的"私人财产"，连同其他嫁妆一起被家人交到男方手中，由他们"继承和保管"。而在某些社会的文化中，女性的确可以继承父母的遗产，父母也因此会欣喜于女儿的诞生。不过，无论是重男轻女还是重女轻男的社会，对特定性别的偏好都催生了许多有趣的"社会习俗"，正是这些"习俗"推动了原始的基因工程技术的发展。

古埃及人没有能确保女人怀上特定性别的孩子的方法，但是他们发现了预测孩子性别的手段。他们认为，女人只要每天把尿撒在装着大麦和小麦的袋子上，如果大麦发芽就说明她怀了女孩，而如果发芽的是小麦则说明她怀的是男孩。要是两者都不发芽，就说明她没有身孕。古埃及人的想法乍一看非常古怪，但是可能当真有几分事实基础在里面，因为怀孕女性的尿液中的确含有能够促进某些植物生长的物质。

古希伯来女性的社会地位低下，也无权继承遗产，所以生育儿子成了当时希伯来人的头等大事。希伯来人为保证生儿子苦思冥想出了许多理论，比如他们相信焚烧邻居粮食的男性永远也生不出男性后代。但是根据犹太法典的说法，如果一个人把婚床摆成南北朝向，就很有可能喜得贵子。和阿拉伯与印度文化一样，希伯来文化笃信像生儿子这样的喜事，只有在怀孕期间保持快乐、平和的母亲才能做到。

古时的人们也认为母亲怀孕期间的营养状况可以决定孩子的性别。在古印度，《阿达婆吠陀》（*Atharva-veda*）中就劝诫想要生儿子的母亲们饮用一种用大米和芝麻在沸水中蒸煮制成的饮料，而且必须在经期的第四天喝。假使想让自己的儿子具备某些特征，古代文籍中还有与之对应的饮食指导，而且细致入微，比如可以控制孩子的肤色深浅，控制孩子将来能学会的《吠陀经》的篇目多少等。

在荷马生活的年代，古希腊人更偏向于生育女儿。这种偏好背后的事实是，男孩经常在与自然力量的拼搏中夭折，而迎娶女人则需要用牛作为聘礼。但在几个世纪之后，希腊人的偏好又转向了儿子，因为传统的法律规定，只有男性才有继承权。女人只有在成婚之后才能收取男方的聘礼。而如果一个男人死后没有继承人，法院就会把他的遗孀和生前所有的财产悉数判给妻子改嫁的人。在这样的社会环境下，人们自然要为孩子的性别焦虑，并且千方百计寻找能够控制后代性别的手段。希波克拉底教导人们说，怀孕期间良好的气色是身怀男婴的征兆。此外，他还相信在第三个月就有胎动的强壮胎儿肯定是男孩；而要到第四个月才有胎动的胎儿肯定是女孩。如果母亲长了雀斑，那么她肯定要生女儿。不过，在很多其他的民间传说中，长雀斑恰恰是生儿子的征兆。

希波克拉底认为，性别是由男性所决定的，虽然结论正确，但是他认为男性决定胎儿性别的方式是依靠精液的浓稠程度：浓稠的精液生儿子，稀薄的精液生女儿。因此，为了梦寐以求的儿子，古希腊人会在起北风的时候做爱，因为他们普遍相信北风可以让精液更黏稠，让精子更有活力。而如果想生女儿，就要靠南风给后代带来的柔情似水。与此不同的是，恩培多克勒斯（Empedocles）认为温暖的子宫才是生育男孩的关键。

许多有关性别决定的理论都源于一种古老的信仰，认为右侧的身体比左侧的身体更重要，这种信仰也许与右利手占社会的绝大多数有关。众所周知，男人有两个睾丸，这和人类的两种性别不谋而合，所以从前的人们普遍相信，由右侧睾丸产生的精子能够生男孩。许多男人坚信，通过结扎左侧的睾丸就可以确保自己的后代是男孩了。亚里士多德对此提出了异议，但是这种理论在人群中显然颇有市场，并且生生不息：18世纪的许多法国贵族为了后继有人，纷纷选择摘除了自己的左侧睾丸。

母亲的梦境也常常被视为决定胎儿性别的重要依据。在印度，梦到男人吃的食物被认为是生男孩的征兆。在斯拉夫国家，刀子和棍棒的意象也有相同的寓意，而春天和派对的梦境则预示着会生女儿。在德国的施佩萨尔特山区，有的丈夫会带着斧头上床睡觉，以期它能助力自己想要一个儿子的愿望；而想要女儿的人则会把斧头留在存放柴薪的棚屋里。在10世纪的日本国内，怀孕的女性会参与狩猎和战斗，以身作则地鼓励胎儿成为男子汉。直到今天，日本人还会打趣地说，如果丈夫在妻子上厕所的时候叫她的名字，而妻子在回应的时候向左转头，就代表她会生女儿。一个古老的中国习俗教导人们说，如果母亲在怀孕7个月后感到孩子的手在向左边移动，那就是个男孩；如果在8个月后孩子的手移向了右边，那就是个女孩。

时至今日，人们依然会相信与预测性别有关的各种神话和传言，譬如胎儿的心率、孕吐的频率、母亲长雀斑的位置以及母乳的品质等。如今，明白无误地确定胎儿的性别已经不是难事，技术的进步甚至能让我们在受孕的时刻就决定胎儿的性别。过去，掌控孩子的性别不过是一种无伤大雅的一厢情愿。而现在，当我们真的有能力满足这个人类自古以来的愿望时，却发现支持和反对的声音互相交织，沉重的压力接踵而来。

章后总结

1. 在抽象的因子和现实的结构之间建立起联系是遗传学发展肇始的伟大成就之一，而这个成就的驱动力来自人们对希望明白如何确定后代性别的努力。

2. 所有的生物，但凡是由细胞构成的，均来自先前存在的生物。单个细胞生长而后分裂，这样一个一分为二的完整过程被称为一个"细胞周期"。

3. 细胞周期的全部功能在于让一个细胞变成两个乃至更多个细胞，并让新形成的细胞不断重复这个过程，为此，每个新形成的细胞必须拥有一套完整的基因组。

4. 出于稳定染色体数量的目的，生物繁殖过程中势必要借助一种不同的分裂方式，这种分裂方式可以把配子中的染色体数量减半，我们称之为"减数分裂"。

5. 1902 年，西奥多·博韦里和沃尔特·萨顿分别通过独立研究，意识到孟德尔在两条遗传定律中提到的基因的行为，与染色体在减数分裂中的移动现象有诸多吻合之处，于是提出了萨顿-博韦里假说，认为孟德尔定义的遗传因子应当位于染色体上。

6

遗传与健康

基因具有哪些功能？

代谢性疾病的病因有哪些？

常见的遗传疾病有哪些？

遗传疾病可以获得改善吗？改善手段有哪些？

什么是优型学疗法？

GENETICS

到目前为止，关于染色体和基因如何在代际传递，我们已经了解得相当多了，但是对基因具体有何功能却依然一知半解。现在，让我们深入探讨一下这个话题。

基因与代谢性疾病

鉴于获取优良数据的难度，人类并不是研究遗传学的理想对象。尽管如此，人类最初关于基因功能的认识的确来源于我们对自己的观察研究。20 世纪初，一位名叫阿奇伯尔德·加罗德（Archibald Garrod）的英国大夫注意到了一些奇怪的带有鲜明家族遗传性的病症，这位大夫想到了从生物化学的角度对病人和正常人进行比较。常染色体隐性遗传病尿黑酸症（alcaptonuria）就是"怪病"之一，患有此病的人最显著的特征是他们的尿液在接触空气后会变成黑红色。患儿的父母通常是在给孩子换尿布时发现情况异常的。罹患此病的人会排泄大量的尿黑酸（也叫高龙胆酸），这种物质被氧化后，颜色就会变深。正常的人类细胞能够把尿黑酸转化为马来酰乙酰乙酸（maleylacetoacetic acid），如果催化这个代谢反应的酶缺失，尿黑酸大量积累就会导致尿黑酸症。不要忘记，生物体毕竟是合成和降解代谢反应通路共同效应的结果，而催化这些生物反应的媒介正是一个个的酶。出于这个原因，加罗德把类似尿黑酸症这样的疾病统称为"先天性代谢紊乱"。

我们可以从这些疾病的病理中看出，一个基因携带的信息往往对应着一种酶。所有携带等位基因 Al 的都是表型正常的人，他们能够合成催化高龙胆酸转化为马来酰乙酰乙酸的酶。而尿黑酸症患者是隐性致病基因 al 的纯合个体，这个等位基因携带着合成上述酶的错误信息。杂合个体因为拥有一个正常基因的拷贝，所以代谢也不会出现问题。无独有偶，加罗德还曾指出，白化病是由于患者体内缺乏黑色素——后者是存在于正常人的皮肤、头发和虹膜细胞中的色素。黑色素是以酪氨酸为原料，通过一系列酶促反应合成的，而白化病人正是缺乏了反应通路上某个必需的酶。生物体的成分与酶之间的关系大抵如此。

如今，我们已经知道有数种疾病的致病原因与黑色素或马来酰乙酰乙酸合成通路上某些特定位置的阻断有关（见图 6-1），所以，我们也能够从对这些疾病的观察中得出与加罗德类似的结论，即基因控制着酶的合成，继而控制着效应更为直观的代谢。某些代谢缺陷甚至影响了人类的历史进程。比如，卟啉病的病因是人体无法代谢一类名为卟啉的化合物，大量卟啉的积累会导致精神错乱。英王乔治三世晚年的古怪行为——其中或许也有美国独立战争胜利让他饱受打击的因素，正是卟啉病的表现，乔治三世的代谢缺陷很可能遗传自玛丽一世。

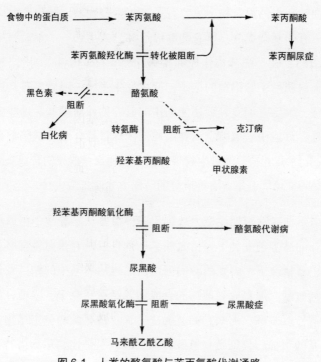

图 6-1　人类的酪氨酸与苯丙氨酸代谢通路

不同位置上的酶缺失就会导致相应的遗传缺陷。

"一个基因，一个酶"假说

1944 年，乔治·比德尔（George Beadle）和爱德华·塔特姆（Edward Tatum）用一种突破性的方式证实了加罗德的猜想，他们选用的实验对象是一种叫脉孢菌（Neurospora）的面包霉。也许你曾经在发霉的面包片上见到过鲜亮的橙色色块，那就是脉孢菌。脉孢菌可以在基本培养基（simple nutrient medium）上生长，后者是一种含有糖、维生素以及数种盐和水的混合物。只要有了这些营养物质，脉孢菌就可以合成自身所有的复杂成分，所有能够以这种方式生长——不需要特殊的营养供给的生物，都被称作原养型微生物（prototroph）。比德尔和塔特姆用辐射照射了脉孢菌的孢子，使之发生变异，随后再对其进行检查和筛选，确认它们变异后还能利用的营养物质有哪些，这些变异后必须从外界环境中获取特定营养物质的菌株被称作营养缺陷型微生物（auxotroph）。营养缺陷型微生物带有至少一种自身成分的合成缺陷，所以它们必须在培养基里含有该成分的情况下才能正常生长。

比德尔和塔特姆把注意力放到了一种需要从培养基中摄取精氨酸才能生长的脉孢菌变种上。精氨酸是一种合成所有蛋白质都必需的氨基酸，正常情况下，野生的脉孢菌可以通过培养基中的糖以及其他物质合成精氨酸。但是变异菌株的合成通路产生了缺陷，因此，如果不添加外源性氨基酸，那么它们就无法生长。精氨酸的分子结构与另外两种氨基酸很像，分别是鸟氨酸和瓜氨酸，于是比德尔和塔特姆就推测，也许变异菌株能够用这两种成分代替精氨酸。

按照这种思路，他们最后把精氨酸营养缺陷型的脉孢菌分成了三个不同的类别（见图6-2）。第 I 类变异菌株只能在添加了精氨酸的培养基上生长；第 II 类变异菌株可以在添加了精氨酸或者瓜氨酸的培养基上生长；第 III 类变异菌株则可以在添加了精氨酸、瓜氨酸或者鸟氨酸的培养基上生长。根据这些实验的结果，比德尔和塔特姆作出了如下推断：（1）一个基因携带合成一种酶的信息；（2）突变的含义是某个基因产生了缺陷，也可以说是基因对应的酶产生了缺陷；（3）微生物制造精氨酸的生物合成路径应为：

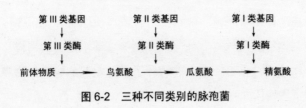

图 6-2　三种不同类别的脉孢菌

每一步反应都由一种专门的酶控制，显然，上面实验中的每一种变异菌株都依次缺失了通路上的某一种酶，导致对应的合成反应无法进行。如果培养基内只含有"变异位点之前的物质"，那么该变异菌株就无法生存。举个例子，第 II 类变异菌株就不能在只有鸟氨酸的培养基上生长。不过，一旦变异菌株能够获得"变异位点后"的外源性物质，它就可以依靠本身拥有的其他酶顺利完成合成通路的代谢，获得精氨酸并顺利生长。因此，虽然第 III 类变异株菌不可以把前体物质转化成鸟氨酸，但是只要添加外源性鸟氨酸，它们还是可以把鸟氨酸转化为瓜氨酸，然后再用瓜氨酸合成精氨酸。这个实验对精氨酸合成通路中各物质合成顺序的推测得到了后来的生化学研究的直接证实。

基于他们的实验结果，比德尔和塔特姆提出了"一个基因，一个酶"（one gene, one enzyme）的假说。该假说认为，每个基因的功能是携带合成特定酶所需的遗传信息。事实上，基因携带的是合成蛋白质（而不只是酶）的遗传信息，在这一点上，两人算是勉强切中了基因功能这个问题的要害。酶是一种非常重要的蛋白质，但是我们已经在第 3 章里说过，重要的蛋白质可不是只有酶这一种而已。对比德尔和塔特姆的假说更普适、更现代的解读应当是：每个基因都编码了一种多肽链。简单来说，多肽就是一条氨基酸链。有的蛋白质是由一条多肽构成的，而有的则是由两条或者更多条构成的。

由于基因控制着蛋白质的结构与合成，我们有必要再多探讨一些与蛋白质结构有关的内容。如同我们在第 3 章中提过的那样，蛋白质可谓是生物体内最多变、最全能的分子了。它们是构成生物膜的必要成分，也是核糖体的主要组分，而核糖体本身又是合成蛋白质的工厂；它们参与构成许多与细胞运动及形态有关的结构，首要的是肌肉纤维，如果没有作为动力成分的肌纤维之间的拉扯，我们就无法操纵自己的躯体；它们还是一些巨大、显眼的结构的组成成分，如头发、皮肤的表层、肌腱及骨骼。还有些蛋白质是激素，例如胰岛素，它们的功能是在体内把信号从一种类型的细胞传递给另一种细胞。除了上述例子之外，蛋白质最重要的功能正是作为酶催化体内的化学反应。

你肯定还记得蛋白质是由 20 种氨基酸组成的线性聚合物，它拥有千变万化的单体聚合顺序。两个氨基酸之间由肽键相连，每个肽键的生成会产生一分子的副产物——水，而一条多肽链则是众多氨基酸通过这种方式聚合的产物。如今，有专门的仪器可以快速鉴定蛋白质中氨基酸的排列顺序。对蛋白质的测序分析显示，每种蛋白质都具有独一无二的氨基酸序列，这种排列的次序被称为蛋白质的一级结构（primary structure），所有蛋白质都有自己专属的一级结构，即氨基酸序列。举例来说，我们通常会用三字母缩写的方式表示不同的氨基酸，按照这种方式，多肽 Glu-Gly-Pro-Trp-Leu-Glu-Ala-Tyr-Gly-Trp-Met-Asp-Phe 所代表的是胃泌素，它可以调控人体的消化功能；而多肽 Tyr-Gly-Gly-Phe-Met 则是脑啡肽，一种由大脑分泌的、作用类似于阿片类药物（止痛药）的物质。

我们一般会从氨基端（N 端）开始书写氨基酸的序列：从多肽链游

离的氨基端，按顺序写到羧基端（C端），也就是多肽游离的羧基。不过与上述例子不同的是，绝大多数的蛋白质是含有数百个氨基酸的超大分子，而且但凡有一个氨基酸发生了改变，它的结构就会变得完全不同，蛋白质也会因此失去原本的功能。

一级结构基本决定了每一种蛋白质的性质，其中包括氨基酸长链能够折叠成的空间形状（见图6-3）。各原子之间的相互吸引力将多肽链从一级结构折叠为复杂有序的高维结构，高维结构与蛋白质的功能息息相关，比如酶的中心有一个口袋样的活性位点，那里正是催化化学反应的位置。同理，许多由两条或者多条多肽紧密结合组成的蛋白质也是凭借独特的空间结构而具有相应的功能的。

在探讨基因时，我们常常用到"信息"这个概念，特别是"遗传信息"。你是否还记得我们在第3章中曾给出过"信息"这个概念的界定标准，即能够借其从诸多的可能性中排除冗余、去繁留简，而这一点对在遗传中确定蛋白质的结构来说显得格外重要。在书写上文那个激素的氨基酸序列时，我们相当于从 20^{13} 种可能性中挑出了需要的那一种，这个概率大约相当于 $1/8 \times 10^{16}$。虽然这个数字对于更一般的蛋白质来说是小巫见大巫，但光是这种情况的实现就已然需要非常惊人的信息量作为支撑了。在人类基因组的某个地方，肯定隐藏着一个决定胃泌素的基因，它携带着决定胃泌素中13个氨基酸应当如何排列的信息。对变异最有可能的解释就是这个基因发生了改变，因而改变了基因所携带的信息。之后我们会看到，变异不一定直接影响蛋白质的氨基酸序列，有些变异影响的是蛋白质的合成或对合成的调控。

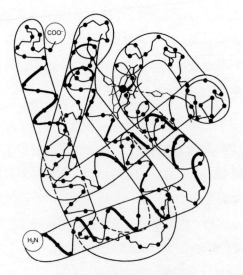

图 6-3　肌红蛋白的三维结构

图中并没有标出蛋白分子的每一个原子，其中加粗的线段代表该多肽链的主体部分，可以看到它形成了数个螺旋形的片段。除此之外，蛋白分子里也有一些相对不规则的区域。

一种名为镰刀型贫血症（sickle cell anemia）的人类遗传病可以作为很好的例子，来说明基因和蛋白质之间的这种联系。扁平呈圆盘状的红细胞在正常血液里几乎占到了一半的体积，红细胞内充满了一种名叫血红蛋白的蛋白质，红细胞的"红"正是源于这种蛋白质的颜色。血红蛋白能携带氧气，后者是人体内所有细胞正常代谢的必需物质，而红细胞可以轻易穿过任何位置的毛细血管，它们在经过毛细血管时会将氧气留在相应的组织中。绝大多数的血红蛋白都是血红蛋白 A（Hb A），它由四条多肽链组成：两条名叫 α，含有 141 个氨基酸的肽链；还有两条名叫 β，含有 146 个氨基酸的肽链，见图 6-4）。这四条的肽链组成了血红蛋白的球形部分；每条作为组成部分的肽链上都带有一个血红素基团——一个巨大的指环状分子，中间有一个铁原子。铁原子正是氧分子结合的位点，我们在日常膳食中摄入铁也是为了满足合成血红素的需要。

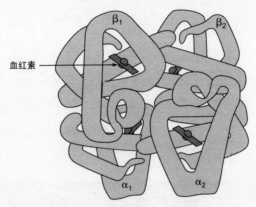

图 6-4　血红蛋白的三维结构

每个血红蛋白分子都由四条多肽链组成，分别是两条 α 链和两条 β 链，每一条链都与肌红蛋白类似。四条链互相组合，形成一个互补的四聚体结构。每条链都含有一个巨大、扁平的环状基团，基团中心是一个铁原子，这正是氧分子结合的位点。

镰刀型贫血症的病因是一种畸形的血红蛋白 Hb S，它由变异的血红蛋白等位基因 HbS 编码。内部充满 Hb S 的红细胞会呈现出异常的形状（见图 6-5），其中一些看上去就像镰刀一样。形态异常的红细胞无法顺畅地在血管里流动，它们经常堵塞在细小的血管内，引起剧烈的疼痛和组织器官损伤，有时甚至会导致患者死亡。罹患该病的患者通常会表现为贫血，因为异常红细胞的寿命仅为正常细胞的 1/3。Hb^AHb^S

的杂合个体也会表现出镰刀型贫血症的部分症状，他们的血红蛋白中同时包含了 Hb A 和 Hb S，但是通常情况下这并不会对他们的健康产生太大的影响，只有不到 1% 的人会出现贫血的症状。镰刀型贫血症的等位基因在非洲及其他疟疾流行地区的人群（还包括非裔美国人）中拥有较高的比例，这是因为 HbS 可以使个体获得对疟疾的一定程度的抵抗力，这些地区的杂合子在自然选择上具备了一定的优势。

1956 年，弗农·英格拉姆（Vernon Ingram）发现，Hb A 和 Hb S 的区别仅仅是 β 链上的一个氨基酸有所不同：从氨基端开始算的第六位氨基酸正常情况下是谷氨酸，而在 Hb S 中则变成了缬氨酸。

Hb A: Val-His-Leu-Thr-Pro-*Glu*-Glu-Lys-
Hb S: Val-His-Leu-Thr-Pro-*Val*-Glu-Lys-

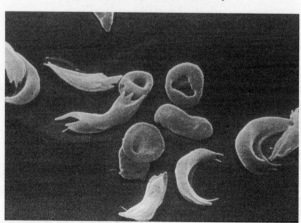

图 6-5　镰刀型贫血症患者的红细胞

通过对镰刀型贫血症患者的红细胞进行扫描电子显微镜成像，可以看到它们呈现出的异常形状，与光滑、呈圆盘状的正常细胞有明显的区别。（图片引用自 Omikron 科学图像库。）

也就是说，在一条有 146 个氨基酸的蛋白链上，仅仅一个氨基酸的改变就导致了疾病和正常状态的区别。

从英格拉姆开创性的工作开始，两种血红蛋白的全氨基酸序列相继被彻底阐明，许多遗传变异都被记录在案（见图 6-6）。

突变位点		突变名称
1	Val	
2	His→Tyr	Toguchi
3	Leu	
4	Thr	
5	Pro	
6	Glu→Val	S
	↘Lys	X, C
7	Glu→Lys	C Georgetown, Siriraj
	↘Gly	G
8	Lys	
9	Ser→Cys	Porto Alegre
10	Ala	
11	Val	
12	Thr	
13	Ala	
14	Leu→Arg	Sogst
15	Trp	
16	Gly→Arg	D Bushman
	↘Asp	J Baltimore, Trinidad
17	Lys	
18	Val	
19	Asn	
20	Val	
21	Asp	
22	Glu→Lys	G Saskatoon
23	Val→---	Freiburg
24	Gly	
25	Gly	
26	Glu→Lys	E
27	Ala	
28	Leu→Pro	Genova

图 6-6　不同突变体的氨基酸替换图

图中的突变中有的以单个字母命名，有的则以发现该突变体的所在地命名。
图中有一种突变是氨基酸缺失，多肽少了一个氨基酸（23 号）。

在每一种变异的情况里，等位基因编码的产物都与正常的血红蛋白一致，仅有一个位点不同，也有些时候是缺失了一小段氨基酸。这种关联——一个变异对应一个氨基酸的改变可以作为基因决定蛋白质序列中每个氨基酸的证据，不仅如此，基因应当由许多基本单位组成，这些基本单位可以独立发生突变，进而导致与它们对应的氨基酸发生改变。一次变异通常会导致某个氨基酸发生替换，这种替换会导致蛋白质形状的细微改变，而分子形状的改变通常又会引起功能的变化。还有一些变异会导致一个或多个氨基酸缺失，另一些则会引起多肽上一长串氨基酸序列的变化，甚至让最终的产物变成残缺不全的分子片段。

"优型学"疗法

20 世纪初，随着遗传科学的兴起，一种旨在提高人种质量的潮流运动开始如火如荼地进行，这场运动的名称是"优生学"，我们会在第 15 章对它进行探讨。而在眼下，人们对基因功能的认识为纠正人类遗传缺陷打开了一扇可能的大门——微生物学家约书亚·莱登伯格（Joshua Lederberg）称其为"优型学"（euphenics）。有的表型改良手段显然不需要深究分子层面的缺陷，比如给近视患者配眼镜，给唇腭裂病人做整容手术，给多指（趾）畸形患者实施截肢手术，或者给血友病患者进行外源性输血。优型学最引人注目的例子莫过于班廷（Banting）和贝斯特（Best）在 1922 年发现了胰岛素，虽然这项发现的内容仅仅是阐明了糖尿病与胰岛素缺失的关联，糖尿病人的预期寿命和生活质量却因此得到了巨大的提高和改善。不需要深究并不意味着不能深究，当科学家对基因工作的原理有了更深入的认识之后，"优型学"对人类的助益更是如虎添翼。

苯丙酮尿症的饮食控制

20 世纪 30 年代，挪威的一名母亲注意到，她的两个患有智力缺陷的孩子身上散发着一股腐臭的味道。于是，这位母亲带着孩子去见了大夫兼生物化学家弗伦（Følling），弗伦为他们进行了各种各样的检查，结果发现，两个孩子的尿液能让三价的氯化铁溶液变成明亮的绿色，导致这种变色反应的物质是苯丙酮酸，而正常人的尿液中是没有这种物质的。这个现象其实是一种先天性代谢疾病的表现：苯丙酮尿症。

正常情况下，苯丙氨酸羟化酶会把苯丙氨酸转化为酪氨酸（见图 6-1）。常染色体隐性突变 p 的纯合个体无法完成这个转化反应，导致苯丙氨酸在患者的血液中不断积累，并最终溢出进入尿液。基因型为 pp 的儿童，其血液中苯丙氨酸的浓度可以达到正常儿童的 30 倍。过量的苯丙氨酸会分流进入另一条代谢通路最终转化为苯丙酮酸，这是一种能够影响婴儿大脑发育的高毒性物质。最终，基因型为 pp 的儿童将终身罹患严重的智力缺陷——智力低下正是苯丙酮尿症患者的典型表现之一。

大约每一万名新生儿中就会出现一例苯丙酮尿症患儿，北美洲在 1955 年到 1964 年间推行了含有氯化钾的尿布，作为在新生儿中筛查苯丙酮尿症患儿的手段。不过，事实证明这种利用尿布的诊断手段还是太粗糙，它只能筛查到 50% ~ 60% 的苯丙酮尿症患儿，所以后来就被逐渐弃用了。如今的苯丙酮尿症检测非常简便，只要在婴儿出生的时候取一点血液样本（取血的位置一般在脚后跟）置于一片吸水纸上。经过干燥，纸片上的血迹被打孔机抠下后放入铺有琼脂培养基的培养皿里，培养皿中还有枯草芽孢杆菌（Bacillus subtilis）和能够阻止细菌

生长的 β-2-噻吩丙氨酸。丙苯胺酸能够绕过 β-2-噻吩丙氨酸的阻断作用，让细菌正常生长。如果血液样本中含有过量的苯丙氨酸，它就会扩散开并最终在培养基上形成一个光晕样的细菌生长斑。这种简便的手段让快速而精确地分析大量血液样本成为可能。

经过初筛后，苯丙酮尿症的疑似患儿将接受进一步的测试，如果二次测试的结果与初筛的诊断结论一致，他们就会被安排接受特殊的饮食控制，严格限制苯丙氨酸的摄入量。低苯丙氨酸的饮食简直乏善可陈，而当幼年接受饮食控制的儿童长大成人之后，他们就可以逐渐用味道更好且没有明显致病倾向的普通食物替代原先的食物。所以，只要患儿能在出生后的最初几年内坚持低苯丙氨酸饮食，他们就可以达到与正常人相同的智力水平。

苯丙酮尿症患者的智力发育虽然是个让人担忧的问题，但是好歹还有改善的方法，而女性苯丙酮尿症患者的孩子就没有那么幸运了，不管基因型如何，女性苯丙酮尿症患者的后代都会有智力上的缺陷。由于女性患者通常会和正常男性婚配，所以他们的孩子理应是表现正常的杂合个体。对此的解释是，女性苯丙酮尿症患者的子宫环境中含有过量的苯丙氨酸，远远超过了胚胎能够应对的剂量范围，而这将永久性地损伤孩子的大脑。

在人群里普查苯丙酮尿症的尝试最初出现在 20 世纪 50 年代的英国。随着诊断技术的进步和改良，大规模的疾病筛查终于成为现实。1964 年，一项旨在推动强制执行苯丙酮尿症筛查的立法运动在美国兴起，短短两年内，有 43 个州先后要求将新生儿苯丙酮尿症的检测列为常规筛查项目。如今，仅是在美国，每年就有 300 万新生儿接受苯丙酮尿症的筛查。一项针对这种大规模筛查措施的效果的研究指出，在每年 500 万到 1 000 万美元的投入下，筛查取得的年均成果只有区区 183 例可治疗的苯丙酮尿症患儿，在一些人看来，这就像拿着大炮轰蚊子。而支持展开大规模筛查的罗伯特·格思里（Robert Guthrie）争辩道：

> 检测和治疗一名苯丙酮尿症患者的预算（假设在美国筛查的检出率是每 10 000 人中有一例，每次筛查的花费在 50 美分到 4 美元之间）高达 50 000 美元，但是漏诊则意味着被遗漏的孩子将毫无意外要在收容机构里度过一生。我们假设患者的预期寿命是 50 岁，并保守估计其每年用于监护的开销大约为 5 000 美元。这 250 000 美元是纯支出，如果患者可以被治愈，他们不仅可以省下这笔钱，还可以在未来创造收入，并向政府纳税。此外，我们也还没有考虑患儿父母在面对一个有永久性智力缺陷的孩子时所承受的痛苦……我们在这里讨论的并不包括人的价值，单单还只是经济价值：是现在花上 50 000 美元好呢，还是将来多花上 5 倍的钱来得值呢？

如果能用一份样本同时检测数种遗传缺陷，那么大规模筛查和"优型学"治疗带来的净经济收益将更加可观。

治疗镰刀型贫血症的化学手段

有许多研究者曾试图研发针对镰刀型贫血症的"优型学"疗法，据估计，这将惠及全世界大约 200 万人（非洲裔美国儿童受益的比例将高达 3/1000）。早夭和剧烈的疼痛是这种疾病的典型表现，因为变形的红细胞会阻塞毛细血管，影响血液的正常循环。红细胞镰刀化的变形过程显然与血液中的氧气水平有关。在 20 世纪 60 年代晚期，洛克菲勒大学的一群分子生物学家提出，氰酸物与二氧化碳一样，能够维持镰刀型红细胞中变异血红蛋白的稳定性，从而防止红细胞镰刀化。如果在试管中以氰化物处理镰刀型贫血症患者的血液样本，前者会不可逆地结合到血红蛋白上，并在缺氧时防止红细胞发生镰刀化，不仅如此，这种方式还不会降低红细胞的携氧能力。不过，临床试验的结果显示，作为日常用药而言，氰化物的毒性过于猛烈，所以还需寻找替代或改进方案。

在对照实验中，羟基脲表现出了能够降低疼痛发作的作用。羟基脲的作用很可能是多方面的，包括轻微提升人体内的胎儿血红蛋白量，胎儿血红蛋白是一种人类在胎儿阶段合成的血红蛋白，它不受镰刀型贫血症相关基因变异的影响。还有的研究者寄希望于丁酸盐，它能比羟基脲更有效地促进胎儿血红蛋白的合成。由于镰刀型贫血症引起人体组织损伤的关键步骤是红细胞黏附于小血管的内表面，于是有的研究人员就将注意力放到了这个环节。一个科研团队曾报道称成功研发了一种名为 polaxamer 188 的物质，它能降低血液的黏稠度，同时作用于血细胞表面，降低其黏附力。另有一些团队正在用动物实验尝试其他的思路，例如用抗体阻断细胞表面与黏附作用有关的蛋白质，以此阻止细胞间的粘连。

骨髓移植则是一种更为极端的优型学手段，不过这种治疗本身就有致死的风险，另外寻找配型合适的捐献者通常并不容易。我们在这里探讨这些的重点是想指出，优型学疗法是第一线的治疗手段，它的目标是改善遗传病的症状。我们将在后面的章节里继续探讨基因疗法，即对异常基因本身的 DNA 进行直接修饰和改良。

尽管现在有许多遗传缺陷都可以通过优型学的手段治疗，但这个领域仍旧处于草创阶段。未来几年，能够依靠优型学进行治疗的疾病将毫无疑问地发生数量上的井喷。但是，那些"被治愈"的人成年后会生儿育女，继续把缺陷基因传递给他们的孩子，这会导致人群中缺陷等位基因所占的比例升高。那么，人类是否会像有些人认为的那样，成为一种遗传缺陷缠身的生物呢？届时，现代科学和医疗手段就成了维系社会和个人存在的中流砥柱。

毋庸置疑的是，某些遗传病的发病率的确在提高。我们下面要介绍的遗传病都不是单基因疾病，它们全部都是由多个基因联合导致的、复杂的遗传疾病，比如先天性幽门狭窄。该病患者的胃与小肠的接口处狭窄闭塞，这种疾病在新生儿中的发病率大约是每 1 000 人中有 2～4 例。在 20 世纪之前，患有这种疾病的新生儿无一能够幸存，而一种发明于 1912 年的简单手术则能够纠正这种缺陷，并让患者过上正常的生活。当这些患者为人父母之后，幽门狭窄在他们的孩子中发病的概率大约为 7%，这个比例是普通人群的 20 倍。

糖尿病、唇腭裂、幽门狭窄及先天性心脏病都是源于复杂遗传因素而又相对常见的疾病，现在也都有相对有效的手术和内科治疗手段，所以可以预见的是，这些疾病在未来几代人中出现的频率将会上升。不过，我们会在第 15 章看到，你应该对宣扬人类基因池正在腐坏变质的劝诫言论保持警惕，在类似的话题上谨言慎行。有害的隐性等位基因最主要的栖身之所是表型正常的杂合个体。基于这个原因，假使致病基因的数量翻了倍，也并不意味着实际的发病人数就会跟着翻倍。遗传缺陷发病率翻倍所需的时间非常长，具体的数值与特定的疾病密切相关——从几百年到几千年不等。

与此同时，人们正在研发新的分子实验技术，用于筛查许多致病基因的携带者，这些疾病可以是单基因疾病，也可以是复杂的多基因疾病。这些筛查技术的进步应该可以促进人们自发地控制生育后代的数量，甚至有人会因此选择丁克，从而减少致病基因在人群中出现的比例。我们会在第 12 章探讨基因治疗技术，这种技术将是人类未来的希望之光。尽管如此，不论是从科学还是人道主义的角度来看，在可预见的未来，优型学手段依旧会是治疗和应对遗传疾病的主流措施。

优型学疗法的效果仰仗的是对非基因因素的改良，这不由得让人联想到一个更大的议题，即大多数疾病是由环境而非遗传因素诱导的。不仅如此，多基因遗传病的发病，甚至是许多单基因遗传病的发病都与环境因素密切相关。正如医学遗传学家帕特丽夏·贝尔德（Patricia Baird）所言，我们必须非常当心，不要向公众医疗过分兜售基因治疗手段。对医疗健康产业最大的冲击，依旧来自环境层面。

章后总结 ●

1. 比德尔和塔特姆提出了"一个基因，一个酶"假说，该假说认为，每个基因的功能是携带合成特定酶所需的遗传信息。事实上，基因携带的是合成蛋白质的遗传信息。

2. 蛋白质是生物体内最多变、最全能的分子，它们是构成生物膜的主要成分，是核糖体的主要组分；它们参与构成许多与细胞运动及形态有关的结构；它们还是一些巨大的、显眼的结构的组成成分；有些蛋白质是激素。除此之外，蛋白质最重要的功能是作为酶催化体内的化学反应。

3. 对基因功能的认识为纠正人类遗传缺陷打开了一扇可能的大门，微生物学家约书亚·莱登伯格称其为优型学。有关优型学最著名的例子莫过于班廷和贝斯特于 1922 年发现了胰岛素。

4. 尽管现在有许多遗传缺陷都可以通过优型学的手段治疗，但这个领域仍然处于草创阶段，未来几年，能够依靠优型学治疗的疾病将毫无疑问出现井喷。

发现 DNA

细菌与真核生物有什么不同？

病毒具有哪些特质？

什么是噬菌体？

赫尔希 – 蔡斯实验的主要内容是什么？

DNA 的组成物质有哪些？

DNA 结构的发现对遗传学有什么影响？

从遗传学研究诞生伊始，就一直有一个疑问萦绕在研究者的头脑中：遗传的物质基础是什么？早在 20 世纪初，认为基因位于染色体上的萨顿－博韦里假说就已经被提出。那么，到底是染色体中的哪种化学成分承载了生物的遗传信息呢？哪怕是在生物化学这门学科还非常年轻的时代，研究者就已经知道细胞中至少有两种复杂的物质可以作为这个问题的备选答案——蛋白质和核酸。虽然当时的人们对这两种物质的结构都一无所知，但是蛋白质分子看上去更复杂，所以人们通常会认为基因是由蛋白质构成的。不过，也有证据显示核酸同样参与了基因的组成。埃德蒙·比彻·威尔逊（E. B. Wilson）有一本经典的书：《细胞：遗传与发育》（*The Cell in Heredity and Development*）。这本书有两个不同的版本，威尔逊在其中一版里认定蛋白质是遗传中的关键物质，而在另一本中却认为核酸才是。虽然他如此摇摆不定必有蹊跷，但当时的确没有人能够弄清孰是孰非。

最终的答案来自对细菌和以细菌为食的病毒的研究。在 1952—1953 年，有关遗传物质本质的问题就得到了完美的解答：遗传的物质基础是 DNA，它的分子构型可以解释所有遗传过程中的关键现象。对 DNA 作为遗传物质的确认以及对其特性的阐明是 20 世纪的重大科学突破之一。人类细胞的 DNA 分子结构与许多现实中的特征有关，其中甚至包括人类神经系统的结构，所以你也可以认为，我们的个性和行为在相当程度上是由遗传性的硬件条件决定的。对 DNA 的研究是我们窥探人类本质的一个重要角度。至于我们之前是如何把那些支离破碎的线索拼凑到一起，又是如何取得了如今的认知水平，这可是个激动人心的科学侦探故事。

细菌

如果你回忆一下，大概会记得细菌与一般的生物体不同，因为它们是细胞核外没有核膜包被的原核生物，与之相对，真核生物——包括动物和植物，都拥有真正意义上的"细胞核"结构。不仅如此，细菌的体积还非常小，性能优良的光学显微镜需要放大 1 000 倍才能让你看清它们，而要看清它们的内部结构就只能借助电子显微镜了。图 7-1 中展示了几种常见细菌的相对尺寸，同时进行比较的还有几种病毒。和细菌一样，病毒在遗传学的发展史上也不可忽视，它们的体积甚至比细菌还要小。

虽然我们经常会把细菌和疾病联系在一起，不过事实上绝大多数的细菌都是无害生物，它们生活在天然的水体、土壤或者其他生物体内。人类研究最透彻的细菌是大肠杆菌（Escherichia coli），它是生活在人类结肠里的数种细菌之一，粪便的质量中就有相当部分来自大肠杆菌。

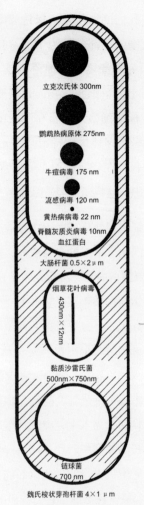

图 7-1　细菌的相对尺寸

梭菌属的细菌体积巨大，它的尺寸约为 $1 \times 4 \, \mu m$（微米）。$1\,000\,\mu m = 1$ mm，$1\,000$ nm（纳米）$=1\,\mu m$。比这小一点的细菌，比如大肠杆菌和沙雷氏菌，能够同时被装入梭菌内，另外还有富余的空间容纳其他更小的细菌和病毒。

这些细菌可以帮助我们的消化系统保持健康，还能给我们提供一些维生素。科学家研究细菌，部分是为了理解和控制那些会致病的细菌。不过，除了作为研究对象之外，细菌也是非常理想的实验工具，因为它们是结构相对简单的单细胞生物，只需要基本的培养基就能快速生长。像大肠杆菌这样的细菌，只要在溶液中加入作为能量以及碳原子来源的糖，外加几种为菌体提供特定必需元素的盐，比如硫酸镁、氯化铵，它们就能够生长。在烧瓶里加入上述营养液，经过加热消毒，随后把几种细菌置入其中，这样就算是完成了接种。

接种完成后，每个细胞都会从培养液中吸收营养物质，并用胞内储存的大量酶蛋白把它们同化为更多的自身成分，通过这种方式增大自身的体积，完成生长。需要强调的是，细胞在生长过程中合成的主要成分，也就是构成其大部分质量的物质仍然是这些酶本身。通常经过 30 分钟，培养液中的细菌就能一分为二。分裂所得的两个子细胞会继续生长，随后从两个变为四个，四个变为八个，八个变成十六个……这种增殖的方式被称为指数型增长（exponential growth），有点像用于投资的本金按照复利率增长的过程，因为每个细胞都会持续生成更多的细胞，这同投资利润中的每一分钱都会自动变为本金并继续产生利息如出一辙。不同的地方仅仅在于，细菌增长的"利率"每 30 分钟高达 100%。只要几个细菌就能在极短的时间内繁殖出大量的后代，而能让它们停止生长的因素只有培养基的营养枯竭、氧气耗尽或是它们排泄的废物过度堆积。

含有琼脂胶^①的培养基会呈现一种半固体的凝胶状，这种性质类似固体的培养基不仅能够用于培养细菌，也适用于鉴定细菌。将高温

① 一种惰性的、浓稠的海藻提取物，它也是让冰激凌能够成形的主要成分。——译者注

消毒后的液态琼脂胶倒入培养皿中，随着培养皿冷却，琼脂逐渐凝固。我们可以用移液管或消过毒的接种针在琼脂上接种少量的细菌样本，再用消毒的玻璃棒将其均匀地涂抹开，这步操作被称为细菌的平板接种（plating）。每个细菌都会在与平板接触的落点上生长增殖，因此，来源于同一个细菌的所有子代细胞都会在同一点上聚集分布。这种增殖方式的结果是当某一点上聚集了足够数量的细菌时，就会形成肉眼可见的菌落（colony，见图7-2）。

细菌培养　稀释　将少量细菌样本涂在含有　　　　　　菌落克隆
　　　　　　　　琼脂培养基的培养皿上

图7-2　制作菌落克隆

　　菌落有自己独特的颜色和外形，我们可以根据这两个特征来区分并研究它们的特性。每个菌落其实就是一个克隆。克隆的意思是指由细胞无性分裂产生的个体或者细胞群，不过它在现代分子遗传学中另有一些特别的含义。比如草莓，它的繁殖方式是先长出匍匐茎，下根之后由这一段茎长出新的植株，我们就称这些新植株是原植株的克隆。与此类似，许多从生物体内分离出的植物或者动物细胞，都能在含有营养物质的培养皿中进行无性繁殖，只要培养条件得当，这些细胞就可以长期保持分裂状态。由单个细胞在培养基内通过分裂获得的子代细胞群，也可以被称为最初细胞的一个克隆。

1928 年，弗雷德里克·格里菲斯（Frederick Griffith）证实，从死亡细菌内提取到的某种物质，能够将该菌株生前的某些特征传递给另一种活着的菌株。格里菲斯当时知道有一种品系编号为 IIIS 的肺炎链球菌（Diplococcus pneumoniae）会让小鼠患上致死的肺炎，而另一种品系编号为 IIR 的细菌则相对无害。于是，他通过加热杀死了一些 IIIS 品系的链球菌，随后将细胞的残骸物质与 IIR 品系的活细菌搅匀，并把混合物注射进小鼠体内。结果，接受注射的小鼠还是死了。这说明活细菌从死细菌的遗留物中摄取了某些成分，这些成分"转变"了它们，并赋予了它们 IIIS 品系的特征。1944 年，纽约洛克菲勒中心的奥斯瓦尔德·埃弗里（Oswald T. Avery）和他的同事证实，促成这种性状转变的物质是 DNA。埃弗里和同事发现，破坏细胞中的蛋白质或其他成分都不会阻碍性状转变的发生，但是破坏 DNA 则不然。

这是证明"遗传信息具有物质实体"的第一个可靠证据，不仅如此，科学家还知道了这种物质就是核酸。不过，这个研究成果并没有引起太多人的兴趣。当时的主流观点依然认为，DNA 的分子结构太过简单，承担不起作为遗传物质的重担。绝大多数生物学家都翘首以盼，希望能把蛋白质推上遗传物质的宝座，这种先入为主反而妨碍了他们看待实验数据的眼光。更具说服力的证据出现在 1952 年，它源于一个经典的实验。

病毒

普通的生物通常由一个或者多个细胞构成，但是凡事皆有例外，除了单细胞和多细胞生物之外，还有一种没有细胞结构的亚细胞有机体，它们只能通过侵入活细胞进行自我增殖，我们称之为"病毒"。

　　古罗马人曾意识到，某些疾病似乎是由动物传染给人类的，于是他们把这种害人生病的"巫毒"叫作病毒，罗马人相信由病毒引起的疾病是致命的。罗马人当然看不到所谓的巫毒，所以依照他们制定的标准来看，化学物质中毒（肉毒毒素中毒）、细菌感染（伤寒）和病毒感染（小儿麻痹症）三者之间的区别并不大。文艺复兴时期，疾病被分为两大类——传染性疾病和非传染性疾病，而"病毒"这个词被沿用下来，用以描述前一类疾病的病因。19世纪，在巴斯德研究的基础上，显微镜的出现终于让微生物学家们真正看到了细菌，人们随即把"致病病毒"的帽子扣到了细菌头上。到了20世纪，人们发现许多疾病的病原体无法培养，而且它们的体积非常小，小到本应当能阻挡所有已知细菌的滤网都拦不住，于是，"病毒"的概念又被用于形容这些能够穿过滤网的致病成分。在电子显微镜出现后，我们终于可以亲眼看到病毒的完整结构了。

　　1915年，弗雷德里克·特沃特（Frederick Twort）在实验报告中称，他发现培养皿中的细菌经常变得非常潮湿而透明。在这些质地发生改变的区域内，所有的细菌都无一幸免。此外，细菌里面还有某种致死因子，能把这种情况传染给别的细菌。特沃特的研究报告几乎无人问津，但在1917年，费利克斯·德赫雷尔（Felix d'Herelle）报告称发现了"一种隐形的痢疾杆菌杀手"。德赫雷尔在后来发表的研究报告中提出，自己在1910年就开始怀疑细菌也会染上某种"疾病"的可能了。他曾在细菌密集分布的地方看到过一些清亮的区域，而那些区域里的细菌全部都死了。这些观察结果让他非常确信，使细菌患病的病毒可以成为对抗细菌的有力武器。1915 年，德赫雷尔开始寻找能够杀死志贺氏菌（引起痢疾的罪魁祸首）的病毒。最后，他找到了理想中的病毒，并对其做了以下这番描述。

> 第二天早上，在我打开保温箱的那一刻，我体验到了一种非常罕有的感受，那是一种强烈的情绪，一种科研工作者在艰苦付出之后终于获得回报的喜悦。我看到昨天晚上还浑浊不堪的肉汤培养基，此刻却清亮如水地摆在我面前：培养基里的所有细菌都消失了，就像糖化在了水中。至于琼脂培养基的实验，琼脂板上一个活细菌也没有，我在那一瞬间意识到：这些细菌的"死亡区域"实际上是由某种看不见的微生物造成的，一种可以穿过滤网的微生物，一种滤网拦不住的"病毒"，但这不是感染人类的病毒，而是感染细菌的。

> 另外还有一个想法也出现在我的脑海里："如果我的想法是对的，那么同样的现象很可能也于昨晚发生在了生病的患者体内，那个人昨天还病得很重。在他的肠道里，痢疾杆菌会在病原体的攻击下溶化消解，如同在试管中那样。倘若如此，那么他现在很可能已经痊愈了。"事实是，经过那一晚，病人的病情有了显著的改善，顺利进入了康复期。

德赫雷尔把细菌的病毒命名为噬菌体（bacteriophage）。为了寻找一种对抗细菌疾病的有效手段，德赫雷尔先后分离出了特异性针对炭疽、支气管炎、腹泻、猩红热、斑疹伤寒、霍乱、白喉、淋病、黑死病和骨髓炎病原细菌的噬菌体。在全民对噬菌体疗法的殷切期盼中，作家辛克莱·刘易斯（Sinclair Lewis）创作了一个医学科学家角色——马丁·阿罗史密斯（Martin Arrowsmith），小说中的马丁发现了一种"X元素"，其实就是以德赫雷尔的噬菌体为原型的。

由于抗生素的普及，噬菌体疗法作为一种潜在的治疗手段在很长一段时间里被绝大多数国家束之高阁。抗生素是在第二次世界大战期间登上历史舞台的，它简单易用，对由细菌引起的疾病有奇效。不过，噬菌体疗法在东欧国家非常重要，尤其是在格鲁吉亚和波兰。在过去的几年里，特别是考虑到许多常见疾病的病原菌开始对所有现役的抗生素产生抵抗，噬菌体疗法逐渐开始回暖。不过这又是一个很长的故事，我们恐怕没法在这里具体展开了。

噬菌体

大约在 1915 年。英国人弗雷德里克·特沃特和加拿大人菲力克斯·德赫雷尔通过各自独立的研究，分别发现了细菌之间也会有瘟疫流行的事实，这种导致细菌害病的因素被命名为"噬菌体"。这句话听上去可能有些别扭，因为我们通常会觉得细菌本身才是导致瘟疫流行的罪魁祸首，但寄生虫学里有一句老话："人被大虱子咬，大虱子被小虱子咬。"再小的生物也会被更小的生物寄生。噬菌体是一种在细菌体内繁殖的病毒，它们的本质与其他寄生在动植物体内的病毒并没有什么不同，它们具备病毒具有的所有典型特征。

首先，病毒不是生物。所有生物都由单细胞或者多细胞构成，而病毒仅仅是一种微小的颗粒结构，我们称之为"病毒体"（virion），它们比最小的细胞还要小许多，病毒的本体几乎就是一段赤条条的核酸片段（有的是 DNA，也有的是 RNA），只不过外面多包了一层保护性的蛋白质外壳（见图 7-3）。绝大多数的病毒体呈微小的球形或者杆形。动物病毒侵入宿主细胞的方式通常是先黏附到细胞表面，然后再被细胞内吞，就像细胞在捕食一样；而植物病毒通常会利用昆虫或蠕虫造成的伤口侵入宿主细胞。许多噬菌体都通过尾部附着在细菌的表面。在电子显微镜刚被发明出来的 1945 年，人们就观察到了这种吸附行为。另外，我们也已经知道噬菌体的组成成分大致为蛋白质与 DNA 各占一半。尽管当时的人们还不那么了解噬菌体，但是这并不妨碍它们成为遗传学实验里的关键工具。

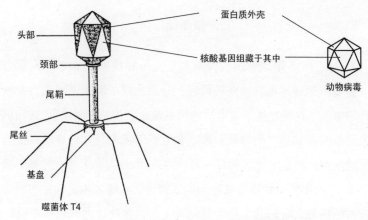

图 7-3　细菌病毒体与动物病毒体的一般结构

噬菌体是理想的研究材料，因为它们增殖迅速，能在极短的时间里产生数量巨大的复制体——一个噬菌体可以在半个小时内分裂出

100 ~ 200 个。它们也很容易在培养皿上增殖：只要将少许噬菌体与温暖的液态琼脂以及细菌混合，倒在含有营养物质的琼脂层上冷却成板。细菌会在琼脂表面长成纤薄而又均一的一层"菌苔"（lawn），而每个噬菌体都会在菌苔上形成一个清亮的点，或者也称"噬菌斑"（plaque），噬菌斑是噬菌体感染并杀死细菌的位置，成片死亡的细菌在菌苔上表现为清亮的空缺区域（见图 7-4）。我们只要清点样本在培养皿上造成的噬菌斑个数，就可以估算出原材料中噬菌体的数量。不仅如此，不同噬菌体形成的噬菌斑在尺寸和外形上都不同，我们可以据此分辨噬菌体的类型。

噬菌体悬浮液　将少许噬菌体与几滴细菌培养液和融化的琼脂混合

将混合琼脂倒在含有营养物质的琼脂培养基上

隔夜孵育温度适宜

菌苔上清亮的点即为噬菌体造成的噬菌斑

图 7-4　培养噬菌斑

有关噬菌体增殖的详细研究开始于 20 世纪 40 年代，由麦克斯·德尔布鲁克（Max Delbrück）、萨尔瓦多·卢里亚（Salvador Luria）和阿尔弗雷德·赫尔希（Alfred D. Hershey）发起，他们三人联手组建了一个非正式协会，名叫"美国噬菌体小组"（American Phage Group）。通过这三人的学生以及其他追随者的努力，他们基本阐明了噬菌体增殖的细节。研究人员还把在研究过程中用到的大肠杆菌噬菌体依次命名为 T1、T2、T3、T4、T5、T6 及 T7。我们今天对基因结构和功能的基本认识大部分来源于当时那些针对噬菌体和细菌的研究。

赫尔希 - 蔡斯实验

在得知噬菌体的主要成分是质量相当的 DNA 和蛋白质之后，1952 年，阿尔弗雷德·赫尔希和玛莎·蔡斯（Martha Chase）着手以"标记"的方式确定了这两种成分在 T2 噬菌体中的功能。所谓的"标记"是指在这两种成分的分子中混入具有放射性的原子，然后依次对其进行定向追踪。赫尔希和蔡斯当时知道的是，蛋白质中有硫元素但没有磷元素，而 DNA 富含磷元素但没有硫元素。于是，他们先是培育了一批含有放射性硫元素（^{35}S）的噬菌体，标记硫元素相当于标记蛋白质；而后他们培养了另一批含有放射性磷元素（^{32}P）的噬菌体，这相当于标记了它们的 DNA。随后，两批噬菌体都被用于感染细菌。

电子显微镜成像显示，噬菌体在感染细菌后总是多少会有一部分棒棒糖样的病毒粒挂在被感染的细菌表面。赫尔希和蔡斯把受感染的细胞放入搅拌机内，通过搅打脱去其表面黏附的病毒粒，随后，他们把混合物离心分离，分别对上层的清液和下层的细菌进行了放射性的测量。受到 ^{32}P 标记噬菌体侵染的细菌含有极高的放射性，而受到 ^{35}S 标记噬菌体侵染的细菌则不然，不仅如此，在离心分离后，硫元素的放射性也主要集中在上层清液中。这种现象意味着 DNA 在噬菌体侵染细菌的过程中进入了细菌内，所以难以通过搅拌移除，而病毒体内剩余的成分则被留在了细菌表面，并在搅拌离心后脱离细菌，这些脱离的成分正是蛋白质。

赫尔希和蔡斯随后证实，从感染细菌中释放的子代噬菌体含有大量经过标记的 DNA，但是却很少，甚至没有携带经过标记的蛋白质。作为指导后代噬菌体增殖的遗传物质，进入细菌内部是必要的前提条件，由此看来，结论只有一个：DNA 正是遗传物质本身。回顾前文，我们曾经介绍过细菌的转化，活细胞在这个改变性状的过程里必须从环境中获取来自其他细菌的 DNA 片段，并以这些外源性片段替换自己的基因。

赫尔希 – 蔡斯实验有一个我们不能遗漏的重要推论。噬菌体完全由 DNA 和蛋白质构成，而只要 DNA 进入细胞内就可以启动感染过程。不消半小时，由 DNA 和蛋白质组成的新噬菌体就会破菌而出。因此，携带指导自身蛋白质合成的遗传信息肯定是 DNA 的功能之一。

随后的一系列实验详细阐明了噬菌体的增殖过程，具体的步骤如图 7-5 所示。一旦有一个 T2 或 T4 噬菌体用尾部附着到细胞表面，噬菌体内的 DNA 就会被注射进宿主细胞。不出几分钟，噬菌体的 DNA 就开始在细菌内指挥噬菌体蛋白的合成。数种干扰和关停宿主细胞功能的蛋白质被合成，它们中有的会阻止宿主蛋白质的合成，还有一些是可以破坏宿主 DNA 的酶，另有一些酶则开始复制噬菌体的 DNA。这些酶的合成不会持续太久，不出一会儿，新的基因就会被启动，这些基因的功能是指导许多结构蛋白的合成，这些结构蛋白就是病毒衣壳（capsid），也就是噬菌体蝌蚪形的蛋白外壳的原料。衣壳蛋白会自发地组装成新的病毒衣壳，包括尾管、头部及尾丝。还有一些酶的功能是将新合成的噬菌体 DNA 装入病毒体的头部。大约在感染发生 30 分钟后，细菌内就会满满地塞着数百个新的病毒粒，接下来，细菌通常会在某些噬菌体酶的作用下裂开，或者也被称为细胞溶解（lyse）。

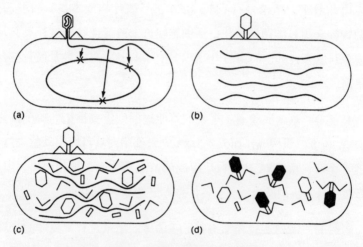

图 7-5　噬菌体增殖过程示意图

（a）感染细菌的噬菌体将自身的 DNA 注射进细菌内，随后这段 DNA 便会启动将细菌转变成噬菌体量产工厂的转变，噬菌体 DNA 编码的酶随即开始攻击宿主的 DNA，导致细菌的基因表达停止。（b）噬菌体 DNA 进行多次复制，新的噬菌体衣壳开始持续合成。（c）新的衣壳与新的 DNA 组装，生成新的噬菌体颗粒。（d）细菌破裂（细胞溶解），子代噬菌体喷涌而出。

双螺旋模型假设

生物体的主要成分是各种聚合物，核酸就是一种与蛋白质截然不同的多聚物。由于核酸的单体名为核苷酸（nucleotide），所以它们的另一种叫法是多聚核苷酸（polynucleotide）。一个核苷酸分子由三个部分组成：一个碱基（base）、一个磷酸基团（PO_4）以及一个与这两者相连的糖分子。核酸的分类以其糖分子作为区别的依据：含有核糖的是核糖核酸（RNA），而含有脱氧核糖（少了一个氧原子的核糖）的则是脱氧核糖核酸（DNA）。碱基是一种巨大的、环状的含氮分子，每个脱氧核糖核苷酸都含有四种碱基中的一种：腺嘌呤（adenine，缩写为 A）、鸟嘌呤（guanine 缩写为 G）、胞嘧啶（cytosine，缩写为 C）或胸腺嘧啶（thymine，缩写为 T）。在 RNA 里，尿嘧啶替代了胸腺嘧啶，其缩写为 U（见图 7-6）。

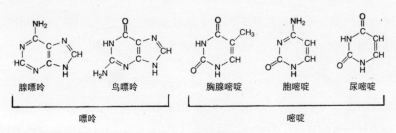

图 7-6　嘌呤及嘧啶

胞嘧啶、胸腺嘧啶和尿嘧啶都是单环分子，这类物质被统称为嘧啶；腺嘌呤和鸟嘌呤则是双环分子，这类物质被统称为嘌呤。图 7-7 中环状分子中的碳原子和氮原子都被按序编了号，糖分子骨架上的原子的编号为 1'、2'、3'、4'、5'。

多聚核苷酸单体之间的连接依靠的是前一个分子的磷酸基团与后一个分子的糖分子。具体来说，核苷酸之间的连接是通过前一个单体的 3' 碳原子与后一个单体的 5' 碳原子实现的。

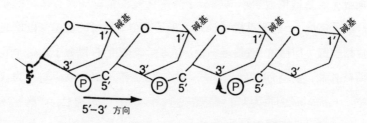

图 7-7 由糖分子和磷酸基团组成的分子骨架

这让每个 DNA 分子有了一种从 3' 指向 5' 的分子极性，犹如蛋白链也有从氨基端指向羧基端的分子极性那样。在这条由糖分子和磷酸基团组成的分子骨架上，碱基都堆叠和聚集在分子的同一侧。

直到 1952 年，人们还普遍认为 DNA 不过是由四种核苷酸按固定顺序不断重复而成的，所有 DNA 分子应该都差不多，自然也就无法作为遗传信息的载体。但欧文·查加夫（Erwin Chargaff）在仔细分析了不同生物体的 DNA 构成后发现，不同生物体内的核苷酸含量并不相同，其他的发现还包括：

● 嘌呤（A+G）的含量总是和嘧啶（C+T）的含量相当；

● A 的总量和 T 的总量相当，G 的总量也与 C 的总量相当（A=T，G=C）；

● 对于不同的生物体而言，(A+T)∶(G+C) 的比例有着显著的差别。

1953 年，剑桥大学的弗朗西斯·克里克（Francis Crick）及其同事奠定了如今的 DNA 结构理论。克里克的同事是卢里亚的学生，也是噬菌体小组的成员，因此当时他就对赫尔希和蔡斯的工作有所耳闻。而克里克则是一名物理学家，他知道一种强大的分析技术和这种技术在这个问题中所具有的巨大潜力——X 射线衍射。X 射线衍射可以用于分子结构成像，虽然这个过程和我们在光学显微镜中汇聚可见光的方式略有些不同——因为我们无法汇聚 X 射线。当把 X 射线对准某种晶体物质时，晶体的原子就会以特定的规律把 X 射线散射到提前准备好的胶卷底片上，随后我们只要分析底片上所成的像，就能推断出晶体中的原子排布方式。

借助这种技术，英国伦敦大学的莫里斯·威尔金斯（Maurice Wilkins）和罗莎琳德·富兰克林（Rosalind Franklin）发现，DNA 衍射图就像红酒的开瓶器，具有一种明显的螺旋结构。沃森和克里克试图构建一种能够描述 DNA 结构的理论模型，它必须与核苷酸的原子排布相契合。两人最终取得了成功，因为他们极富洞见，综合考虑了威尔金斯与富兰克林的研究、查加夫的数据以及当时他们仅有的对 DNA 遗传功能的认识。

克里克及其同事的中心论点在于碱基的序列非常重要，而查加夫法则中"A=T，C=G"的规律则意味着碱基必然以这种方式发生了配对。沃森和克里克提出，DNA 分子由两条多聚核苷酸链组成，两条链以相反的 3' ～ 5' 极性呈反向螺旋盘绕（见图 7-8）。链与链之间的结合力来自分子的中央，由一条链上的碱基与另一条链上的碱基相互吸引形成，不过，腺嘌呤只能与胸腺嘧啶结合，而鸟嘌呤只能与胞嘧啶结合。

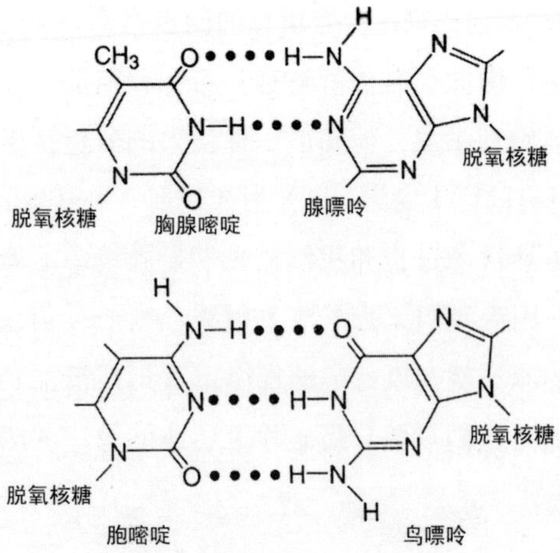

图 7-8　DNA 分子中的碱基配对

　　维系碱基之间连接的是一种微弱的吸引力，被称为氢键（hydrogen bonds）。氢键的形成需要一个带有些许负电荷的原子（如 O 或 N）和一个带有些许正电荷的氢原子，两者之间因为微弱的电荷吸引而被连接在一起。我们把能以这种方式结合在一起的碱基对称为"互补配对"（complementary），它的含义同手掌与手套，或是拼图碎片之间的"互补配对"没有区别。碱基的互补配对现象几乎可以作为遗传学中一切问题的解释，甚至为解决生物学中的许多问题提供思路：它解释了查加夫法则，还解释了两条链为何能够结合在一起。另外，我们将看到，它还可以解释一些 DNA 具有的本质特性以及它何以能够作为生物的遗传物质。1953 年，克里克及其同事在《自然》杂志上发表了一篇阐述 DNA 结构模型（见图 7-9）的文章，只是当时谁也没有想到，这篇篇幅短小的文章将在日后引发一场翻天覆地的革命。

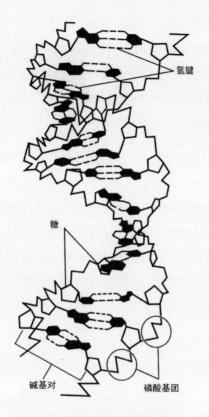

氢键

糖

碱基对   磷酸基团

图 7-9 DNA 双螺旋的结构模型

　　与孟德尔研究的命运不同，克里克及其同事的论文一经发表就在科学家团体内引起了巨大的反响，被奉为里程碑，因为它让遗传学研究有了一个清晰、坚实的根据。很多人都会立刻想到：DNA 分子中的碱基序列能够作为传递遗传信息的载体，也就是某种形式的"遗传编码"。排列顺序本身正是一种良好的信息载体，比如人们日常写作的文章，本质就是文字和标点的有序组合；又比如所谓的摩斯电码，也不过是点和线的规律性排布。除此之外，由于每一代生物体都能复制自身的遗传信息并将其传递给下一代，所以遗传信息还必须能被从一个DNA分子传递给它的后代分子。将一个原始DNA分子扩增为一模一样的两份拷贝的过程被称为"复制"，而DNA的螺旋模型正好可以解释复制是如何实现的。

在一个DNA分子中，每个核苷酸都与另一个核苷酸对应并互补。总体而言，DNA双链中的一条链是另一条的互补链。控制复制过程的是一种结构非常复杂的酶：DNA聚合酶。复制开始之初，DNA聚合酶会首先让双螺旋分子发生解旋，使碱基对分离、单链上产生游离碱基，这个过程非常像拉开一条微小的拉链（见图7-10）。接下去，由于核酸复制的生化过程极度复杂，尤其是DNA新链延伸的方向只能是从5'向3'进行，所以我们将用尽可能简单的语言对其进行阐述。

复制的基本过程大致是DNA聚合酶沿着其中一条单链向前移动，在移动的过程中合成与之互补的单链，由此把游离的单链重新变成双链。每个游离的碱基都能和与之互补的碱基配对，落单的C可以吸引与之互补的G进行配对；而另一条链上原本与它互补的G也会吸引一个新的C；A和T的道理与此相同。细胞内往往含有大量游离的核苷酸，这些游离的核苷酸是活细胞不断代谢的产物，它们从合成的位置离开之后，就会被聚合酶一个一个地添加到不断延伸的DNA单链上。因此，每条DNA单链本身都是合成新单链的指令，而由它指导合成的单链与之前互补链的碱基序列完全相同。碱基互补原则是这种准确性的保证，它让通过复制过程获得的两个双螺旋分子拥有完全相同的序列，不仅如此，这两个新分子与最初DNA母分子的序列也完全相同。

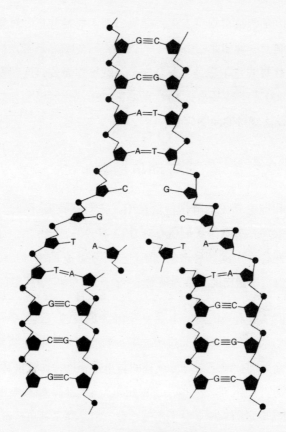

图 7-10　DNA 的复制过程

在 DNA 的复制过程中，首先由一种酶复合体解开双链分子的螺旋，随后，每一个暴露出来的游离碱基都会吸引来与之互补配对的核苷酸。两条单链不断地重复这个过程，直到最后获得两条一模一样的双链分子。

DNA 的核苷酸序列必须具有储存遗传信息的能力，这正是双螺旋模型的最后一个意义，它可以说明遗传变异的本质是碱基序列的改变，这种改变可能是一对碱基对被替换成了另一对，或是序列被中断和打乱。序列改变的情况很少发生，即使出现，细胞也有应对和修复这些错误的机制。尽管如此，由于每种生物惊人的 DNA 基数，哪怕插入一个错误核苷酸的发生率是百万分之一，就平均而言，这就意味着细胞每合成 1 000 万个碱基会有 10 个碱基配对错误，所以变异是一个生物体不得不设法应对的问题。

验证 DNA 的结构

模型和理论真正的科学价值在于，它能够做出可被验证的推论。DNA 双螺旋模型包含了我们所有与 DNA 有关的已知事实，也能够从理论上解释遗传学中的各种现象，不过这并不是它的全部价值，至少还应当包括由它所做出的一系列预测。

让我们从更宏观的角度来看一下 DNA 的复制。复制中每条单链都保持了自身的完整，复制的过程实际上只是原本互补的两条单链相互分离后，又分别合成了与自己互补的新单链。这种方式被称为 DNA 的半保留复制（semiconservative replication），之所以叫半保留，是因为 DNA 复制后原本的双螺旋分子不复存在，但是原本的单链都完好无损。假设我们给最初的双螺旋分子涂上红色，而把新合成的多聚核苷酸都涂上绿色，那么，经过一轮的复制之后，每条新获得的双螺旋分子都将是一半红一半绿。如果新获得的两个双螺旋分子再经历一轮复制，在新获得的四个分子中，有两个依旧是半红半绿，而另外两个则会是完全绿色的分子。如果用实线代表最初的单链，用虚线代表新合成的单链，那么我们可以得到图 7-11。

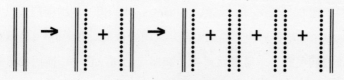

图 7-11　DNA 复制示意图

1957 年，加州理工大学的马修·梅塞尔森（Matthew Meselson）和富兰克林·斯塔尔（Franklin Stahl）发现了一种验证上述预测的实验手段。他们两人与杰尔姆·维诺格勒（Jerome Vinograd）合作，一起发现了氯化铯（CsCl）的浓溶液在高速离心时会自发形成浓度梯度的现象。有一种名叫超速离心机的设备，它在离心实验材料时最高能达到每分钟近 60 000 转的旋转速度，这也就是说每秒的转速可以达到 1 000 转。

如果你去过游乐园，在那里体验过转速相对较慢的旋转木马，就肯定不会对在旋转中体会到的离心力感到陌生，而超速离心机能够产生巨大的离心力，以至于氯化铯溶液中相对质量较大的铯原子会被甩向容器的底部（远离旋转中心的方向）。经过数小时的旋转，氯化铯溶液将自发地形成浓度梯度，离旋转中心越远的位置浓度相对越高，而离旋转中心越近的位置浓度则相对越低。如果把 DNA 分子放入这种溶液中，它们最终会悬停在与之密度相同的液层里。

半保留复制与叉状结构

梅塞尔森和斯塔尔用含有重氮原子（^{15}N，普通的氮原子为 ^{14}N）的培养基培养细菌。细菌摄入这些原子之后会将其用于新 DNA 的合成，所以培养皿中细菌的 DNA 分子的密度比正常情况下更大（这在效果上就相当于把 DNA 染成了"红色")。随后，他们把这些细菌移入只含有普通氮原子的培养皿中，如此一来，细菌合成的所有新 DNA 链就都是相对较轻的单链了（这也就相当于前面说的"绿色"）。他们在培养的不同时间点取样，并以在氯化铯溶液中离心分离的方式确定样本的密度。他们还在超速离心机上配备了光学系统和摄像头，以便定位 DNA 在离心管中的位置。开始的时候，样本中的 DNA 都是重链分子。经过一轮复制之后，所有的 DNA 都成了一半重链。而经过两轮复制之后，有一半的 DNA 还是一半重链，而另一半的 DNA 则全部都是轻链。这正是梅塞尔森和斯塔尔最终的实验结果，与 DNA 双螺旋模型的预测如出一辙。

DNA 双螺旋模型的另一个预测是我们可以在复制的 DNA 中找到叉状结构。DNA 的两条单链无法立刻完成全链的解旋，分离首先发生在它们的一端，新的单链随即在解旋的局部单链内开始合成。DNA 分子的结构可以通过放射自显影技术（autoradiography）呈现，前提是需要以放射性同位素（radioisotope）原子标记要成像的目标分子。氚（^{3}H）是氢元素的一种同位素，也是常用的同位素原子之一，原因是它在衰变中会产生低能的电子，这些电子的穿透性很差，容易被某些特殊的材料捕获。如果这些电子被黑胶底片捕获，它们就会在底片上留下一个黑点，黑点的位置就指示和反映了氚原子的位置。如果有很多原子同时衰变，它们共同显影形成图片的技术就被称作放射自显影，顾名思义，也就是物质通过自身的放射性形成照片的过程。

DNA 的放射自显影需要事先在含有放射性元素标记的培养皿中培养活细胞，比如细菌或是同样能够快速生长的植物根细胞，标记的方式通常是在培养基内加入以氚原子标记的胸腺嘧啶。随后，含有放射性的胸腺嘧啶就会被加入所有新合成的 DNA 中。实验的材料会被以某种合适的方式摊放在载玻片上——以植物的根尖细胞为例，研究人员会将其在载玻片上小心翼翼地压平。在洗去未被细胞吸收和利用的胸腺嘧啶之后，载玻片被转移到一个含有感光乳剂的密闭黑匣子里，有时候这个封存的过程长达数月之久。感光乳剂和电影胶片的原理类似，黑色的银颗粒会出现在与发生衰变的氚原子相对应的位置上。为了能在光学显微镜下用肉眼观察这些细胞，可以视情况对它们进行染色。

通过给大肠杆菌染色体贴上标签，随后小心地将它们从菌体内提取出来，浮置于水面上，任其分散开来，就可得到其放射自显影照片。放射自显影技术显示，大肠杆菌的染色体是一种环状结构，总周长超过一毫米，这大约相当于菌体本身长度的 1 000 倍。在这个实验中，染色体的提取时间常常选在复制的中途，通过对各个实验结果的拼凑对比，我们发现大肠杆菌的 DNA 在复制时有两个叉状结构，这是因为它同时结合了两个 DNA 聚合酶，它们会同时沿着相反的方向移动，而这是 DNA 双螺旋模型无法预测的内容。由此看来，虽然实验本身是为了验证理论的预测，不过它们也不会受限于理论，有时甚至能为后者添砖加瓦。

大肠杆菌仅有的染色体就是这种生物全部的基因组。放在生物界，大肠杆菌的基因组并不算大，但是它已然包含了 3.8×10^6 个核苷酸对。分子生物学家常常在描述 DNA 分子的尺寸方面表现得粗枝大叶、不修边幅，描述核苷酸数的正确单位应当是"核苷酸对数"，但我们总是倾向于把核苷酸数等同于碱基对数，然后以碱基的"对数"（bases），或以碱基"千对数"（kilobases, kb），也就是 1 000 对碱基或 1 000 对核苷酸来描述 DNA 的分子长度。

章后总结 ●————

1. 从遗传学诞生起，就一直有一个疑问萦绕在研究者的头脑中：遗传的物质基础是什么？最终的答案来自对细菌和以细菌为食的病毒的研究。

2. 对 DNA 是遗传物质的确认以及对其特性的阐明是 20 世纪的重大科学突破之一。

3. 所有生物都由单细胞或多细胞构成，而病毒仅仅是一种微小的颗粒结构，我们称之为"病毒体"，它们比最小的细胞还要小许多，病毒的本体几乎就是一条赤条条的核酸片段。

4. 噬菌体是理想的遗传学研究材料，因为它们增殖迅速，能在极短的时间内产生数量庞大的复制体。

5. 1953 年，剑桥大学的弗朗西斯·克里克等人奠定了 DNA 结构理论的基础，他们借助罗莎琳德·富兰克林拍摄的 X 射线衍射照片，提出了 DNA 双螺旋结构模型。在 DNA 分子中，每一个核苷酸都与另一个核苷酸对应并互补。

3

遗传与基因的结构

基因是如何排列的?

基因内的交叉互换指的是什么?

为什么噬菌体会成为遗传学研究的突破口?

随着研究的不断发展,基因的定义发生了哪些变化?

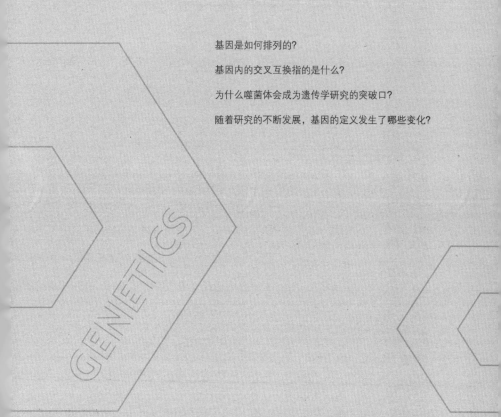

现在，我们已经对基因有了基本的了解：它是位于染色体上的一个 DNA 片段，功能是指导一段特定多肽链的合成。基因会发生突变，大多数情况下也是多亏了这些突变，我们才知道有某个基因的存在。因为突变会导致缺陷，比如直到出现某种酶的缺失之后，我们才会意识到有某个正常基因或者某个正常酶的存在，以及它们在正常人体内该有的样子。我们还没有探讨的问题包括基因的具体结构及它们如何执行功能，在本章中，我们将按照遗传学研究进展的顺序，介绍基因结构及基因与蛋白质的关联是如何一步一步被阐明的。

基因的排列

基因位于染色体上的认知引发了我们的一个疑问：人类只有 23 对染色体，但是人类可遗传的性状何止数千个，由此可以推测人类的基因也不止数千个，单是与 X 染色体连锁的性状就多达上百个。另外，即使是最短的常染色体上也有数百个基因，这个事实与孟德尔提出的"不同的基因之间可以发生自由组合"的说法是否矛盾？对此我的回答是：

不矛盾。我们只能说，孟德尔的自由组合定律只适用于位于不同染色体上的基因。在前面的章节中，出于介绍孟德尔遗传定律的需要，我们把它放在了最简单的情况里加以说明。事实上，一个染色体上可以同时有许多个基因，它们的遗传行为表现为共进退，我们把基因间的这种关系称为"连锁"（linked）。现代遗传学的成就之一，就是能够为许多生物绘制基因连锁图（linkage map），连锁图可以指示基因在染色体上的相对位置。我们在后面会看到，这种图兼具理论和实践双重价值。

基因在染色体上占据的位置被称为基因座（locus）。除了某些导致染色体发生基因重排的罕见情况，同一物种所有个体的基因座都相同。我们已经说过，一个基因只有发生突变，科学家才能真正意识到它的存在和作用。绝大多数性状都是在出现明显缺陷之后才为人所知，比如血友病、色盲以及苯丙酮尿症。正常性状对应的等位基因被称作野生型（wild-type），而这个术语通常只用于形容某些专门的实验生物。对于常见的人类性状，比如眼睛的颜色或者血型，很难说哪个等位基因才是人类的野生型基因。许多基因在普通人群中有着各种各样表型正常的等位基因。突变的等位基因可以作为帮助我们定位基因位置的标记（marker），因此，如果我们想寻找与合成人类血红蛋白有关的基因座，就可以从相关的疾病入手，比如镰刀型贫血症。要不是基因的这种可变性，可能我们也就没有研究它的有效途径了。

我们在染色体上以相对距离——单位为图距（map units），依次标出不同基因座的位置，所得的结果被称为染色体的遗传图（genetic map）。虽然借助某些显微技术，我们能够直接用肉眼确定基因在染色体上的确切位置，但是通常，科学家会用相对距离来表示基因座之间的位置关系。

为了测绘遗传图，我们需要借助一些杂合个体作为测量对象，杂合个体的两个染色体会发生接触和互动。个体体内染色体上的基因排布被称为亲本组合（parental combination），我们用在两条线段上标注字母的方式代表染色体，通常情况下，两条线段也可以被简化成一条，如下所示。

$$\frac{A \quad B}{a \quad b} \qquad 等同于 \qquad \frac{A \quad B}{a \quad b}$$

线段上方的两个字母代表同一条染色体上的两个基因，而下方的字母则代表另一条同源染色体上的基因。为了印刷排版方便，我们有时候也会用斜线代替线段，故上图也可以写作：A B/a b。

为了说明遗传图的绘制过程，我们来看一下两个已知在 X 染色体上连锁的基因：色盲与血友病，其中以 c 代表导致色盲的等位基因，C 为色觉正常的等位基因；h 代表导致血友病的等位基因，H 为凝血功能正常的基因。由于我们不能随随便便让两个指定基因型的人婚配，所以只能另辟蹊径，通过收集大量已有的案例进行研究。我们需要筛选出女方这两对基因皆为杂合的情况，这两个标记基因在染色体上的分布有两种可能的情况：第一种是耦合（coupling），即其中一条染色体的两个基因座上都是显性基因，而同源染色体上都是隐性基因；第二种情况是互斥（repulsion），即每条同源染色体的两个基因座上分别含有一个显性的等位基因和一个隐性的等位基因。

接下来，我们需要考虑女性互斥的情况：C h/c H。也就是说，其中一条 X 染色体的两个基因座上分别是 C 和 h，而另一条 X 染色体上两个等位基因分别是 c 和 H。由于男性后代的 X 染色体均遗传自母亲，所以对这种女性而言，男性后代的表现型可以直接反映出他获得了哪条 X 染色体。这种情况下，我们通常会认为有一半的男性后代会表现为色盲和没有血友病（H c/Y），还有一半的男性后代则表现出血友病和没有色盲（h C/ Y）。但是事实上，我们发现最终的比例却是：9 Ch/Y ∶ 1 CH/Y ∶ 1 ch/Y ∶ 9 cH/Y。

从中可以看出，有 10% 的男性后代拥有与母亲不同的等位基因组合型，我们把这些男性后代称为重组体（recombinants），那么为什么会出现这样的情况呢？

在减数分裂前期，同源染色体会发生配对，染色单体相互缠绕在一起形成交叉（chiasmata）。在交叉的位置上，有时相互缠绕的染色单体会发生物理断裂，并由此产生片段的交换，我们把染色体的这种行为称作交叉互换（crossing over，见图 8-1）。如果这种互换恰好发生在我们研究的两个基因座之间，那么对应染色单体上等位基因的组合方式就有可能发生改变。

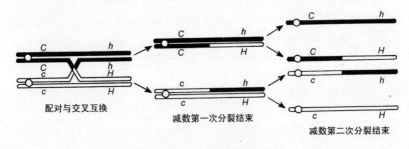

配对与交叉互换　　减数第一次分裂结束　　减数第二次分裂结束

图 8-1　染色体交叉互换

交叉互换会导致基因重组，我们以 R 代表重组发生的频率，它的计算方式是以重组体的数量除以所有后代的总数。上文中的两个基因之间发生重组的概率为 10%（在总计 20 个后代中，有两个是重组体），也可以说 R=0.1。

交叉互换是完全随机的，R 的大小取决于两个基因座在染色体上的相对远近，通常这个距离不会太远。你可以把基因座之间的距离想成是一种名为"交叉互换"的炮弹打击的目标：如果两个基因座相距很近，那么两者之间被交叉互换击中的概率就不会很大，R 值也会相对较小；但是如果距离扩大，交叉发生在两者之间的概率也就会相应变大，导致重组体数量增加，因此，R 相当于一种在染色体上度量距离的相对尺度。我们人为地把 1% 的重组率定义为 1 个图距，那么上文中的 C 与 H "10% 的重组率"就意味着它们的基因座之间相距 10 个图距。通过对另一种连锁方式（耦合）的研究，我们可以发现重组的发生率只与基因座的相对距离有关，而与基因本身无关。

9 CH/Y ： 1 Ch/Y ： 1 cH/Y ： 9 ch/Y

这个结果正是我们所预测的：90% 的后代为亲本体，而 10% 的为重组体。

在以人类为对象的研究中，我们研究和绘制遗传图谱的方式并不具有代表性。对绝大多数其他生物而言，我们可以在实验中自由选择交配的组合，通常这可以分为两个阶段：第一步，让两个目标基因均为纯合的个体进行交配，获得两对基因皆为杂合的后代，以便其能够发生基因重组；第二步，以杂合个体的后代检验重组的发生情况。在以人类为研究对象时，第一步往往不是由我们主动控制，而是通过从已经婚配的夫妇中进行筛选实现的。我们能做的就只剩下在第二步中对后代进行检验而已。

在确定两个基因座的相对位置之后，我们可以在这个基础上考量其他基因，一次增加一个。比如，我们考虑另一个与 C 连锁的基因，假定以 A 和 a 表示它的等位基因，如果是基因型为 A c/a C 的女性，我们发现她们的男性后代的表型为：43 A c/Y, 7 AC/Y, 8a c/Y, 42a C/Y。

根据实验结果，我们在总计 100 个后代里发现了 15 个重组体（7+8），也就是 15% 的重组率，所以我们要把基因 A 的位置放在距离基因 C 15 个图距的地方。不过，三个基因座的位置可能是 H C A，在这种情况下，基因 A 和基因 H 的相对距离为 25（10+15）个图距；或者它们的顺序也可以是 H A C，于是基因 A 和基因 H 的相对位置就只有 5（15-10）个图距了。要确定具体是哪种排序，就需要参考第三种交叉互换的情况，也就是确定基因 A 和基因 H 的位置关系。

由于女性两条 X 染色体中的一条可以通过她的父亲确定，而其男性后代的表现型又可以直接反映其中一条 X 染色体上的基因排布，所以性染色体连锁的基因相对容易识别和定位，可是要绘制人类常染色体的遗传图谱就没有那么容易了。目前，制作精良的遗传图谱只限于在实验室内的应用，而应用的对象也往往是颇具研究价值或农业应用价值的动植物（见图 8-2）。对人类来说，个体的表现型难以被精确描述和定义，因此连锁基因到底是耦合还是互斥也很难加以区别。

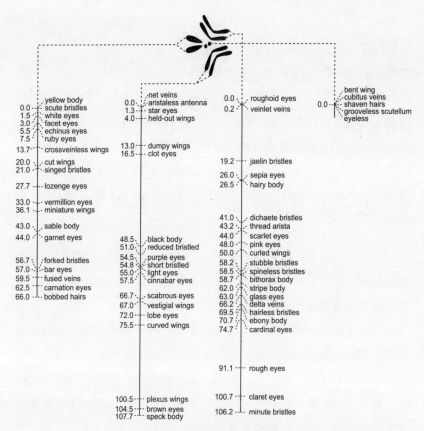

图 8-2　黑腹果蝇的遗传图

　　人类染色体连锁图对遗传咨询师的预测工作来说具有非常直接的价值。举个例子，有一种常染色体的显性突变 Ht 会导致亨廷顿舞蹈症。亨廷顿舞蹈症是一种神经退行性疾病，发病的时间通常在中年以后。亨廷顿舞蹈症患者的孩子有 50% 的概率会携带等位基因 Ht，而我们可以通过某种方式缩小猜测的范围。假设还有一对等位基因 A 和 a，它的基因座与基因 Ht 相距 5 个图距，而确定这对等位基因的手段并不复杂。我们再假设双亲中亨廷顿舞蹈症患者的基因型为 A Ht/a ht，而另一名正常双亲的基因型为 ht a/ht a。只要知道了这些，我们就可以进行一些相关的预测了。比如，在罹患亨廷顿舞蹈症的双亲体内，等位基因 a 与 Ht 在不同的染色体上，两者通过交叉互换成为连锁的概率为 5%，所以一个纯合 aa 的孩子没有携带 Ht 的概率为 95%。同理，携带等位基因 A 的孩子会有 95% 的概率携带 Ht。对于希望生育孩子的人而言，能在表现型未显现的时候知道自己是否属于 Ht 基因的携带者将让她或他受益良多。

当然，这也不可避免地引发了一个疑问，即知道自己携带了某种致病基因（它会导致当事人不可避免地罹患身体或精神疾病，无法医治，甚至终将致人死亡）的事实，到底能有多大意义？一方面，许多人会选择宁愿不知道，而一个尊重自由意志的社会应当赋予他们做鸵鸟的权利。公民拥有不知情权是一个新的议题，这种权利是现代科学知识发展和积累的产物。另一方面，也有人会对这种提前知晓表示欢迎，通过获得更确切的概率，达摩克利斯之剑带来的焦虑或许能够得到缓解，人们也可以据此制订更实际的生育计划。不仅如此，随着医学知识的积累，针对延迟发病疾患的早期治疗技术会越来越多，如此一来，致病基因的早期发现和疾病的早期诊断将越来越有价值。

我们在这里假定的等位基因 a 既可以是任何功能和表现型已知的基因，也可以是没有功能的 DNA 中性突变片段，例如限制性片段长度多态性。这两者在预测致病基因携带率方面的作用相同，但是因为中性位点更常见，所以在实践中通常更有用。

基因内交叉互换

直到 20 世纪 40 年代中期，人们都还相信染色体等同于基因，染色体上一个个的小突起让它看起来就像成串的念珠，每个小突起就是一个基因，交叉互换只会发生在基因之间。但是，有一些以果蝇为对象的实验却显示，交叉互换不仅会发生在基因之间，也会发生在某个基因内。假设有两个在染色体上位于相同基因座且跨度很长的等位基因同时发生了突变，且每个基因的突变都分别发生在两条同源染色体的其中一条上，在这种情况下，果蝇相当于变成了这对等位基因的杂合子（两个突变不同的等位基因）。

由于两个等位基因都发生了突变，所以果蝇将表现为与原本的野生型不同的突变型性状。而它们的后代中却会出现罕见的野生型——这些野生型后代只可能是基因重组的产物。实验中出现的这种现象表明，与其说基因是一粒粒不可分割的珠子，倒不如说它更像是染色体上的一个个线性片段。不同的等位基因可能是同基因内诸多线性位点突变的结果，而基因重组则可以发生在任意的突变位点之间。我们以"1"和"2"代表基因内发生突变的位置，同时以"+"表示基因内正常的部分，后者也是表示野生型基因的标准符号，不过它在这里仅限于表达"与突变片段相对"的含义。由此，我们可以把一对等位基因分别发生突变的情况表示为：

在突变和非突变位点之间，我们留出一小段区域作为交叉互换发生的区间——虽然交叉互换是非常罕见的情况，可是一旦发生，它将形成两个新的等位基因：其中一个是完全正常的野生型基因，另一个则是含有两处突变位点的突变基因。基因内交叉互换是后代个体中诞生罕见的野生型表型的必要条件。

$$\frac{\quad+\qquad+\quad}{\quad1\qquad2\quad}$$

通过对这类罕见事件的研究，我们可以绘制出单个基因内的遗传图谱。但是发生在基因内的交叉互换非常罕有，每 5 000 ～ 10 000 次减数分裂中才会出现一次，所以绘制这类基因图谱需要基数非常大的果蝇个体。不仅如此，如果要剖析单个基因，我们还需要一种能够对大量个体进行操作的研究手段。

如今我们已经拥有了针对这种基因的制图手段，并将其应用于许多生物和病毒的研究。如果再辅以我们将在后文中介绍的其他生物化学技术，这些技术的综合将让我们跨入一个新的技术阶段：对于某些病毒的基因组，虽然我们可能不知道每个基因的具体功能，但是对它们的结构却一清二楚。接下来，我们来看看噬菌体是如何在人类深入理解基因结构的过程中助科学家一臂之力的。

噬菌体

促使马克斯·德尔布鲁克着手研究噬菌体的，是他预见到了噬菌体作为一种简洁的生物实验体系的潜力：它们的本质是一种渺小的、能够自我增殖的颗粒，而自我增殖不可避免地包含了向子代传递基因的过程。第一个用到噬菌体的严肃遗传学实验正是由赫尔希完成的，他的工作证实，不同品系的 T2 噬菌体能够发生重组。为了进行这个课题研究，赫尔希要做的第一件事是寻找不同噬菌体在遗传学方面的性状差异，而他找到的第一个差别正是基于噬菌斑的外形。举个例子，科学家发现含有突变基因 r（代表它能导致细菌的快速溶解）的噬菌体能够形成比野生型噬菌体更大的噬菌斑，且噬菌斑的边缘锐利清晰；含有突变基因 tu（代表浑浊噬菌斑）的噬菌体会形成比野生型噬菌体更浑浊的噬菌斑；而含有突变基因 mi（代表微小噬菌斑）的噬菌体形成的噬菌斑则比野生型噬菌体的小。由此可见，只要是在外形上具有明显表型差异的噬菌斑，其中的噬菌体就可以被提纯而后培养增殖，噬菌斑明显的形态区别是一种可遗传的性状，也是这里划分噬菌体类型的依据。

一个细菌细胞能够同时受到多种噬菌体的感染。在一次杂交实验中，赫尔希同时以 r 突变和 tu 突变的噬菌体侵染细菌。其实只要保证噬菌体的数量充足，几乎每个细菌都能同时被多种噬菌体感染。绝大多数从细菌中喷涌而出的子代噬菌体都是与亲代噬菌体相同的 r 型或者 tu 型突变体，但也有一些是同时包含 r 突变和 tu 突变的双重突变体，另外还有一些是野生型。这也就是说，即便是病毒的基因组，不同的DNA 分子之间也会发生交叉互换，形成重组体。赫尔希研究了数种不同的独立突变，跟经典遗传学的研究一样，他计算了不同基因之间的重组率，作为衡量基因座之间相对距离的指标，这让他得以线性地标注出各个突变发生的相对位置，绘制相应的连锁图。时至今日，赫尔希的连锁图已经经历了后人大幅的改良和扩展。

基因的线性结构

西摩·本泽（Seymour Benzer）曾探究过基因的精细结构，他在实验中以 T4 噬菌体为研究对象，筛选了其后代中的重组体。本泽把注意力放在了一类 r 突变的噬菌体上，这类品系的名称为 rII。rII 品系的噬菌体能在 B 品系的大肠杆菌中生长并形成巨大的噬菌斑，而在 K 品系的大肠杆菌中则不行。相比之下，rII$^+$ 的野生型噬菌体能同时在 B 品系和 K 品系的大肠杆菌中形成噬菌斑。本泽先后发现了数百种新的 rII 突变品系，这些新的突变品系不仅在绘制遗传图谱中非常有用，而且也为确定相关基因的功能提供了突破口。

在一轮典型的绘图实验中，B 品系的大肠杆菌将受到两种不同的 rII 突变噬菌体的感染，感染产生的大部分子代噬菌体都与亲本的性状相同，要么是亲本的其中一种品系，要么是另一种。除此之外，也会出现一些经过重组的子代噬菌体。重组噬菌体的总数可以通过如下方法得到：首先把噬菌体接种到 B 型大肠杆菌中，随后再把获得的子代噬菌体转移接种到只有野生型噬菌体才能正常生长的 K 型大肠杆菌里，由于大部分的子代噬菌体都无法生长，最后仅有数量极少的重组体能被肉眼看到并计数。

本泽认为，对于重组噬菌体而言，不同等位基因之间的交叉重组通常发生在 rII 的基因座内部，他根据不同突变位点的相对距离，绘制了等位基因内不同突变位点的线性位置图。这幅图的其中一小部分如图 8-3 所示。每个小方块代表一种互不相同的等位基因与它的突变位点，方块在同一点上的堆叠代表无法进一步区分的位点——相当于发生在同一位点上的不同突变。可见，本泽的实验手段具有相当高的分辨率，可以精确到基因内的各个位点，而这里的每个"位点"很可能代表实际 DNA 分子中的单个碱基对。

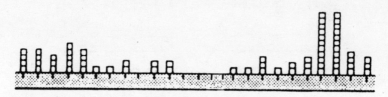

图 8-3   等位基因内的不同突变位点

本泽的绘图数据解释了有关基因结构的一个重要事实。在得知基因的本质是 DNA 之后，几乎所有人都理所当然地认为基因的线性序列就直接代表了相应蛋白质的氨基酸序列。但基因看上去更像是一个珠子或者绳结，它似乎有一套指导蛋白质合成的更复杂的机制。本泽的实验结果否定了这种说法。他的实验结果表明，基因具有一种简单的线性结构，人们最初对于 DNA 功能的假设实际上是正确的。

基因的最新定义与互补测定

我们可以从本泽的制图实验中看出，基因 rII 是由许多能够发生突变的小区域构成的。不过这个实验无法体现基因的实际功能，最多只能让人们对基因的结构有个大概的印象。我们甚至不知道 rII 所在的区域内到底是有一个、两个还是多个基因。我们需要一种基于其他原理的实验来识别单个的基因，确定每个基因在染色体上的起止位置和跨度范围，这种实验是与研究交叉互换以及绘制遗传图谱完全不同的，虽然它可能看上去与后者很像。这种实验被称为互补测定（complementation test），为了解释这种实验的原理，最好的办法是画出实验的示意图（见图 8-4）。

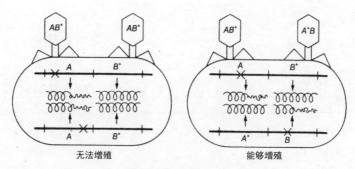

图 8-4　互补测定实验

互补测定主要用于检验两个突变位点是否发生在同一个基因内。实验中，首先
要让含有两个不同突变位点的噬菌体感染细菌，这两个突变位点可能在同一个
基因内（左图），也可能在不同的基因内（右图）。如果突变影响的是同一个
基因，那么两种噬菌体都没有功能正常的该基因，因此无论怎样它们都无法增
殖。而如果突变影响的是两个不同的基因，其中一种噬菌体拥有功能正常的 A
基因，而另一种拥有功能正常的 B 基因，两者可以通过 A 和 B 的互补产生后代。
需要注意的是，前文介绍过的基因间的交叉互换与这个实验的结果没有关系。

　　我们姑且把基因抽象为核酸上一个能够指导多肽链合成的区域，
假设 rII 突变影响的恰好是两个首尾相连的基因，而这两个基因的变异
又恰好会让噬菌体拥有相同的表现型，那么，这两个基因就对应了两
条不同的多肽链，我们分别称之为 A 和 B。正常情况下，这两个基因
均为噬菌体侵染 K 型大肠杆菌所必需的（这么看来，侵染 B 型大肠杆
菌似乎难度要小一些），那么只要观察 K 型细菌是否受到感染，我们就
可以判断这两条肽链究竟有没有被正常合成。

　　图 8-4 展示了这两个基因可能的突变方式，假设两个突变的位点均

在 A 基因内，由于无法合成功能正常的 A 蛋白，所以噬菌体无法生长；我们再假设两个突变位点中的一个在 A 基因内，而另一个在 B 基因内，倘若如此，其中一种噬菌体就有一个功能正常的 B 基因，而另一种则有一个功能正常的 A 基因。如果细菌同时受到这两种噬菌体的感染，它们就可以通过功能基因的互补实现增殖：两种噬菌体的缺陷基因组可以分别为对方提供缺少的多肽链，因而两者都可以在 K 型大肠杆菌内生长。

当本泽把两种不同的 rII 突变体混合，并用其感染 K 型大肠杆菌之后，实验的结果印证了他的假设。突变的位点呈线性散布，线性区域的中间有一处分隔，把不同的突变位点分成了左右两组。左侧突变区域内的所有突变之间都不能互补，右侧区域内也一样。但是，任何位于左侧区域内的突变都能与任何位于右侧区域内的突变互补，这个结果意味着 rII 区域内的确包含了两个基因。当时的本泽没有用到"基因"这个称呼，他把这两个功能性区域命名为顺反子（cistron），不过实际上就是指基因。如今，类似的互补测试几乎被应用到了针对所有生物的实验中，它是鉴定两个突变是否位于同一个基因内的标准手段，通过互补测定，我们就可以划定一个基因座的区域和界限。

现在，是时候回过头来看看"基因到底是什么"的问题了。根据经典定义，基因可以从三个方面加以界定：功能、突变和重组。首先，从功能的角度来讲，基因首先应当是一个功能单位，它的功能是决定生物的某些性状。"功能"从来都是"基因"这个概念中的主体成分，不过，如今我们已经知道，许多不同的基因都可以影响同一个性状，且能通过变异形成相同的表现型。其次，基因还是一个突变单位。本泽的实验给人一种基因只是一段线性区域的印象，基因中包含了许多可能发生独立突变的位点，从我们在上文中介绍的界定单个基因的实验可以看出，突变位点正是实验（实践）中界定基因的有效工具。以实验手段划定基因边界的互补测定遵循的基本前提是：基因是编码多肽链的基本单位。这个定义可以追溯到比德尔和塔特姆，他们提出的定义一直影响着众多后来跟进的分子实验与思考。最后，基因还是重组单位。时至今日，我们早已知道基因不是一个个不可分割的念珠，而且重组也可以发生在基因的内部。如果基因的本质单纯就是一段线性的 DNA，那这正好与我们对它的预期相符：在线性的 DNA 序列上，突变可以改变任何核苷酸对，而交叉互换则可以让不同的 DNA 分子发生重组。

随着现代研究的推进，尤其是 DNA 测序技术的出现，科学家不得不修改对基因的定义。因为他们发现，在真核生物编码蛋白质的遗传序列中间隔分布着非编码的序列，我们把基因内这些没有编码功能的序列称为内含子（intron），在蛋白质合成之前，内含子序列上的信息必须被移除。在某些情况下，被内含子序列分隔的编码序列能够通过不同方式进行组合，这样 DNA 的序列不需要发生实际的改变，就可以指导功能不同的蛋白质合成。对于这种情况，如果仍然以"能够指导一种蛋白质的合成"来定义一个基因，那么我们就不得不说同一段 DNA 序列里包含了数个不同的基因。这样一来，基因的定义就变得不够直观了。

还有一个让问题变得复杂的地方在于，一个基因的表达会受到邻近区域内非编码 DNA 的调控。调控区域内的突变和编码序列的突变一样会导致基因功能的丧失，所以，如果要从突变的角度来定义基因，那就必须把类似的调控序列也归入到基因的范畴里。对基因组内的全部 DNA 进行详细的测序（包括近几年对人类全基因组的测序）可以帮助我们识别基因，至少是可以识别那些非常有可能是基因的序列——识别的根据在于它们的序列特征，而不是突变。具有类似功能的蛋白质，哪怕是由亲缘关系非常疏远的生物合成的，分子结构上也会有诸多相似之处。

如今，各个规模庞大的数据库都在不断积累与 DNA 和蛋白质序列有关的大量数据，研究者开发出不同的计算机程序，用于扫描新发现的 DNA 序列，寻找潜在的基因以及可能和该基因对应的功能蛋白。就算一段新序列在数据库中没有任何匹配的对象，我们仍然可以根据它是否具有大多数基因都有的标志性片段，来辨别它是否为基因。在测序的基础上，对人类基因组的初步分析显示，人类有 30 000 ～ 50 000 个基因，不过考虑到同一段序列可能包含了多个基因的功能，实际的基因数目应该要比这个估算的数字更高。

本泽等人的研究对于我们刻画基因的结构非常重要。科学的一大特点就在于不断地进步，一个领域中新技术的出现往往会导致概念的更替，哪怕是最基础的概念也不例外。为了对基因的功能有清楚的认识，我们将在第 9 章介绍更多生物化学方面的研究，这些研究可以直观地展现 DNA 上编码的信息是如何逐步变成蛋白质的。在此之前，我们得先把注意力放在早先出现的另一种制图手段上，它的基础是某种处理 DNA 分子的现代生物化学技术。

DNA 测序

细菌与感染细菌的噬菌体之间一直在上演一场你追我赶的化学军备竞赛。能够抵抗噬菌体感染的细菌会受到自然选择的青睐，因为它们有更高的生存概率，同样的道理，能够攻陷细菌防御机制的噬菌体也会在同类中拥有更大的生存优势。细菌会合成一种名叫"核酸限制性内切酶"（endonuclease）①的酶，它能够攻击 DNA 分子，在特定的位点上切割磷酸二酯键。类似的酶分子构成了一种"限制病毒"的防御体系，用以攻击并降解侵入细菌内的病毒 DNA。

如今，我们已经拥有了能够简便、快速鉴定 DNA 分子序列的能力。DNA 测序的结果显示，每种核酸限制性内切酶都非常专能，它只识别和剪切 DNA 内特定的短小片段，其中的绝大多数是"回文序列"（palindromic sequence）。所谓的"回文序列"，是指无论从头读到尾，还是从尾读到头，文字顺序均相同的句子，比如当初亚当对夏娃进行的自我介绍"Madam, I'm Adam."，或者拿破仑的挽歌："Able was I ere I saw Elba.（落败孤岛孤败落。）②"而核酸分子所谓的回文序列，是指阅读任意一条单链都会得到相同的核苷酸序列，类似的例子有：

3'-GAATTC-5
5'-CTTAAG-3

RY13 品系的大肠杆菌可以合成特异性攻击该回文序列的酶，因此，如果 DNA 分子里有包含上述序列的噬菌体试图感染这个品系的细菌，限制性内切酶就会攻击外来的 DNA，将其切成碎片，阻断病毒的感染。到目前为止，我们已经从不同种类的细菌中分离出了许多不同的限制性内切酶，它们识别和切割的回文序列形形色色、五花八门。

---

① 前缀"Endo-"代表这种酶切割的是分子内部的某些位点，而不是前后的游离端。
② 引用自互联网资料，马红军译。——译者注

限制性内切酶的命名以它所来源的细菌的专业名称的缩写表示，研究人员从前三位字母的缩写中就可以识别每种酶的生物学来源，例如，由大肠杆菌 RY13 菌株合成的一种限制性内切酶名叫 EcoRI。

长度不同的 DNA 片段能够借助电泳（见图 8-5）技术进行分离，电泳中会使用一种名为琼脂糖的凝胶物质，它与细菌培养中用到的琼脂非常类似。将不同长度的 DNA 片段置于用琼脂糖做成的凹槽中，当给胶体通上电流之后，带有负电荷的 DNA 分子就会被推向电源的正极，片段越短，前进的速度就越快。电泳技术的分辨率非常高，甚至能够区分出在分子长度上仅有一个碱基之差的片段。随后，通过与 DNA 特异性结合的染色剂的着色，我们就可以查看 DNA 在凝胶上的确切位置。

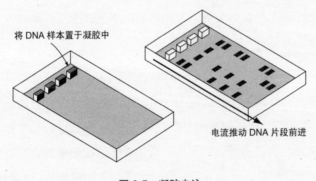

将 DNA 样本置于凝胶中

电流推动 DNA 片段前进

图 8-5　凝胶电泳

DNA 测序的基本原理是由弗雷德里克·桑格（Frederick Sanger）提出的，它建立在两个基本的观点之上：首先，我们认为 DNA 链合成的启动需要一段短小的引物片段，并且只能按照从 5' → 3' 的方向延长；

其次，游离的核苷酸能够被添加到新链上的前提，是核酸 3' 末端的核糖分子上有游离的氧原子。所以，如果我们合成一种末端没有氧原子的双脱氧核苷酸（dideoxy nucleotides），可以想见，虽然这些双脱氧分子本身能够被添加到链上，却会阻止合成链的进一步延伸，因为之后的核苷酸没有了可以结合的氧原子。

据此，我们可以以一条 DNA 单链作为测序的起始，加入一段能与之互补的短小引物、DNA 聚合酶以及四种合成 DNA 所需的核苷酸（每种核苷酸都要保证剂量充足）。与单链 5' 端结合的引物通常都以 ^{32}P 标记，这是为了便于我们用放射自显影法来追踪和定位 DNA 分子。通常实验人员会把样本分置于四个试管内：第一个装有 ddA；第二个装有 ddC；第三个装有 ddG；第四个则装有 ddT。每个试管内都会发生 DNA 的合成——也就是从引物开始的延长，只不过每个试管中的分子合成都会在某个特定的位置上发生随机的终止，而这些随机发生的合成终止点正是双脱氧核苷酸加入的位点。

按照这个原理，如果正常情况下一段序列中有 10 个需要碱基 T 的位点，那么在含有 ddT 的试管中，虽然大多数位点依然会由一个普通的 dT 占据，但是足够剂量的 ddT 最终将产生 10 种以碱基 T 作为结尾的特殊片段。当合成反应结束后，每个试管中的分子混合物都会被放到凝胶上进行电泳，来自 ddT 试管的合成产物会在电泳中分离出 10 个不同的条带，其他的试管也同理。按照分子长度从短到长的顺序，目标 DNA 的序列能够直接通过凝胶电泳的结果读出，片段所在的电泳泳道即为它的碱基类型，在泳道内的电泳距离代表它在 DNA 分子中的位置，逐条读取就能获得样本的序列（见图 8-6）。

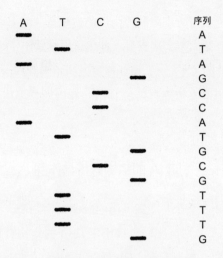

图 8-6 电泳 DNA 测序

这是一种鉴定 DNA 分子序列的测序手段。将经过纯化提取的 DNA 单链置于四个不同的试管内，每种试管内分别额外添加一种不同的双脱氧核苷酸。随后，与目标分子互补的单链合成反应分别在每个试管内进行，得到的片段混合物在电泳中根据片段大小发生分离，而我们只要按照电泳结果的顺序依次读取，就可获得新合成的互补链的分子序列。

染色体 DNA 往往非常冗长，为了减少研究人员的工作量，这种测序手段目前已经实现了自动化。四个试管内的引物分别被四种不同的染料标记，每种荧光染料的颜色均不相同。结束电泳的凝胶被送入一种读取序列的设备中，后者用激光激发荧光染料后，再接收凝胶上的每个条带发出的荧光颜色。随后，读取设备将接收到的信息输入计算机，由后者记录下全部的序列信息。在今天的大型测序机构内，已有大量的自动设备接手了测序的每一个操作步骤：细胞培养、DNA 提取、DNA 测序以及序列数据处理。

那么细菌是如何防止限制性内切酶误伤自己的 DNA 的呢？它们拥有一套专门的修饰体系，依靠另一种酶将甲基基团（CH_3）添加到序列中的腺嘌呤核苷酸（A）上，由此便可以防止限制性内切酶的攻击。某些噬菌体也会用甲基修饰自己的 DNA，并因此获得免疫核酸限制性内切酶的能力。

DNA 的结构分析与作图

今天，我们已经有了许多可用的限制性内切酶。它们可以识别和切割不同的 DNA 序列，所以也被用于 DNA 的结构分析与制图，这种研究手段被称为"限制性酶切作图"（restriction mapping）。限制性酶切图中标明了各种核酸酶切割的相对位点，如果加上其他技术的辅助，我们甚至可以实现酶切图和遗传图的联动与整合。这里说的辅助技术正是指前文中介绍的电泳技术，它可以在分离 DNA 片段的同时测量其分子大小。

动物病毒通常非常微小，其中许多种类的基因组都是分子量很小的环形 DNA。假设我们通过分离获得了一些病毒的 DNA——长度大约为 4 000 个碱基对（kb），然后以 EcoRI 对其进行切割。当我们把切割产物放到凝胶上电泳时，就会发现四个不同的条带：长度分别为 0.4kb、0.8kb、1.3kb 以及 1.5kb。这意味着原来的基因组中有四个大肠杆菌限制性内切酶的切割位点，而这四个位点的排列方式有数种可能。

我们用 EcoRI 第二次切割病毒的 DNA，只是这次用的时间非常短，所以核酸酶对有些 DNA 分子的切割并不完全。这种情况下，我们同样能够获得第一次实验中的那四种大小的片段，除此之外，实验结果中还会出现一些相对更长的片段：长度为 1.7kb、1.9kb、2.1kb 以及 2.3kb。只要稍作尝试，我们就可以根据上面这些片段长度推断出，四个酶切位点的相对位置如图 8-7 所示。

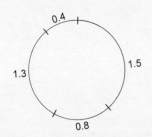

图 8-7　四个酶切位点的相对位置

为了确证，我们可以分离提取出某些较大的切割片段，再用 EcoRI 对其进行进一步的切割，然后观察得到的碎片是否符合预期。

接下来，我们用另一种限制性内切酶切割相同的病毒 DNA——SalI，结果得到了三种长度的片段：分别是 0.95kb、1.25kb 和 1.8kb。也就是说，目标 DNA 上有三个 SalI 的切割位点。随后，通过分离提纯出经 SalI 切割所得的三种不同长度的片段，以 EcoRI 进行二次切割，得到的结果是：

0.95 kb 的片段→ 0.1 kb+0.85 kb

1.25 kb 的片段→ 0.2 kb+0.4 kb+0.65 kb

1.8 kb 的片段→ 0.7 kb+1.1 kb

用这些数字稍作尝试，就可以发现 SalI 的切割位点和 EcoRI 位点的相对位置应当如图 8-8 所示。

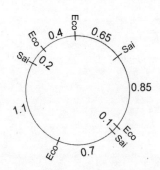

图 8-8　SaiI 切割位点与 EcoRI 位点的相对位置

如果现成的信息不足以使你做出合理的推断，还可以先用一种限制性内切酶进行部分消化之后，再以另一种酶进行切割，又或者对调两种限制性内切酶切割的先后顺序。一旦确定了两种限制性内切酶切割位点的相对位置，我们就可以引入第三种酶，并以相同的过程确定其切割位点相较于先前两种酶的位置。事实上，这里所举的是一个相当简单的例子，绝大多数的基因组，哪怕是微小如病毒的基因组，在用限制性内切酶消化之后都会产生数量相当可观的片段分子，要分析这些片段的次序十分复杂，其工作量远多于此，但分析的原理和过程都与此相同。

测序技术的一个令人激动的应用是分析胚胎细胞里的 DNA，以此诊断胎儿是否具有特定的遗传病。科学家发现，如果用限制性内切酶 HpaI 切割 β 血红蛋白基因，正常基因与镰刀型红细胞贫血症基因的切割产物不同：在 87% 的镰刀型红细胞贫血症基因样本中，某些酶切产物要明显长于正常样本。这意味着血红蛋白 HbS 的突变位点可能正好发生在某个 HpaI 的切割位点上。凭借这种手段，我们可以准确识别仍在子宫中发育的胎儿中 87% 的镰刀型红细胞贫血症患者。

　　限制性内切酶还有一种适用的情景。所有物种的个体体内都含有 DNA 的微小变异，在某些情况下，变异的位置恰好会抹消某种限制性内切酶的切割位点。我们这里所说的这些突变与上文中改变血红蛋白的那种突变不同，它们通常是中性突变，即不会影响个体表现型的突变。仅仅影响限制性内切酶切割位点的中性突变在作图中非常有用，因为它们改变了染色体的结构，凭空增加或者暗暗减少了限制性内切酶能够作用的位点数量。

　　突变在这个区域造成的改变可以由对应的限制性内切酶检测到，因为当限制性内切酶切割这段区域时，会产生两种不同的结果：一是获得一整个大型的片段，二是获得两个相对较小但总长度与前者相同的片段。因此，我们可以说人群中有两个"变种"（morph）——一些人体内拥有某个切割位点，而另一些人则没有，因此突变的位点就产生了一种多态性，我们称之为限制性片段长度多态性（restriction fragment length polymorphism）。限制性片段长度多态性在作图中非常有价值，因为每个限制性片段长度多态性都是中性且杂合的基因标记物，可以用于划分相邻基因的界线，它扮演的角色与经典制图中的基因标

记如出一辙，只不过后者会影响生物的表现型。除此之外，某些限制性片段长度多态性的位置非常接近致病基因，可以作为指示致病基因存在的标记，例如上文中位于血红蛋白基因内的那个限制性位点。基因组中还有一些其他类型的中性突变序列，但限制性片段长度多态性是最早被人们发现的一类。所有的中性突变位点都可以成为遗传学制图的标记，也都有可能作为隐性致病基因的标识。

章后总结

1. 基因是染色体上的一个 DNA 片段，功能是指导一段特定多肽链的合成。基因会发生突变，大多数情况下也是多亏了这些突变，我们才知道有某个基因存在。

2. 基因在染色体上占据的位置被称为基因座，除了某些导致染色体发生基因重排的罕见情况，同一物种所有个体的基因座都相同。

3. 噬菌体的本质是一种渺小的、能够自我增殖的颗粒，而自我增殖不可避免地包含了向子代传递基因的过程，这些特质决定了其具有作为一种简洁的生物实验体系的潜力。

4. 基因具有一种简洁的线性结构。对基因的界定可以从三个方面入手：功能、突变和重组。

5. DNA 测序的基本原理是由弗雷德里克·桑格提出的，主要建立在两个基本观点的基础上：首先，DNA 链合成的启动需要一段短小的引物片段，并且只能从 5' 向 3' 的方向延长；其次，游离的核苷酸能够被添加到新链上的前提，是核酸 3' 末端的核糖分子上有游离的氧原子。

9

破译遗传密码

蛋白质是如何合成的？

蛋白质的合成工具是什么？

什么是 RNA 转录？

科学家是如何破译遗传密码的？

什么是基因与蛋白质的共线性关系？

GENETICS

克里克及其同事的理论模型一经公布，人们马上就意识到，DNA中线性排列的碱基序列能够以多种多样的形式组成某种密语，或者也可以称之为"密码子"（codon）——它可以决定对应蛋白质中氨基酸的排布顺序。除此之外，按照克里克的说法，由于 DNA 和蛋白质都是线性分子，所以两者的分子序列存在共线性关系。换句话说，基因中的第一个密码子应当对应蛋白质中的第一个氨基酸，第二个密码子对应第二个氨基酸，以此类推。克里克的理论并没有回答所有的问题，它依然给许多象牙塔中的研究留下了深究的余地。最重要的是，当时没有人知道 A、G、C 和 T 四种碱基是如何组成所谓的"密码子"的。

蛋白质通常由 20 种不同的氨基酸组成，假设以两个碱基为一组作为编码一个氨基酸的密码子，比如 AA 或者 CT，那么双碱基对中的第一个碱基有 4 种选择，第二个碱基同样有 4 种选择，所以一共有 16 种（4^2）组合的方式。16 种组合是不够的。那么，如果是三个碱基为一组作为密码子，比如 ATT 或者 GCT，不同的组合方式就达到了 64 种（4^3）。64 种组合又太多了，不过好在这下三碱基密码子有了编码所有氨基酸的可能。或许在三碱基组合中有 44 种是没有意义的，又或者密码子非常"懒惰"，这倒不是对它的道德评价，而是说数个不同的密码子可能编码了同一种氨基酸。另一种可能的编码机制是只有某些特定的碱基对编码了氨基酸，而余下碱基对的作用仅仅是作为分隔密码子的"逗号"。

我们要如何鉴别这些可能性的真伪呢？克里克和他的同事们通过一系列设计精巧的实验对这些理论进行了验证。克里克的实验中使用了带有 rII 变异的 T4 噬菌体，这种噬菌体的变异型和野生型表型很容易区分，我们在之前提到过，rII 变异的噬菌体病毒株无法在 K 品系的大肠杆菌中生长。克里克的实验建立在一种染料的致突变效应之上——二氨基吖啶，这种染料分子很容易滑入 DNA 双螺旋分子内相邻的碱基之间。如果正巧 DNA 在进行复制和重组，那么结果可能是导致新合成的分子多出或者缺失一个或数个核苷酸。为了简便起见，我们假设二氨基吖啶诱导的突变——无论是核苷酸插入还是缺失，都只影响了一个核苷酸。

尽管大多数人都没有意识到，不过人们在阅读的时候总是会用到"阅读框架"（reading frame）。阅读框架就像一个小方框，你在阅读时会用它一个方框一个方框地圈单词，单词的多少通常由空间的大小决定。阅读框架的尺寸会因为容纳不同单词的需要而扩展或收缩，但如果你知道每个单词确切的长短，比如每个单词都是三个字母，那么你就可以用三个字母长度的框架读取下面这句话。

THE FAT TAN CAT ATE THE BIG RAT.

（肥肥的 橘色猫 吃掉了 那一只 大老鼠。）

就算这句话没有打出空格，你也一样可以按照三字母的规则读懂它。但是，假设这个句子里多了一个额外的字母，你再用同样的阅读框读取时就会发生游移，导致读取的句子成了下面的样子。

THE FAT TAN CAT JAT ETH EBI GRA T.

在这个中间插入的例子里，额外的碱基导致其中的单词不知所云。但是在另一处发生补偿性缺失的情况下，有时候句子中大部分单词的表意仍旧可以被读取。

THE FAT TAN CAT JAT ETH BIG RAT.

尽管从插入字符的位置到删除字符的位置之间，句子的意思含糊不清，但是至少我们还可以看懂这句话讲述的故事里包含了一只肥肥的猫和一只大老鼠。

这只是一个比方，用来说明 DNA 分子上每三个相邻碱基构成的密码子体系，在这种读取体系里，阅读框会随着移码突变（frameshift mutation）的发生而左移或者右移，我们分别将这两者记作 R 和 L。以上这些，正是克里克和他的同事们在进行实验时所想的东西。他们首先以一种二氨基吖啶诱导的突变作为实验对象，这种名叫 FC0 的突变被他们定义为阅读框架右移的 R 突变。随后，他们开始筛选能与之相补偿的 L 突变。作为一种 rII 突变，FC0 病毒株无法在 K 品系的大肠杆菌中生长。但是如果我们用二氨基吖啶诱变 FC0 突变的噬菌体，并将诱变后的病毒株置于 K 品系大肠杆菌中，就会发现有的噬菌体因为发生了补偿性的 L 突变而恢复生长。我们把这里的第二次突变称作 FC0 突变的"抑制突变"（suppressor）：即能够抹消其他突变效应的突变。后来，克里克的团队搜罗了许多类似的抑制突变，通过将拥有二次突变的病毒株（同时携带 R 突变和 L 突变）与野生型病毒株杂交，克里克和同事们成功地分离出了 L 突变。由于 FC1、FC2 以及其他突变都是 L 突变，所以它们的抑制突变必然都是 R 突变。通过这种方式，克里克的团队最终收集到了数个 R 突变和 L 突变。

这些突变的收集和分离印证了实验前提出的假设，但是仍然有两个关键的地方需要验证。首先，所有 L 突变理应能够补偿所有的 R 突变，至少在它们的突变位点靠得足够近的时候理应如此，因此，克里克的团队找到了许多类似的配对组合。最后他们发现，除了少数个例之外，同时携带 R 突变和 L 突变的病毒株与野生型病毒株的表型无异。不过，有一个实验切中了问题的要害：同时携带三个 R 突变或者三个 L 突变的病毒株拥有与野生型病毒株相同的表现型。这很容易通过以下的假设论证：倘若密码子真的是由三个碱基构成的，同一阅读方向上的三次突变在整体上意味着缺少或者多出了一整个阅读框的读取位点。克里克等人发现的结果如下：如果发生突变的位点相距足够近，发生三个 R 突变与三个 L 突变的病毒株通常都会表现为野生型。对于那些认为密码子由三个碱基构成，而阅读框架是以无逗号形式读取遗传信息的人而言，这个实验结果着实令他们感到兴奋。

不仅如此，上述结果还说明密码子的确是"懒惰"的。因为无论是同时含有 R 突变和补偿性的 L 突变，还是同时含有三个同方向的突变，总有一些密码子会因为受到突变的影响而被改变。但是病毒的表现型却通常不受影响，这是因为所有的 64 种三碱基密码子——或者更确切地说，"几乎"所有的三碱基密码子都有各自编码的氨基酸。哪怕是有两个乃至三个突变，也只是让蛋白链上的氨基酸从一种变成了另一种，这不一定会影响蛋白质分子作为一个整体的主要功能。倘若只有 20 个对应氨基酸的三碱基组合，而另外 44 个没有意义，一次随机的突变就很容易导致 DNA 上出现那 44 种无意义的密码子之一，如此一来，一旦蛋白质合成的过程中碰到这些无意义的密码子，蛋白链延伸的过程便会终止。鉴于这种情况通常不会发生，密码子因为"懒惰"而有兼并的理论就显得非常有说服力了。我们在后文中会看到，事实上，64 种密码子中只有 3 种是无意义的。

蛋白质如何合成

决定蛋白质中氨基酸序列的信息在 DNA 中以三碱基密码子的形式储存，那么 DNA 的碱基序列是如何被转化成蛋白质的呢？指导产物合成的蓝图或指令固然重要，但是将其转化为实实在在的终产物可不是轻而易举的事儿。

真核细胞的结构有一个明显的短板。DNA 位于细胞核的染色体上，而蛋白质则是在细胞质里一种名为"核糖体"（ribosome）的颗粒结构上合成的，与合成蛋白质有关的核糖体大多都附着在内质网的表面（见图 9-1）。如果说 DNA 是合成蛋白质的图纸，而装配蛋白质的设备却在细胞质里，那么合成信息要如何才能抵达装配车间呢？这就如同你要设法从一座满是稀世馆藏而又不允许外借的图书馆里找到某个关键的公式一样。按照常理，解决这个矛盾的办法自然是影印需要的那几页书，然后把复印件带到施工的作坊里。这也正是细胞的做法，只不过它复制的是 DNA 上的信息。

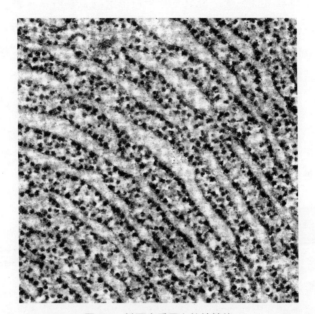

图 9-1　糙面内质网上的核糖体

在真核细胞中，糙面内质网通常由平行排列的生物膜构成，上面附着了许多名为"核糖体"的颗粒状结构，核糖体是蛋白质合成的工厂。

RNA 分子

整个 20 世纪 40 年代，人们对核酸结构的认识还处于混沌阶段，但是已经有证据显示，蛋白质的合成几乎总是与核糖核酸（RNA）的合成相伴。按照我们在第 7 章中做过的对比，RNA 与 DNA 有三个不同之处：第一，核糖核酸分子中的糖是核糖，而不是脱氧核糖；第二，

RNA 通常是单链分子，而不是双链；第三，DNA 中的胸腺嘧啶与 RNA 中的尿嘧啶相对应。尽管如此，尿嘧啶与胸腺嘧啶几乎无异，也能和腺嘌呤配对：与 DNA 中的 A-T 碱基对类似，尿嘧啶能够组成 A-U 碱基对。单链的 RNA 分子也能进行自我折叠，通过 A-U 和 G-C 的内部碱基配对形成双链的局部发卡样结构。

为什么生物体要进化出两套不同却又极其类似的核酸体系呢？有一种解释认为，RNA 和 DNA 都是孕育早期生命的"原始汤"中的成分，它们在生物体中的存在是这种共同起源的遗留；伴随这种答案的疑问是，它们在原始细胞中是否都有功能？有相当可靠的证据显示，在最早出现的原始基因组中，功能成分其实是 RNA 而不是 DNA。但是最终，RNA 把作为基因组功能成分的地位让给了 DNA，只是个中原因还无人能够讲明白。经过自然选择，两种分子在功能上产生了专精和分化——DNA 是基因组的主要成分，而 RNA 则是合成蛋白质的工具。

RNA 能将 DNA 信息带入细胞质内的决定性证据来自借助了放射性示踪剂的脉冲追踪实验（pulse-chase experiments）。这种实验手段能够追踪某种物质在反应中的运动，犹如你在水中滴入一滴不会扩散的颜料后，通过追踪颜料液滴的移动确定河流中的水流方向。我们把真核细胞短暂地暴露于以氚（一种氢的放射性同位素）标记的尿嘧啶核苷酸（^{3}H- 尿嘧啶核苷酸）中。只需要一段短暂的暴露时间，就能让所有正在合成的 RNA 分子带有放射性的尿嘧啶核苷酸；又因为暴露时间极短，所以这种手段被称作"脉冲标记"（pulse label）。在短暂的标记结束后，我们马上用大量非标记的尿嘧啶核苷酸稀释标记分子。随后，我们就可以对被标记的 RNA 进行追踪了：在不同的时间点上移除和提取细胞，对其进行放射自显影，放射分子释放的放射线在底片上留下黑色的条纹，指示出 RNA 所在的位置。起初，所有的标记信号都集中在细胞核内。不久，细胞核中的信号强度逐渐减弱，越来越多的信号反应开始出现在细胞质中。由此我们可以推测，RNA 分子是在细胞核内合成后，借由细胞核进入细胞质的。

不仅如此，距离脉冲标记结束的时间点越久，放射自显影图上的信号总强度就越弱。我们又可以据此推测，随着时间的推移，在脉冲标记期间合成的 RNA 肯定遭到了分解。我们把这种现象称为 RNA 的"周转代谢"（turn over）：它被合成，短暂地起到了某些作用，然后又迅速被分解，而不是作为细胞的稳定成分被保留。"周转"（翻新）这种说法并不是生物学的专利。商店老板希望他们的库存货物能够有很高的"翻新"率，商品的库存翻新意味着顾客买完现有的存货之后，商店老板又可以从上一级的供应商手里预订新的批次。另外，关于医院住院的患者和旅馆入住的游客也有所谓的翻新率之说。

还有一点证据来自埃利奥特·沃尔金（Elliot Volkin）和劳伦斯·阿斯特拉罕（Lawrence Astrachan）的研究，他们研究的主要内容是，在受到噬菌体的感染后，细菌内核酸的合成情况。他们在实验的细菌体内发现了一种新的 RNA 分子，它的序列与细菌 DNA 相去甚远，但是与噬菌体的 DNA 却非常相似。这种 RNA 同样有非常高的周转代谢效率。

核酸的种类可以依据它自身的碱基对比例（A+T）（C+G）进行划分。不同物种 DNA 碱基对的比例差别也很明显，这个比例甚至一直被用来区分物种的亲疏远近以及作为给物种分类的依据，因为我们的猜想是：

亲缘关系相近的物种，它们的 DNA 的相似性也更高。相比之下，RNA 碱基对的比例就没有如此强烈的区分度。在生物体 RNA 中占大头的是核糖体 RNA（rRNA），它是构成核糖体的主要大分子。核糖体是一种大型的颗粒状结构，由两个独立的部分构成。核糖体的每个部分包含了 30 ～ 40 种不同的蛋白质，其中有一些是催化氨基酸整合进入蛋白链的酶；蛋白质都附着于核糖体的核心——由一条长长的 rRNA 分子组成，因此，核糖体其实更像是一个不规则的黑莓或者树莓。

在剩余的 RNA 中占数量优势的是分子量较小的转运 RNA（tRNA），我们马上就要介绍它在蛋白质合成中所扮演的角色了。不过，这些 RNA 都不是短命的一次性 RNA。一旦被合成，它们就会非常稳定地存在于细胞内。所以，阿斯特拉罕和沃尔金发现的 RNA，与脉冲追踪实验中研究的真核细胞 RNA 并不是同类。西德尼·布伦纳（Sydney Brenner）、弗朗索瓦·雅各布（Francois Jacob）以及马修·梅塞尔森（Matthew Meselson）设计了一种不同的标记实验，他们的实验表明，在噬菌体感染后，细菌内新合成的 RNA 是一种只能与核糖体短暂结合的分子，结合后不久它们就会被分解。他们还提出，这是一种把噬菌体 DNA 的信息传递给细菌核糖体的 RNA，所以又被称为"信使 RNA"（messenger RNA）。核糖体相当于合成蛋白质的装配工厂，它们能暂时性地与信使 RNA 结合，并在后者的指导下合成特定的蛋白质。

转录

我们如今已经知道，以 DNA 为模板合成 RNA 所遵循的碱基互补配对原则（见图 9-2）与 DNA 双螺旋分子进行自我复制所遵循的原则相同。这个过程被称为"转录"（transcription），催化这个反应过程的是结构复杂的 RNA 聚合酶（RNA polymerase）。在每个基因的邻近区域，都有一个叫作"启动子"（promoter）的片段，它是为 RNA 聚合酶提供附着位点的碱基序列。换句话说，RNA 聚合酶能够"识别"这个片段。在识别并结合启动子之后，聚合酶就会把 DNA 双螺旋微微打开一点，并沿着基因上的核苷酸朝同一个方向滑动，新合成的 RNA 分子与其中一条 DNA 单链的序列精确互补（这条 DNA 单链被称为模板链），配对的规则是 U 与 A 互补，C 与 G 互补。

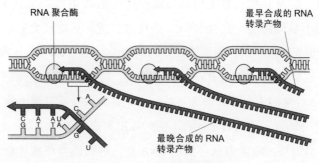

图 9-2　RNA 的合成

在转录过程中，RNA 的合成以 DNA 的其中一条链为模板，两者的序列互补。转录与 DNA 复制中新单链的合成过程类似，两者的区别在于：（a）DNA 分子中只有一条链会作为转录的模板；（b）转录的产物是 RNA，而非 DNA；（c）催化转录过程的酶是 RNA 聚合酶。

　　聚合酶合成的分子被称为转录产物（transcript）。转录产物的碱基序列与模板分子互补链的序列完全相同——我们把与模板链互补的 DNA 单链称为编码链（coding strand），唯一的区别是 DNA 上所有的 T 变成了 RNA 里的 U。我们在这里描述的转录过程发生在细菌内，所以相对比较简单；而真核细胞 mRNA 合成的过程则较为复杂，有许多额外的细节，我们将在第 11 章中探讨。

利用尖端的电子显微镜技术，我们可以捕捉到 DNA 在转录过程中的行为（见图 9-3）。转录也可以发生在离体的环境中，比如一支试管里，原料只需分离提纯的 DNA，外加 RNA 聚合酶以及四种不同的核糖核苷酸。

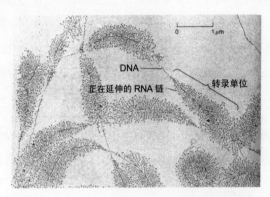

图 9-3　DNA 正在转录为 RNA 的电子显微镜照片

DNA 是位于每片羽毛形阴影区域中心的细长结构。从 DNA 上伸出的分支正是 RNA 分子；最长的 RNA 分子几乎已经到了合成的尾声，而最短的 RNA 分子才刚刚开始合成。这些正在合成的 RNA 是核糖体 RNA，它们将参与构成核糖体。

DNA 与 RNA 能够根据碱基进行互补配对的重要事实是通过核酸分子杂交技术发现的。1960 年，保罗·多蒂（Paul Doty）和朱利叶斯·马默（Julius Marmur）发现，DNA 双链间起到连接作用的氢键在高温条件下会被破坏，导致 DNA 发生双链解旋分离的变性。如果变性 DNA 的溶液能缓慢降温，那游离的单链就有充足的时间寻找与其碱基序列配对的互补链，通过这种被称为"退火"的过程，游离单链得以重新组合，形成稳定的双链。不只是相同的分子之间，DNA 单链在退火过程中还能和 RNA 分子发生配对，形成杂交分子。退火是一种非常精细的过程，它对游离单链之间的互补程度要求非常高。

由于 RNA 单链与作为其模板链的 DNA 分子完美互补，只要条件合适，两者间就能够发生退火。标准的做法是首先对 DNA 进行高温变性处理，随后将游离的 DNA 单链固定于由硝化纤维素做成的薄薄的滤网上。当把这种滤网浸入含有经过标记的 RNA 溶液中时，所有能够与单链 DNA 序列互补的分子都会自发结合，然后只要检测滤网的放射性就可以轻松地确定这种结合发生的程度高低；至于那些序列配对程度不够的 RNA，也可以很容易地将其从滤网上洗去。

一个 DNA 双螺旋分子拥有两条单链。我们在上文中提到，两条链中只有一条会被 RNA 聚合酶转录，也就是模板链，但是有没有可能其实两条链都会被转录，只是时间先后不同呢？朱利叶斯·马默借助一种名为 SP8 的噬菌体找出了这个问题的答案。SP8 噬菌体拥有一条双链 DNA 分子，它的两条单链在密度上相差巨大（每条单链中鸟嘌呤的比例越高，它的密度就越高），因此，这两条单链可以通过氯化铯梯度离心的方式进行分离。

马默发现，SP8 噬菌体感染细菌后合成的 RNA 只能与双链中的一条进行杂交。这意味着两条 DNA 单链中只有一条会作为合成 RNA 的模板。不过在其他病毒和细胞中，更普遍的情况是两条单链的不同区域都有作为转录模板的可能，但是无论以哪条单链作为模板，互补链上的同一区域都不会同时作为转录的第二个模板。只要稍加反思，我们就能发现这种普适规律的合理性：因为编码链和模板链的序列其实相差甚远，它们几乎不可能同时编码功能相同的蛋白质，所以机体需要的功能性蛋白往往只能是其中一条链的编码产物。

现在，我们需要进一步扩展对"基因"这个概念的理解，因为一个功能正常的活细胞里通常有两种不同类型的基因。绝大多数所谓的基因都携带着编码某种蛋白质的遗传信息，然后由信使 RNA 对这些遗传信息进行转录，继而指导蛋白质的合成。而另一些作为固定成分的核糖体 RNA 和转运 RNA，也必须由 DNA 转录合成，所以基因组中还包含了编码 tRNA 和 rRNA 的基因。这些基因指导合成的终产物并不是蛋白质，而是作为细胞稳定组分的转录 RNA 分子本身，它们是细胞蛋白质合成工厂的组成成分。

翻译

信息从 DNA 进入 RNA 的过程被称为转录，而信息从信使 RNA 进入蛋白质的过程则被称为"翻译"（translation）。每条信使 RNA 都只会与核糖体短暂结合，然后就会被迅速分解。阅读框架是由核糖体本身的结构决定的：它以两个亚基夹住 mRNA，随后像棘轮一样沿着后者从 5' 端向 3' 端推进，每次只暴露和读取三个相邻的碱基。事实上，一条信使 RNA 上能够同时结合数个核糖体，相当于同时有数个核糖体在合成同一种蛋白质。一条 mRNA 以及附着于其上的多个核糖体被称为"多聚核糖体"（polyribosome）。

mRNA 上的序列是一连串密码子，由 DNA 转录获得；不过，氨基酸分子中并没有专门的结构能使其与密码子发生自发的结合。换句话说，氨基酸并不能自己识别密码子，这就是细胞需要转运 RNA 的原因（见图 9-4）。

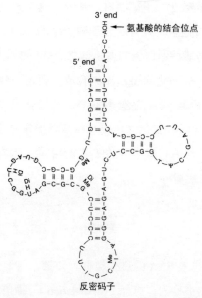

图 9-4　转运 RNA 分子的一般结构示意图

RNA 分子内有大量的自我配对，配对的形式是 G-C 与 A-U。氨基酸结合于 tRNA 的一端，而在结合位点的对面是一个环形结构，环上有反密码子，用于识别信使 RNA 中的密码子。某些碱基上有小化学基团的额外修饰，比如羟基和甲基。

　　针对 20 种必需氨基酸里的每一种，细胞都至少有一种单独的 tRNA 与其对应。活细胞中还有 20 种不同的酶，分别对应 20 种氨基酸。每种氨酰基 tRNA 合成酶都能识别特定的 tRNA 以及与之对应的氨基酸，并催化两者的结合反应，其主要功能是把适当的氨基酸添加到 tRNA

上，形成氨酰基 tRNA。在 tRNA 上的某一处，有三个相邻的碱基形成反密码子，它与 mRNA 上的密码子正好互补，所以氨酰基 tRNA 能够识别并结合到 mRNA 的相应位置上。

翻译（见图 9-5）以 mRNA 与核糖体结合作为开始的标志。mRNA 上的每个密码子都会被识别，每次识别完成后，tRNA 都会带来正确的氨基酸，通过这种方式，氨基酸按照密码子的顺序聚少成多，逐渐形成完整的蛋白质链。在翻译的过程中，每时每刻都有两个 tRNA 结合在核糖体上，如此一来，先到的氨基酸才能与后到的氨基酸相连。肽键形成后，先到的 tRNA 就会被从核糖体中释放出来。随后，核糖体沿着 mRNA 前进一个密码子的距离，同时移动第二个 tRNA 的位置，为第三个 tRNA 的进入腾出空间。相同的步骤反复进行，蛋白质链以这种一个氨基酸一个氨基酸的方式延长，而最后一个氨基酸总是会带有 tRNA(最后一个 tRNA 在蛋白质合成完全结束后脱离)。这种极富美感的翻译过程还非常精确，当然过程中还有许多细节需要进一步解释。

真核细胞也是通过基因编码蛋白质的，随着研究从原核生物转向真核生物，有的研究者逐渐发现，在真核细胞中，基因与蛋白质的关系远比它们在原核细胞中的要复杂。决定性的证据出现在 1977 年，关键人物是菲利普·夏普（Philip Sharp）和皮埃尔·尚本（Pierre Chambon）。他们让合作者在实验中用某些基因的 mRNA 与转录它们的模板 DNA 进行杂交。如果是细菌，mRNA 的序列通常会与编码链的序列完全一致（唯一的区别是碱基 T 被 U 取代），所以杂交的实际情况并不复杂。但是当研究人员用电子显微镜检查真核细胞的杂交结果时，他们却看到了许多环状结构。

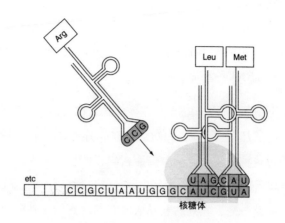

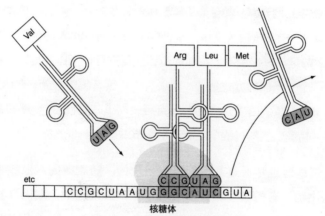

图 9-5　蛋白质合成示意图

信使 RNA 首先与核糖体结合，将前两个密码子暴露给氨酰基 tRNA。两个氨酰基 tRNA——与结合位点的两个密码子对应，会立刻接触并占据相应的位点。随后，第一个氨基酸与第二个氨基酸之间形成肽键，紧接着，第一个 tRNA 脱离，仅留第二个 tRNA 与二肽继续相连。整个复合体随着信使 RNA 在核糖体上向前移动，给第三个 tRNA 腾出空间。第二个氨基酸与第三个氨基酸之间又形成肽键，相同的过程循环往复。肽链不断延伸，通常可以延长至数百个氨基酸的长度，一旦信使 RNA 上出现停止信号，结束合成的蛋白质就会被释放。

这些环状结构的出现意味着 mRNA 与 DNA 的序列并不完全相同，环的位置正是两者不能杂交的区段。当研究人员把 mRNA 的序列与 DNA 的序列进行比对后，原因就显而易见了：真核细胞基因的编码序列中间隔着数个没有意义的序列区段，这些区段中的核苷酸信息最终不会被翻译成蛋白质。这成了一条普适的规律，如今也被认为是真核细胞基因的特征之一。基因中的编码序列被称为"外显子"（exon，即"表达出来"的序列），而编码序列之间间隔的无意义序列被称为"内含子"（intron，即"阻断表达"的序列）。某些基因内有多个内含子，而内含子 DNA 多于外显子 DNA 的情况则更是屡见不鲜。

一般情况下，真核细胞的基因首先会被转录为一条很长的 RNA 分子，里面同时包含了内含子序列和外显子序列。随后，会有专门的酶复合体（剪接体）精确地剪掉转录物上所有属于内含子的 RNA 序列，并把剩余的外显子连接到一起，成为一条仅含蛋白质编码序列的 mRNA。随后，这条 RNA 以正常的方式被翻译。

至于大自然为什么要让真核细胞保留这样的序列结构，对此的解释众说纷纭、莫衷一是，不过从进化和发育的角度或许能够找到一些合理的答案。从进化上来说，这种基因结构非常有价值，因为冗余的序列为遗传提供了足够的试错空间，有利于新基因的诞生。染色体的交叉互换可以发生在内含子里，使得交换后发生错误的序列不至于造成表型的改变，与此同时，基因重组给了外显子重新组合的机会，这是新蛋白质产生的契机。通常每个外显子都编码了蛋白质分子内的某个"结构域"（domain）。所谓的结构域，是指在蛋白质中拥有特定功能的独立部分。把不同的外显子重新组合到一起就相当于以新的方式装配已有的结构域，经历过这种装配过程的蛋白质就有可能获得潜在的新功能。实际上，基因组的结构性改变是所有进化素材的来源。

从发育的角度来看，内含子与外显子的基因结构同样颇具价值，因为它让同一段核苷酸序列拥有了编码多条蛋白质的潜力。目前，我们已经发现了数个类似的例子：细胞对内含子的剪接方式与其本身所处的组织有关，组织不同，剪接的方式也不同，其带来的结果是同一个基因却能够产生功能不同的两种或多种蛋白质。因此，具有内含子结构的基因能以最小的信息容量，保留最大的功能潜力。

真核细胞的染色体不仅包含了大量的内含子 DNA，还有一些重复性的 DNA 序列，这些重复序列不编码蛋白质，也不编码功能性的 RNA。举个例子，小鼠 DNA 中大约有 10% 的序列是"高度重复"的短小片段，每个重复单元的片段长度不超过 10 个核苷酸对，但是重复的次数往往高达几百万次。另有大约 20% 的小鼠 DNA 是"中度重复"的序列，重复单元的长度约为数百个核苷酸对，重复的次数大约为 1 000 次。因此，在一条典型的真核细胞染色体上有相当部分的 DNA，即使它们发生剧烈地突变和重组，也不会对个体的表现型造成任何可见的影响。

三碱基对应一个密码子

直到 1962 年，凭借上文中由克里克和他的同事们完成的工作，我们才确证了遗传密码由三个碱基构成的事实。显然，科学家们接下来的目标就是破译这些密码，寻找氨基酸与每个密码子之间的对应关系。

如同科学史上的许多先例一样，关于这个问题的突破来自一个无心的意外，随后，破译密码子的工作一路高歌猛进，破译所有密码子的工作仅用了区区几年，这绝对算得上分子生物学领域最激动人心的研究成果。

1961年，马歇尔·尼伦伯格（Marshall Nirenberg）与菲利普·莱德（Philip Leder）正在试图设计一种能在体外合成蛋白质的实验体系，他们在反应物中加入了核糖体、能源物质、活性酶以及tRNA等。对于对照组，也就是他们认为不会有蛋白质合成的混合物，他们只加入了一些人工合成的RNA，这些RNA中只有尿嘧啶核糖核苷酸，你可以把它们看作一条序列为"U-U-U-U-U"的多聚尿苷酸，研究者将之命名为"poly-U"。但是与研究人员的期望相悖，这段多聚尿苷酸就像信使RNA一样，触发了蛋白质的合成。含有多聚尿苷酸的对照组不停地合成仅有苯丙氨酸的多肽链，也就是说，密码子U-U-U对应的氨基酸是苯丙氨酸。

这个发现公布之后，尼伦伯格与塞韦罗·奥乔亚（Severo Ochoa）的实验室之间展开了一场激烈的竞赛，他们争先恐后地合成RNA，寻找与其对应的氨基酸。由于催化合成反应的酶不够专能，导致人工合成的RNA分子序列往往是随机的，所以最初的实验必须借助某种统计手段对所得的多肽进行分析。真正的突破发生在尼伦伯格和海因里希·马特伊（J. Heinrich Matthaei）联手之后，他们试图合成一种只有三个核苷酸且新序列已知的微型信使RNA。结果表明，在离体的实验环境中，每个人工合成的三核苷酸序列都会与核糖体以及一个能够识别该密码子的tRNA结合。如此一来，寻找密码子与氨基酸的对应关系就变得相对简单了。比如，他们用这种方式发现密码子U-U-U和U-U-C

（三碱基密码子的阅读顺序都是从 5' 端到 3' 端）都可以结合携带苯丙氨酸的 tRNA，而密码子 G-U-U 能与携带缬氨酸的 tRNA 结合，U-U-G 和 U-G-U 分别能与携带亮氨酸和半胱氨酸的 tRNA 结合。最终，在有其他实验室的数据作为参考和验证的情况下，这项研究破译了全部的遗传密码，结果见表 9-1。

表 9-1　　　　　　　　　遗传密码

第二个碱基

		U	C	A	G
第一个碱基（5'端）	U	UUC⌉Phe UUA⌉ ⌊G	UC⌈U C A G⌉Ser	UA⌈U C⌉Tyr UAA Stop UAG Stop	UG⌈U C⌉Cys UGA Stop UGG Trp
	C	CU⌈U C A G⌉Leu	CC⌈U C A G⌉Pro	CA⌈U C⌉His CA⌈A G⌉Gln	CG⌈U C A G⌉Arg
	A	AU⌈U C⌉Ile AUA Met	AC⌈U C A G⌉Thr	AA⌈U C⌉Asn AA⌈A G⌉Lys	AG⌈A G⌉Arg AG⌈U C⌉Ser
	G	GU⌈U C A G⌉Val	GC⌈U C A G⌉Ala	GA⌈U C⌉Asp GA⌈A G⌉Glu	GG⌈U C A G⌉Gly

64 个三碱基密码子编码的要么是某种必需氨基酸（氨基酸的名称由三个字母的缩写表示），要么是肽链合成的终止信号。

　　表 9-1 中有许多惹人注意的地方。与克里克当初预测一致的是，密码子的编码中有许多兼并现象，但是兼并的程度有所不同，一种氨基酸对应的密码子数量从一个（甲硫氨酸、色氨酸）到六个（亮氨酸、丝氨酸、精氨酸）不等。不仅如此，兼并的情况还非常普遍。通常来

说，前两个碱基（按照从 5' 端到 3' 端的方向）就已经包含了密码子全部的意义：有八个密码子的话，只要前两个碱基确定，第三个碱基无论是什么都不会有区别；而在另外十二个密码子中，第三个碱基只是决定了这个碱基是嘌呤（A、G）还是嘧啶（U、C）。

A-U-G 这三个碱基编码的是甲硫氨酸，它总是会出现在一个基因开头的位置上，作为一种携带甲硫氨酸的特殊 tRNA 识别的信号。这个当头的甲硫氨酸的氨基端会被其他基团封闭（N- 甲基甲硫氨酸）。蛋白延长过程中的其他甲硫氨酸则由另一种不同的 tRNA 负责转运（携带没有被甲基化的甲硫氨酸）。

基因与蛋白质的共线性关系

我们曾经假设基因和蛋白质之间存在一对一的共线性关系，这种假设可以通过以下思路进行验证：如果一个基因中的序列发生变异，那么由该基因指导合成的蛋白质的氨基酸序列也将发生改变。验证思路需要一个序列可知（即可以作图）的基因，还要对它的蛋白产物进行测序。查尔斯·亚诺夫斯基（Charles Yanofsky）曾在大肠杆菌的细胞内发现了催化色氨酸合成（与色氨酸合成相关的基因）的调控系统。亚诺夫斯基和同事研究的对象是色氨酸合成基因 A（trepA），它编码的产物是蛋白质 A，这是色氨酸合成酶的结构单位之一。他们鉴定了 A 蛋白全部的267 个氨基酸，包括野生型以及 10 种基因座 trpA 的突变型编码产物，其中每种突变都导致全蛋白中有且仅有一个氨基酸发生改变。

此外，他们还绘制出了 10 种突变位点发生的相对位置，并由此证实，基因的突变位点与蛋白质的氨基酸改变具有共线性关系（见图 9-6）。突变位点的遗传图距与产物蛋白中受到影响的氨基酸之间的距离成正比，所以，根据重组概率换算的遗传图距的确能够反映出基因内实际的物理距离。还值得注意的是，有两个能够通过重组区分的突变却都影响了同一个位点的氨基酸：突变 A23 和 A46 都能把 A 蛋白第 210 号位点上正常的甘氨酸残基变为精氨酸。如果从遗传密码的角度来解释，可能的原因在于原本甘氨酸的密码子是 G-G-X（这里的 X 代表 A 或者 G），而突变 A23 和 A46 将其变成了 G-A-X。突变 A78 和 A58 也都影响了同一个密码子，只是结果并不相同。由此可见，每个基因都由一连串与氨基酸序列对应的密码子构成，而决定每个氨基酸位置的密码子本身又是基因重组中的可分割单位。

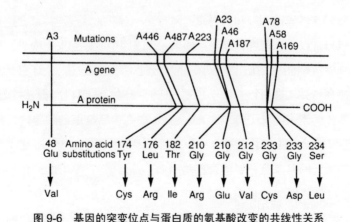

图 9-6　基因的突变位点与蛋白质的氨基酸改变的共线性关系

　　这个考究的遗传学研究又得到了其他设计精巧的实验的佐证，完成这些实验的是乔治·斯特里辛格（George Streisinger）和他的合作者们。T4 噬菌体能够编码一种名叫溶菌酶（lysozyme）的蛋白质，研究人员在实验中获得了该蛋白的一种突变体，分离并鉴定了它的氨基酸序列。当用二氨基吖啶诱导该基因突变后，他们选取了一种抑制突变体（即修正了异常突变的突变体）。研究者发现，这种经过二次突变的蛋白质与野生型几乎无异，唯独在两个突变位点之间有一小段氨基酸的垃圾序列，这个现象根本就是克里克工作的翻版。

这些遗传学实验对我们认识基因的工作原理非常必要。它们与生物化学领域的其他实验相辅相成，并为我们理解 DNA 序列如何转化为蛋白质提供了不同的视角。

终止密码子

在 64 种密码子中，有 3 种不编码任何氨基酸，而是作为蛋白质合成结束的信号。这些终止密码子是人们在对细菌和噬菌体"无义突变"（nonsense mutants）的研究中发现的。所谓无义突变，是指突变导致三种终止密码子中的一个提前出现在了基因内部的某个位置上。正常情况下，终止密码子应该只能出现在一个基因的末尾。但是如果因为突变而让终止密码子出现在了基因的内部，蛋白质的合成就会在中途停止。

我们把一种最早在大肠杆菌内发现的无义突变统称为"琥珀突变"（amber mutant）。琥珀突变可以被发生在蛋白质合成体系内的二次突变逆转（即抑制突变）：这里所说的抑制突变是一种 tRNA 的突变，tRNA 变体能够识别终止密码子，并在原本应当终止的位置上插入一个氨基酸，由此把"无义"变成"有义"。对正常蛋白质的测序显示，琥珀突变只能来源于几个特定的密码子，比如 U-G-G、U-A-C 和 C-A-G，由此推断，琥珀突变得到的密码子应该是 U-A-G。类似琥珀突变这样的现象反过来也进一步验证了用生化手段破译的密码子。

密码子的通用性

密码子的破译工作建立在当时最尖端的研究技术上，该研究的对象是大肠杆菌的胞内蛋白质合成系统。那么这些研究成果适用于人类吗？如果不适用，那么以大肠杆菌密码子为对象的研究结果将与人类蛋白质合成的实际情况有出入。不过，随着实验涵盖的物种越来越丰富，许多基因的序列以及对应的蛋白产物被陆续阐明，人们发现相同的编码规则在每一例中都适用。当然，也有极少数的例外情况。比如，线粒体和叶绿体都含有各自独立的 DNA，用于编码自身的专有成分，这些细胞器基因组拥有一套略微不同的密码子体系。

事实上，我们甚至可以把不同来源的组分进行随机混合：比如，我们用果蝇的 mRNA 和植物的蛋白合成体系，就可以得到高保真的果蝇蛋白质。由此可见，编码蛋白质的系统是一个通用体系。蛋白质合成体系的通用性是第一个能够真正佐证"地球上的生物起源于相同祖先"这个假设的实验证据。

维多利亚时代，伟大的进化论者达尔文与阿尔弗雷德·拉塞尔·华莱士（Alfred Russell Wallace）给世人留下了伟大的研究成果，在 20 世纪的前半叶，他们的遗作及学术思想的继承者们向我们展示了进化如何在诸多物种身上烙下了千丝万缕的印记。但是，他们的进化理论通常只能以某些特定的物种作为例子，而谁也没有想到，在分子生物学问世后不久，我们竟然能把所有生物都归到相同的祖先名下。按照分子生物学的理论，人类不仅是其他灵长类动物的亲眷，甚至同植物、真菌、细菌都有亲缘关系。这种领悟的影响颇为深远，从生物学一直扩展到了人性的方方面面。

至此，舞台已经搭好，激动人心的分子工程技术呼之欲出。分子工程技术信誓旦旦地向我们承诺，将从根本上改变人类与自然的关系。它何以口出狂言，又如何能够付诸实践，这将是我们在第 12 章探讨的内容。作为前提，我们有必要更详尽地了解细菌遗传系统的运作，因为它是我们理解和操纵其他生物基因组的基础。

章后总结 ●

1. 决定蛋白质中氨基酸序列的信息在 DNA 中以三碱基密码子的形式储存。

2. DNA 是基因组的主要成分，而 RNA 则是合成蛋白质的工具。

3. 以 DNA 为模版合成 RNA 所遵循的碱基互补配对原则与 DNA 双螺旋分子进行自我复制所遵循的原则相同，这个过程被称为转录，催化这一反应过程的是结构复杂的 RNA 聚合酶。

4. 信息从 DNA 进入 RNA 的过程被称为转录，而信息从信使 RNA 进入蛋白质的过程则被称为翻译。翻译以 mRNA 与核糖体结合作为开始的标志。

10

细菌世界的遗传

什么是细菌突变体?

大肠杆菌有性别吗?

质粒是什么?

如何筛选突变的细菌?

GENETICS

当年的遗传学家们可能做梦都想不到，发现新知的机遇竟然隐藏在针对细菌和细菌病毒的研究里。在本章中，我们将介绍这些研究的部分成果，它们是我们理解整个基因体系运作原理的基石，这些结果不仅仅适用于细菌，也同样适用于绝大部分生物。除了作为生物学领域的成就之外，这些研究也给人性本身带来了全新的机遇和挑战。克隆、测序、操纵 DNA，甚至是创造基因编辑生物的能力，这些都源于针对细菌和病毒遗传的前沿研究。

细菌突变体

细菌的种类往往可以通过菌落的形状、颜色和其他微小的细节加以区分，而细菌遗传学的进步则要归功于对单个品系的菌株进行分离操作（在绝大多数情况下，实验的对象都是大肠杆菌），以及在单一菌种中寻找与正常表型有极小区别的突变体。最实用的突变表现型要数那些"条件表达"的性状。"条件表达"的意思是指它们在所谓的"允许"（permissive）条件下会表现为野生型，而同样的细菌在"限制"

（restrictive）条件下则会表现出其他性状。比如，高温敏感的突变菌（ts）能在温度相对较低的环境里（如 28℃）里生长，而低温敏感（cs）的突变菌则恰恰相反。由此，我们可以通过调节环境温度，让其中一种细菌正常生长，同时抑制另一种细菌。

还有一些菌株的生长对营养有着特殊的需求。我们在第 6 章中看到过，野生型的细胞，又称原养型细胞，能用最基本的营养物质合成自身所需的其他成分；而营养缺陷型的突变体细胞，则需要在培养基中加入额外的营养物质以支持它们的生长。因此，由于 trp 突变体无法合成一种氨基酸——色氨酸，所以它们只能在有外源性色氨酸供给的条件下生长。还有一些菌株能够抵抗抗生素，而普通的野生型细菌会被抗生素杀死；比如，野生型细菌 str^6 对链霉素非常敏感，而变异体 str^r 则对其具有抗性。

借助移液管或无菌线针，我们可以很容易地对细菌进行各种各样的实验操作，比如在培养皿上接种菌落，然后根据菌落的形态对它的性状进行区分。遗传学家的主要研究手段之一，是将不同品系的物种进行杂交，这种手段同样适用于细菌，因为就算是细菌也有与有性生殖相似的行为。细菌的性别和两性之间的交联本身就是一个引人入胜的故事。

大肠杆菌的性别

1946 年，约书亚·莱德伯格（Joshua Lederberg）同爱德华·塔特姆合作，开始着手从细菌身上挖掘它作为遗传学研究对象的潜在价值。

在此之前仅仅几年，塔特姆刚刚与乔治·比德尔合作完成以脉孢菌为对象的实验，他们在实验中提出了"一个基因，一个酶"的原则，这个主张在遗传学的发展史上可谓掷地有声。莱德伯格和塔特姆都寄希望于从更简单的生物中进一步归纳自己的理论。卢里亚和德尔布鲁克已经在当时证实，细菌能够像其他生物一样发生变异，因此，有些科学家希望能够寻找合适的细菌变异体来作为研究的对象。不过，遗传学实验往往涉及不同品系之间的杂交，不管怎么说这都多少带有两性行为的性质，而当时没有人知道细菌个体间到底有没有两性的区别。

莱德伯格和塔特姆推测，如果细菌确实有性别，那么和高等物种一样，不同性别的细菌之间势必会发生个体的接触和基因组的交融，只有这样才能给表型不同的细胞创造重组的机会。如果他们设法证实细菌中有基因重组的现象，那就可以间接证明细菌间也有两性行为。莱德伯格和塔特姆首先预设基因重组在细菌中非常罕见，并为此设计了一种"筛选"实验，专门挑选发生在两种不同的营养缺陷菌株之间的基因重组。他们选取了一种需要外源性摄取苏氨酸和亮氨酸，但是能够自己合成甲硫氨酸和硫胺素的营养缺陷菌株，其基因型可以记作 $thr^-leu^-met^+thi^+$；还有另一种能够自己合成苏氨酸和亮氨酸，但是需要外源性摄取甲硫氨酸和硫胺素的菌株，它的基因型记作 $thr^+leu^+met^-thi^-$。当把这两种营养缺陷菌株混合后，它们的后代中出现了少量 $thr^+leu^+met^+thi^+$ 的原养型细菌，而这种后代只有通过两者的基因重组才能产生。

莱德伯格发现，基因重组只会发生在某些"可育"的菌株内，他把这些菌株称为 F^+，而其他"不育"的菌株则被称为 F^-，后者在细菌中出现的频率非常低。细菌的可育性就像某种传染病，比如当把 F⁻ 细菌同一些 F⁺ 细菌混合之后，F⁻ 细菌也会变成 F⁺。曾经有很多人分别发现和记录过这种奇怪的现象，其中包括英国的威廉·海耶斯（William Hayes）、巴黎的弗朗索瓦·雅各布和埃利·沃尔曼（Elie Wollman）以及意大利的卡瓦利（Cavalli）。这些人都发现 F⁺ 菌株的细胞内含有一种遗传因子，他们称之为 F 因子（F factor）或致育因子（fertility factor）。我们之后将会看到，F 因子的本质属于一类独特的 DNA 分子。F⁺ 细胞会将 F 因子的拷贝传递给与其接触的其他细胞，把它们也都变成 F⁺ 细胞，在极罕见的情况下，它们会在给 F⁻ 细胞传递 F 因子的同时，携带一些自身的其他基因，而这正是基因重组发生的契机。后来，海耶斯和卡瓦利还发现了一种变异的 F⁺ 菌株——Hfr，这是"高频重组"（high frequency of recombination）的缩写，顾名思义，这种突变体在转化 F⁻ 细胞时具有相当高的效率。

两种菌株之间的重组过程在以下杂交实验里得到了清晰的印证：实验的对象是两种不同的菌株——对链霉素不抵抗的原养型 Hfr 菌株，以及含有多种营养缺陷但是抵抗抗生素的 F⁻ 菌株。我们假设后者的基因型为 str⁺thr⁻leu⁻met⁻lac⁻gal⁻thi⁻，这里的每个基因都代表正反两种性状中的一个，要么是细胞能否合成该物质，比如 thr⁻ 代表苏氨酸的合成缺陷；要么是能否在含有该物质的培养皿上生长，如 lac⁻ 表示细胞有乳糖代谢缺陷；当把两种细胞混合之后，Hfr 与 F⁻ 细胞随即发生配对，这个过程被称为"接合"（conjugation）。经过一段时间后，所有的细胞被转入含有链霉素的培养基中，抗生素会杀死 Hfr 细胞，从而让研究人员可以继续对存活的 F⁻ 细胞进行实验，检测它们从 Hfr 细胞中获得了哪些种类的野生型基因。在实际的原始实验中，雅各布和沃尔曼在不同的时间选取了接合菌的样本，分离后将它们接种到了数种不同的介质上，以便对 Hfr 传递了哪些种类的基因进行检验。这个实验的结果显示，每种 Hfr 基因的传递似乎都有特定的时间顺序：A 基因发生重组的时间必须在 4 分钟之后，B 基因发生重组必须在 7 分钟之后，C 基因发生重组必须在 9 分钟之后，D 基因发生重组必须在 15 分钟之后，等等。如此看来，Hfr 细胞似乎是在以一种线性的方式向 F⁻ 细胞传递基因，而传递的先后顺序与基因在染色体上的排布有关。

图 10-1 是对上述实验结果的解释。F⁺ 细胞中的 F 因子是一个小型的环形 DNA 分子。与 F⁻ 细胞的接触会触发 F 因子的自我复制以及向后者细胞内的快速转移，F 因子的进入会促使 F⁻ 细胞转化为 F⁺ 细胞。在这个过程中，偶尔会有一些 F⁺ 细菌的其他基因会被连带着转入 F⁻ 细胞，但还没有人知道其中具体的原理。

另外，在 Hfr 细胞中，F 因子已经成了细菌染色体的一部分，后者同样是环形的（这也是这些实验的发现之一），只是要比前者大得多。现在，当与 F⁻ 细胞发生接触之后，Hfr 细胞同样会开始向其转移自身 F 因子的拷贝，但是由于这种情况下 F 因子和细菌自身的染色体结合在一起，F 因子的复制就会连带上细菌的基因组基因，并按照基因在染色体上的顺序进行传递：首先是 A，然后是 B，接着是 C，以此类推。接合过程的持续时间一般不长，鲜少能够让 F 因子及细菌染色体从头到尾地完整复制一次（大约需要 90 ～ 100 分钟），在这种情况下，F⁻ 细胞通常不会被转化为与 Hfr 完全相同的细胞。

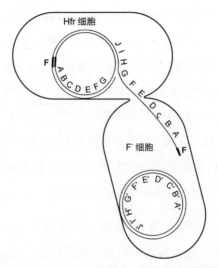

图 10-1　Hfr 与 F⁻ 接合情况下 DNA 的转移示意图

首先，Hfr 细胞与 F⁻ 细胞发生接触，两者之间以一条接合管相连。其次，Hfr 细菌中整合于染色体的 F 因子开始自我复制。由于 F 因子的 DNA 与染色体相连，所以复制的过程连带着进行到了染色体 DNA 上。由此，Hfr 染色体的部分复制也被一同转入了 F⁻ 细胞，转入的过程按照基因在染色体上排列的线性顺序进行。一旦来自 Hfr 细胞的外源性 DNA 进入 F⁻ 细胞内，它们就可以和 F⁻ 细胞内的染色体发生配对，并进一步被整合到 F⁻ 染色体上。

　　在完成接合之后，刚刚转移进入 F⁻ 细胞的 Hfr DNA 就可以同 F⁻ 细胞的染色体发生重组，这就是各色各样的重组体产生的原理。不过，与一般涉及大肠杆菌的实验不同，在这里我们不以重组概率与图距的换算来衡量基因的相对位置，而是用基因转移所需的时间取而代之，每个基因在染色体上的相对位置都以其进入 F⁻ 细胞所需的分钟数表示。F 因子不仅能在染色体的多个位点上发生整合，还可以在接合开始后沿着任意方向进行复制。F 因子的每次整合都会导致一种独特的 Hfr 菌株诞生，而我们正好可以利用这一点，将其作为绘制整个细菌基因组的工具。利用从不同整合菌株中汇总的数据，配合在后文中会介绍的另一种遗传学技术，我们这才有机会对大肠杆菌以及其他细菌的遗传图谱进行改良（见图 10-2）。

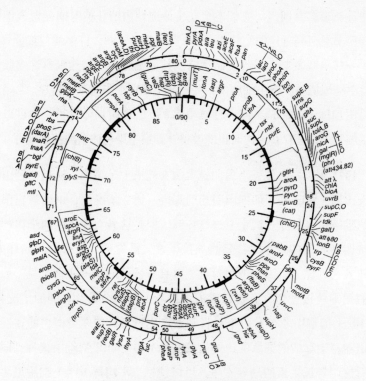

图 10-2　大肠杆菌染色体的遗传图谱

图中的距离单位代表在 Hfr 与 F⁻ 杂交中完成传递所需的时间。如果同一点附近的基因较多，则通过外侧的括弧标注。图中一些相当精密的细节是在转导（transduction）实验中获得的，下文将对其进行进一步探讨。这幅遗传图出版于数年前，如今我们对这个染色体的认知已经非常精细了，大概需要数页的篇幅才能解释清楚。

质粒

F 因子是质粒的一种典型代表：它们是一种环形的、能够自我复制且独立于染色体的遗传成分。质粒藏身于细胞内，并且会随细胞 DNA 的复制而复制。作为 DNA 片段，质粒也能携带一定数目的基因，而且与病毒有诸多共同点。它们不会在生命周期内的任何时间点形成细胞外颗粒（类似病毒体的结构），这一点与病毒不同。许多质粒都能像 F 因子一样自我复制，并将复制体转入其他细胞内，当然也有许多质粒只是单纯地栖身在宿主细胞内，并不会主动在细胞间进行传递。F 因子还是附加体（episome）的一种典型代表，所谓附加体是指一类可以在宿主细胞中独立存在，同时也能够整合到宿主染色体上的遗传成分。

1955 年，一名从香港返回日本的女性染上了痢疾，这是一种由志贺氏菌属（Shigella）的细菌引起的腹泻。通常情况下，由志贺氏菌导致的感染很容易通过抗生素进行控制，但是这名女性体内的细菌却能抵抗四种不同的抗生素：磺胺类抗生素、链霉素、氯霉素和四环素。这让人大为惊异，因为细菌对抗生素具有抗性的情况非常罕见。如果我们把细菌接种到含有青霉素的培养基上，那么最有可能的情况是，每 10^7 个细胞中才会有一个对青霉素产生抵抗。与之类似，能在链霉素培养基中存活的细菌的比例大概也是 $1/10^7$。如果把细菌接种到同时含有这两种抗生素的培养基里，可以预见，平均每 10^{14} 个细胞里才会出现一个能够同时抵抗两种抗生素的细菌。这也是为什么在当时的研究者看来，一种能够同时抵抗四种抗生素的细菌简直犹如神迹。然而，在接下去的几年里，日本民众的腹泻变得越来越棘手，随着多重抗药菌株的不断涌现，传统的药物治疗逐渐失去了人们的信任。

渡边忠春（Tsumoto Watanabe）[1] 发现，细菌的多重抗性来源于一种质粒，他将其命名为 R 质粒（"抗性" ——resistance 的首字母），R 质粒与 F 质粒的行为非常类似。如今，我们已经知道有许多 R 质粒在细菌对多种药物的抗性中起作用。R 质粒是非同寻常的，也是极度危险的，因为它们也能够在细菌之间相互传染：和 F 质粒一样，具有抗性的细菌也可以通过简单的物理接触把 R 质粒传递给没有抗性的细菌，而且这种传递与细菌本身的种类无关，它可以发生在完全不相干的菌种之间。

日本的一项研究显示，从 1953 年到 1965 年，拥有药物抗性的志贺氏菌的比例从 0.2% 上升到了 58%，而 R 质粒正是细菌药物抗性飙升最主要的原因。眼下，世界各国的形势都非常严峻，劳里·加勒特（Laurie Garrett）把一些有关抗性细菌的情况整理出版，收录进了她的《大瘟疫将至》（*The Coming Plague*）中。对多种抗生素抵抗的金黄色葡萄球菌感染正在让医院的工作人员越来越头疼，对病患无效的抗生素甚至包括万古霉素和甲氧西林，而从前这两种药物治疗葡萄球菌感染的效果一直都非常稳定。三种能够引起严重传染病的细菌：粪肠球菌、结核杆菌、绿脓假单胞菌对人类的威胁有增无减，因为它们已经具备了 100 多种抗生素抗性，而这 100 多种抗生素都曾是控制这些细菌的常用有效药物。总体而言，从前那种一剂抗生素就能搞定传染病的日子已经离我们越来越遥远了。

质粒和抗生素抵抗是生物进化的一个缩影，同样也是人类自己犯蠢的黑历史。生物进化需要建立在自然选择的基础上：所谓适者生存，

---

[1] 应当为 Watanabe Tsutomu，渡边勉，此处可能是作者的笔误。——译者注

顾名思义，就是在一个特定的环境中，谁的基因最有利于生物适应眼前的境况，谁就是最成功的物种或者个体。细菌的抗性就是一个很好的例子，自然选择的原理就像把细菌接种在含有链霉素的琼脂上，只有细胞内含有 R 质粒的细菌可以存活一样，我们通过这种"选择"就能筛选出那些对链霉素拥有抗性的细菌。同理，如果环境中含有多种抗生素，拥有多种 R 质粒的细菌就能凭借自身对抗生素的多重抗性而生存下来。作为细菌抗生素抗性的来源，R 质粒的价值无与伦比。

质粒赋予了细菌对抗众多抗生素的能力，这些抗生素包括氨苄青霉素、磺胺类、氯霉素、四环素、卡那霉素、新霉素、链霉素、大观霉素及庆大霉素，另外，质粒也能让细菌对汞、镍和钴等金属产生抗性。有些 R 质粒上能够一次性携带超过 10 种不同的抗生素抗性基因。有报道称，人们在海洋鱼类的体内发现了携带 R 质粒的细菌。从 1970 年到 1974 年，科学家对取自英格兰斯陶尔河（River Stour）的细菌样本进行的对比显示，虽然细菌的总数没有变化，但是拥有抗性的细菌的比例却翻了一倍。显然，在大规模使用抗生素的情况下，R 质粒正在强烈地影响细胞进化的方向。R 质粒的快速传播甚至已经突破了种属的界限，造成了其他疾病的大爆发。在伯明翰急诊医院开展的研究显示，从烧伤混合感染的病人伤口中分离出的耐药假单胞菌，极有可能是从患者自身的肠道菌群里获得了具有抗性的 R 质粒。

眼下，我们最大的顾虑是抗生素在牲畜饲养中的滥用：在鸡、猪、牛和鱼等家畜和水产的养殖中，抗生素一直被大规模地作为催生剂使用。从 1954 年到 2002 年，美国国内抗生素的产量从大约 200 万磅飞涨到了超过 5 000 万磅，据估计，抗生素产量中的一半被用在了动物身上。抗生素的大量使用是为了消除牲畜的轻度感染，这可以促进它们体重的增长。但是，这种应用抗生素提高牲畜产量的处理手段大大加快了对细菌耐药性的选择速度，结果反而让抗生素促进体重增长的效应打了折扣。为了保证牲畜的长势，人们已经把抗生素的使用量先后提高到了两倍乃至三倍，最终结果是，牛和鸡体内携带 R 质粒的细菌的比例出现了剧幅增长。现在，牛肠道菌群中有超过 70% 的细菌携带着 R 质粒。

在英国，《斯旺报告》（Swann Report）中提到了对 R 质粒从农场动物传递给人体细菌并造成恶性后果的隐忧，报告建议严格管控将抗生素作为催生剂滥用的饲养行为。1998 年，欧盟下令禁止将任何治疗感染性疾病的人用抗生素作为牲畜的催生剂，随后，美国国内一些颇有社会担当的科学家和健康人士也向美国食品药物监督管理局请愿，希望政府能够颁布同样的禁令。但是，向农民出售抗生素的经济回报非常巨大，仅在 1983 年，这个数值就超过了 2.7 亿美元。北美的制药公司巨头硬抗着各方要求他们停止向农场出售产品的压力，成功阻止了意图将这种买卖行为列为犯罪的立法运动。

安德森（Anderson）是一名在英国国内研究 R 质粒的科学家，他对制药公司巨头们玩弄公关伎俩的不满由来已久。出于营销的目的，有时候扭曲的事实会让自家的产品看上去格外光彩夺目，比如温斯罗普实验室（Winthrop Laboratory）为萘啶酸（Negram）撰写的广告词："何必要给细菌 48 小时运筹帷幄的时间呢？"这是其中一则广告的宣传语，它的下方有一段显眼的描述，大意是在等待细菌从病人体内分离并接受抗性测试的两天时间里，一个拥有抗性的细菌能够繁殖出

7.9231×10^{28} 个同样具备抗性的后代。对此，但凡上过微生物入门课的学生都知道，除了在人为设置的实验室条件下，这种近乎无限增殖的繁殖速率（按照广告中的数字，细菌的总质量将不低于 300 亿吨）不可能出现在自然界的任何地方，更不要说是在人体内了。即便如此，温斯罗普实验室还是选择采用这种浮夸的方式向医务人员叫卖自家的产品。

对抗生素应用于动物饲养的宣传公关往往极尽夸张之能事，但是对于导致 R 质粒在细菌中大范围流行的结果，它们又不愿意背负始作俑者的骂名。

尽管抗生素的生产者百般否认自己的产品在应用于动物性食品工业时会造成公共危害，但抗生素因为在牲畜饲养中滥用而造成危害的决定性证据出现在 1984 年。1983 年 2 月，美国明尼苏达州卫生部门的米歇尔·奥斯特霍尔姆（Michael Osterholm）给位于亚特兰大的疾控中心打了一个电话，通报了明尼阿波利斯市正在发生一场不同寻常的消化道疾病大爆发，地点是市内的圣保罗区，引起爆发的病原体是一种沙门氏菌。人们发现当地的病原菌对氨苄青霉素、羧苄青霉素及四环素都有抵抗，所有的抗性菌都携带着一种相同的质粒。

由同一种细菌引起的感染病例还出现在了南达科塔州，疫情汇报人是该州的流行病学家肯尼思·森杰（Kenneth Senger）。对这些细菌源头的追查落到了一家养殖场，这家养殖场在动物的日常饲料中大量地添加氯四环素。由这家养殖场出产的牛肉被贩售到明尼苏达州的超市里，而后被经常光顾的受害者买走。这起疫情事故驳斥了抗生素和农产品生产公司认为它们的商业行为不会对抗性细菌产生选择效应的说法，事实正好相反，他们的做法给人类的健康带来了实实在在的威胁。

R 质粒的危害并非危言耸听。它就像一则寓言，生动地向我们解释了把眼前利益置于长远的后果之上是多么的愚蠢。在当今社会，与其说携带 R 质粒的梅毒和淋病致病菌感染的是某个个体，不如说它们正在摧残的是早已不堪重负的整个医疗体系。

从上述事实中可知，质粒是改变细菌遗传特性的强大媒介，它们对细菌特性的改变非常明显，而改变的速度和程度又十分难以预见。我们将会在后文中看到，对于遗传工程技术而言，质粒还是一种让人同时心怀期待和恐惧的东西。

溶原现象

在第二次世界大战之前，经常会有研究噬菌体的生物学家声称，他们在某些种类的细菌内发现了与细菌相安无事的病毒，这种现象在细菌的培养中总是偶尔会出现，让人捉摸不定。德尔布鲁克学院的科学家起初并没有把这些声音当回事，他们认为这不过是因为实验中不够严谨的操作导致噬菌体污染了细菌。随后在 1950 年，安德烈·洛沃夫（Andre Lwoff）和安托瓦尼特·古特曼（Antoinette Gutmann）在巴黎确证了这种现象的真实性，并把其命名为"溶原现象"（lysogeny）。这也就是说，细菌的确会在细胞内收容一种噬菌体的不活跃形态，我们称之为"前噬菌体"（prophage）。

含有前噬菌体的细菌被称为"溶原菌"，它对自己收容的噬菌体的同类免疫。溶原菌内的前噬菌体偶尔会被诱导复苏，从原本静默的状态转变为活跃——也称"溶菌"（lytic）状态：噬菌体的 DNA 开始急速复制，细胞内充满了噬菌体颗粒以至于最终破裂死亡，从表面上看，溶原菌的破裂就像是细菌受到了类似 T4 噬菌体的感染。洛沃夫在后续的实验中发现，如果把溶原菌暴露在紫外线或者其他多种化合物下，就能诱导溶菌周期的激活，研究人员可以利用这种方式来控制噬菌体的生长和增殖。

能使细菌成为溶原菌的噬菌体被称为"温和噬菌体"，而与之相对的噬菌体则被称为"烈性噬菌体"，比如 T2 噬菌体和 T4 噬菌体。烈性噬菌体的生长必须伴随着在宿主体内的剧烈增殖和最后子代病毒的溶菌释放。而当温和噬菌体感染了易感细菌（非溶原状态）后，它可以在"立即增殖并杀死细菌"和"成为前噬菌体并将细菌变成溶原菌"之中二选一。成为溶原菌的细菌能够生长并繁殖出众多的溶原菌克隆，这些克隆中的每一个都携带有相同的前噬菌体，这是因为前噬菌体的 DNA 整合在细菌的染色体上，前者随后者的复制而复制。因此，温和噬菌体的行为与质粒非常相似。而且跟质粒一样，它们寄生在细菌内，会随着细菌的繁殖而增殖。

1951 年，埃丝特·莱德伯格（Esther Lederberg）发现某些大肠杆菌是 λ 噬菌体的溶原菌，噬菌体 λ 因此成为研究最透彻且最具实用价值的病毒。对 λ 噬菌体的研究回答了有关温和噬菌体究竟藏身于细菌内何处的问题。绘制遗传图谱的实验显示，λ 噬菌体总是定位于基因 gal 和 bio 之间（这两个基因的作用分别是代谢半乳糖和合成生物素）。

当时，艾伦·坎贝尔（Allen Campbell）证实，前噬菌体的 DNA 正是被整合到了这个位置上，犹如 Hfr 菌株中的 F 因子也是被整合到细菌染色体上那样，所以前噬菌体和细菌的染色体结合形成了一个单独的、巨大的 DNA 分子。噬菌体在感染结束前会将自身环形的 DNA 注入细菌内。在 λ 噬菌体与细菌染色体接触的那一端有一段特殊的序列，它与大肠杆菌染色体上介于基因 gal 和 bio 之间的某一段序列完全相同（见图 10-3）。

图 10-3　介于基于 gal 和 bio 之间的一段序列

通过与这个区域内的序列交叉，λ 噬菌体的 DNA 插入并成为大肠杆菌 DNA 的一部分。完成整合的前噬菌体有一套维持自身基因不活跃状态的机制，不仅如此，它还能静默其他通过感染进入细菌内的病毒基因组，所以溶原菌才对同一种噬菌体的感染具有免疫力。

其他温和噬菌体的前噬菌体——比如 P1，就不会整合到宿主的染色体上，而是单纯地保持游离状态，成为质粒样的细胞成分。某些动物病毒也能以溶原状态寄生于宿主细胞内，这种状态在疾病的进展和分期上有重要意义。许多致癌病毒，如那些诱发肿瘤的病毒，也是通过将自身整合到宿主的染色体上而导致细胞癌变的。

以病毒为媒介的基因转移

在探究沙门氏菌能否像大肠杆菌一样发生接合的过程中，诺顿·津德（Norton Zinder）发现噬菌体能把基因从一个细菌细胞转移到另一个细菌细胞，这个过程被称作"转导"。当前噬菌体被诱导进入溶菌周期时，本来整合于细菌染色体的前噬菌体就会发生与当初插入染色体时相反的脱离过程。但是有时候，脱离的过程中会发生意外，以至于噬菌体的 DNA 两侧有可能会连带着扯下一些细菌的基因。

被带走的细菌 DNA 被包入噬菌体的病毒颗粒中，λ 噬菌体就有可能会在感染并侵入其他细胞时带着大肠杆菌的 gal 基因和 bio 基因（见图 10-4）。这是一种特化的转导，转导的对象只限于特定的数个基因。类似 P1 的噬菌体能够实现一种针对任何细菌基因的泛化转导，细菌的染色体会在这些噬菌体增殖的过程中被切割成一个又一个较小的片段，有时候其中的一些会被错当成噬菌体的基因组而塞进病毒体的头部。这种假的病毒同样能够接触并感染细菌，但是它注入其他细菌的基因全都来自另一个细菌，而不是病毒。转导是在绘制细菌遗传图谱的过程中区分基因精细结构的强大工具，因为噬菌体每次只能额外携带一些非常小的 DNA 片段，而我们只需要分析这些片段与新宿主染色体的重组方式，就可以循序渐进地确定细菌基因的序列了。

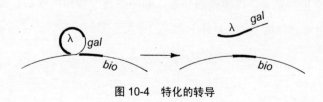

图 10-4　特化的转导

细菌转导

1955 年，约书亚·莱德伯格提出，作为转导媒介的病毒也许可以被用于向人类的细胞内注射基因。在当时，这个想法被同行们认为是天方夜谭，但是现在看来却颇有几分现实意义，尤其是重组 DNA 技术的出现。

转导的可能应用包括：（1）外源性地插入显性的"好"基因，修正个体的遗传缺陷；（2）将基因导入农作物中以提高它们的功用性；（3）改造细菌，使其为我们执行有用的生物功能；（4）在目标生物中诱导遗传病。

对哺乳动物进行转导的核心问题是：究竟动物病毒会不会从宿主细胞的基因组里顺手牵羊，并将顺走的基因带到另一个细胞内？这个问题的答案是肯定的。比如，如果用单纯疱疹病毒感染缺乏某种特定蛋白质（如胸苷激酶）的小鼠细胞，其中有大约 0.1% 的细胞会获得功能正常的等位基因。这些正常的基因只有可能是病毒带来的，而得到转导的细胞系表现得相当稳定，能在之后超过 8 个月的时间里一直繁衍并合成自身所需的胸苷激酶。在其他模式的生物体系中，腺病毒以及其他一些种类的动物病毒都曾被用于基因的转导，多数时候这样做是为了治疗某些遗传病。我们甚至可以让具有转导能力的多瘤病毒携带小鼠的基因，然后将其转入人类胚胎细胞的细胞核内。

在实验科学中，某些医学进步得以实现的原因恰恰是伦理规范的制定赶不上技术实践的开展。这种情况在人们对伦理问题不甚关注的过去当然并不鲜见，著名的例子譬如班廷（Banting）和贝斯特（Best）

制备和测试胰岛素的实验——他们的实验方案非常粗糙；又或者是克里斯蒂安·巴纳德（Christian Barnard）当年那震惊世界的心脏移植手术。在人体中进行转导的实验也是如此。

1958 年，斯坦利·罗格斯（Stanley Rogers）当时正在研究由肖普（Shope）发现的乳头状瘤病毒，这种病毒是导致兔子患上皮肤病的元凶。罗格斯发现，受到病毒感染的细胞内含有大量的精氨酸酶，他推测这种酶是病毒基因编码的产物。精氨酸酶能够分解血清中的精氨酸。不久，罗格斯又发现，在实验室研究乳头状瘤病毒的技术人员中，有 1/3 的血清精氨酸水平低于正常数值。显然，病毒很可能已经意外地把精氨酸酶的基因转导给了这些技术人员。

1970 年，罗格斯获悉，有一户生活在德国的家庭中有三个女儿患有高精氨酸血症，原因是她们的体内缺乏精氨酸酶。这些孩子的血液和脊髓液中有高浓度的精氨酸，这会造成严重而不可逆的智力损伤、痉挛性截瘫和癫痫发作。为了治疗她们的疾病，罗杰斯把肖普乳头状瘤病毒通过静脉注射打进了两个姐姐（两人当时的年龄分别是 2 岁和 7 岁）的体内，后来又在她们四个月大的妹妹身上如法炮制。这个实验并没有能够减轻或者改善女孩们的智力缺陷，实验以失败告终。

虽然实验失败了，但是这场风波也引发了一个疑问：在处理有可能对公众造成深远影响的技术时，作为科学家到底拥有多少自由选择的空间？罗格斯的基因治疗显然是操之过急的，他甚至连眼前的问题（如何恰当地向人体注射外源性病毒）都没有好好准备，更不要说考虑其他的长远效应了。这种行为与其说是基因治疗，不如说是人体实验。

弗里德曼（Friedmann）和罗布林（Roblin）警告称，如此欠考虑和一意孤行的实验可能"会在未来成为鼓励其他实验者铤而走险的榜样"，他们因此总结称，在可预见的未来，除非有更多的信息作为支持，不然将反对一切这方面的研究。作为反驳，罗格斯辩解道：

> 如果让你面对一个病情不断恶化的病人，任何已知的饮食或其他治疗都无力回天，而唯一有可能阻止病情发展的手段是一种被广泛研究了40年的药物，很显然，除了尝试这种药物的疗效之外，不会再有第二个可行的方案。

不过，生物学家们很少提到的是，任何能够"修正"人类遗传缺陷的技术手段，也同样会在正常人身上"诱导"出缺陷。

1971年，卡尔·梅里尔（Carl Merrill）与合作者们完成了一项在培养细胞中通过 λ 噬菌体转导治愈人类疾病的实验。他们从饱受半乳糖血症的患者身上采集了皮肤细胞。罹患这种疾病的人体内缺乏一种功能性基因，而大肠杆菌的 gal 基因正好拥有相同的功能。在用携带细菌 gal^+ 基因的 λ 噬菌体感染半乳糖血症患者的皮肤细胞后，梅里尔与合作者们甚至在患者的皮肤细胞内检测到了高于常人水平的半乳糖苷酶。但仅凭这些实验结果还不足以证明转导过程实际发生过，就像罗格斯的实验也不够有说服力一样。尽管如此，至少从表面上看，梅里尔的实验似乎暗示 λ 噬菌体确实把细菌的基因插入了人类的细胞中，而且这些插入的片段产生了实打实的效果。我们在下文中将看到，现在的技术比从前更复杂，它可以让我们随心所欲地将基因从一种生物转导给另一种。

我们可以从本章介绍的内容中看到，研究一种看上去复杂难懂的体系，比如细菌的遗传，能够强烈地影响科学家的理论思维和实践技巧。举个例子，从表面上来看，质粒和病毒似乎都只是基因的载体，携带着额外的 DNA 片段而已。而针对质粒和病毒的实验显示它们不仅能使基因扩增，还能把基因从一个细胞带入另一个细胞，把外源性的基因插入到宿主细胞的基因组里。DNA 克隆和基因工程技术正是建立在这个关键过程之上的。

如何诱导培养细菌

筛选细菌的突变，比如 ts 或者营养缺陷型菌株，通常始于培养细菌和把它们暴露于诱变剂中。诱变剂可以是某种物质，也可以是某种媒介（比如紫外线），它们都能导致细胞发生突变。如果想要筛选的是 ts 突变，我们就要把细胞接种在琼脂胶上，然后在低温环境中（28℃）培养，直到有培养基上出现菌落。随后，用一块消过毒的天鹅丝绒包住与培养皿直径差不多大小的圆柱形物体，将它轻轻按压到培养皿上。你可以在显微镜下看到为什么天鹅绒会那么容易沾染棉绒：天鹅绒的表面密布着一片又一片的尖刺样突起。当天鹅绒与培养基接触时，它会从每个菌落中都沾上一些细菌细胞。如果把这块天鹅绒摁压到一块全新的培养基上，这个过程就相当于接种，而且新培养基是与原始培养基一模一样的拷贝。将完成复制的新培养基置于 42℃ 的环境中，两个培养基的比较如图 10-5 所示。

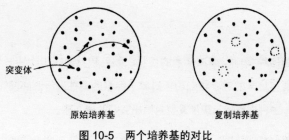

图 10-5　两个培养基的对比

　　任何不能在复制培养基上生长的菌落显然都具有 ts 突变，我们可以挑选和接种它们以便进一步的研究。利用这种名为"影印培养法"（replica plating）的技术，我们可以以样本培养皿作为模板，大批生产复制培养皿并用于不同环境条件下的测试实验。举个例子，原始的培养基中可能包含了所有细菌所需的氨基酸，而复制培养基内可能缺少其中的几种氨基酸，比如色氨酸，那么不能在复制培养基上生长的细菌就很可能是携带突变基因 trp 的营养缺陷种。

章后总结

1. 细菌的种类可以通过菌落的性状、颜色和其他微小的细节加以区分。细菌遗传学的进步要归功于对单个品系的菌株进行分离操作，以及在单一菌种中寻找与正常表型有极小区别的突变体。

2. F 质粒是质粒的一种典型代表：它们是一种环形的、能够自我复制且独立于染色体的遗传成分。质粒藏身于细胞内，并且会随着细胞 DNA 的复制而复制。

3. 质粒和抗生素抵抗是生物进化的一个缩影，生物进化需要建立在自然选择的基础上，所谓适者生存，顾名思义，就是指在一个特定的环境中，谁的基因最有利于生物适应眼前的状况，谁就是最成功的物种或个体。

4. 能使细菌成为溶原菌的噬菌体被称为温和噬菌体，而与之相对的噬菌体则被称为烈性噬菌体。

5. 筛选细菌的突变通常始于培养细菌和把它们暴露于诱变剂中，诱变剂可以是某种物质，也可以是某种媒介，它们都可以导致细胞发生突变。

11

基因调节与发育

细菌的基因调控指什么?

真核细胞与原核细胞的基因调节机制有什么不同?

真核生物发育的一般模式是什么?

果蝇眼睛的形成反映了怎样的基因发育过程?

GENETICS

　　行文至此，我们对"基因"这个概念的理解已经从最初模糊的、某种代代相传的"因子"，演变成了 DNA 上决定蛋白质或 RNA 结构的一段特定的核苷酸序列，这也正是历史上遗传学研究发展的脉络。每个基因都占据了染色体上的某个位置，所有主导生物体生理活动的基因就构成了这种生物的基因组。你可能会抱怨："好了好了，这些我都知道了，而且我也明白基因组携带着合成酶及其他很多蛋白质的指令。但是你看看我，我可不只是一副满满当当装着各种酶的皮囊，或是一具吊着各种酶袋子的骨架。如果这么多年来我体内的基因组真的在指导身体的运作，那么它必须想办法让我从一个单细胞的合子生长发育成现在这个样子——一个由各种各样的细胞组成的、巨大、复杂且高度有序的有机体。我想知道基因到底是如何把我变成现在的模样的！"谁又不想呢？如果你曾经有过任何类似的想法，那你就和很多现代的遗传学家不谋而合，这些正是他们中的许多人在整个职业生涯中的梦想：认识生物体发育的机制。

　　上面的抱怨里提到了"各种各样的细胞"，这句话值得我们进一步深究。许多生物学和解剖学的教科书都会试图展现构成人体的细胞是如此多样，这种多样性甚至在更简单的动物体中也同样存在，植物亦然。我们体内的许多细胞都是相当规则的立方体或者圆柱体，这些细胞构成了譬如肝脏这样的大型器官，以及人体内的各种管道，如肠道、血管或皮肤的基底层。扁平的细胞与铺路的砖块非常类似，它们互相拼接，形成了某些腔道的内壁以及皮肤的表层。我们的肌肉细胞要么是颀长的圆柱体，要么是微小的纺锤体，细胞里是高度有序的蛋白质，它们互相牵引形成肌肉收缩的合力。我们神经系统中的某些细胞具有细长的突起，有些可达数米，它们可以迅速地将信息传遍全身。人类的身体中包含了至少 100 种各不相同的细胞，而随着我们对人体各种功能的深入研究，这个数字还将不断增长。

这里，我们有必要修改一下措辞，把上面关于"人类如何发育成如此复杂的生物"的问题重新组织一下：人体内原本相同的细胞是怎么变得各不相同的呢？而这个问题的答案，大体上可以这么回答：因为各种细胞合成的蛋白质都不尽相同。如果细胞能够合成某种蛋白质，我们就说相应的基因得到了"表达"，所以让我们再把问题精简一下：怎样的调控才能保证基因适时适地地表达呢？这正是我们在本章中要探讨的内容。

细菌的基因调控

按照前文的逻辑，我们先以相对简单的生物为对象来回答这个问题，针对基因调控过程的研究最早开始于细菌，最初的解答也来自细菌。相关的研究大致发生在 20 世纪 50 年代到 60 年代之间，其中许多

研究工作是由巴黎巴斯德研究所的弗朗索瓦·雅各布、雅克·莫诺德
（Jacques Monod）以及数名亲身前往巴黎与他们展开合作的美国科学家
共同完成的。早期的研究工作主要聚焦在大肠杆菌上，这是一种生活
在哺乳动物肠道内的有趣生物。哺乳动物，尤其是年幼的哺乳动物需
要进食乳汁，而乳汁的主要糖类成分是乳糖。有鉴于大肠杆菌在漫长
的进化历程中早就适应了自己的生存环境，因此它能合成代谢乳糖的
酶也就在情理之中了。尽管如此，乳糖仍然只是一种偶尔才会碰上的
食物，它并不总是会存在于环境里，所以对大肠杆菌来说，它需要一
种调节机制，使得代谢乳糖的酶只有在环境中存在乳糖时才会被合成，
这样于大肠杆菌而言更经济。

　　事实上，作为一种高度适应环境的生物，大肠杆菌有一套成熟的
调节体系，用以调节自身对环境中乳糖的利用能力。乳糖是一种双糖，
由一分子的半乳糖和一分子的葡萄糖结合而成。作为乳糖代谢的第一
步，β-半乳糖苷酶首先把双糖分解成上述两种单糖分子，以便细胞能
够更轻松地完成后续的代谢。如果我们把大肠杆菌培养在不含乳糖的
培养基里，它们就只会合成微量的 β-半乳糖苷酶。但是当我们在培养
基中加入额外的乳糖后，只消 3 ~ 5 分钟，大肠杆菌内就会发生显著
的变化：它们开始以比之前快大约 1 000 倍的速度合成半乳糖苷酶，直
到这种原本微量的酶能够占到细胞比重的数个百分点。如果通过过滤
或离心处理突然移除所有的乳糖，β-半乳糖苷酶的合成又会在几分钟
之内降到原先的水平。

　　为了研究大肠杆菌内的这种现象，莫诺德和同事们采用了一种如
今被视作经典的研究手段：突变分析。他们首先想寻找一种不能代谢

乳糖的大肠杆菌突变体，结果找到了一些能够合成有缺陷的 β - 半乳糖苷酶的菌株，他们把这些突变体命名为"lacZ 突变体"。此外，他们还发现了一些其他的突变体，这些突变体能够合成完好无瑕的酶，但是依旧无法在只有乳糖的培养基上生长。后来经研究发现，这其实是因为突变体的另一种酶——半乳糖苷透性酶带有缺陷，透性酶是一种能够将乳糖跨膜转运进细胞的蛋白质。透性酶缺陷的菌株被命名为"lacY 突变体"。遗传图谱绘制技术显示，以突变体命名的这两个基因——lacZ 和 lacY，在细菌染色体上正好相邻。

不过，最有意思的菌株要数调节系统出现问题的突变体，失去表达调控能力的大肠杆菌要么完全无法表达与乳糖代谢有关的数个 lac 系基因，要么完全止不住这些基因的表达。比如，一种名为 lacI 的突变体会不受控制地合成 β - 半乳糖苷酶和半乳糖苷透性酶。而有趣的是，lacI 的位置恰好紧贴 lacZ 基因和 lacY 基因。

以这些突变体为对象的实验揭示了基因调控体系的运作方式。首先需要明确的一点是，基因的表达本质上相当于基因的转录，即根据基因合成相应的信使 RNA。执行转录任务的是一种大型的酶——RNA 聚合酶，而转录的启动需要一段紧贴编码区域的特殊序列，这段特殊序列被称作"启动子"（promoter）。基因 lacZ 和 lacY 的启动子是一小段位于基因 lacI 和 lacZ 之间的序列。转录的方向，包括 RNA 聚合酶对启动子序列的识别以及 RNA 转录物的合成是"从上游到下游"（downstream）的，而与此相反的方向则被称为"从下游到上游"（upstream）。

在这个例子中，启动子在 lacZ 基因的上游。LacI 基因——它现在的名字是"调节基因"（regulator gene）编码了一种被称为"lac 阻遏物"（lac repressor）的蛋白质。Lac 阻遏物是一种别构蛋白，别构蛋白有两个结合位点，因而可以结合两种不同的分子。其中一个位点专门用于结合较短的 DNA 序列——操纵基因（operator），它位于启动子和 lacZ 基因之间。在没有乳糖的时候，阻遏物就与操纵基因保持着结合的状态，由于它的阻碍，转录无法开始，基因 lacZ 和 lacY 也就无法表达（见图 11-1）。

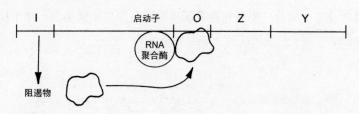

图 11-1　基因调控示意图

除此之外，阻遏物的另一个结合位点是留给乳糖的；当有乳糖存在时，乳糖分子就能与阻遏物上的位点结合并改变它的分子形状，使之无法再和操纵基因结合。失去结合能力的阻遏物随即从操纵基因上脱落，基因 Z 和基因 Y 的转录启动，两个基因得以表达。这些被表达的基因，加上调控它们的操纵基因，便组成了一个操纵子（operon）。

细菌的基因组相当于许许多多高度有序的操纵子集合，其中包含了多种不同的调节方式。比如，与生物合成有关的基因的产物是细胞合成自身成分时所需的酶，比如氨基酸合成酶的基因，这些基因的调控遵循另一种逻辑，基本上与 lac 阻遏物正好相反。假设有一个细胞"发现"自己身处一个氨基酸非常丰富的环境里，而它的基因调控非常有效，它就应当停止自己合成氨基酸，避免能量和物质原料的浪费。编码合成酶的基因也以操纵子的形式进行调控，它们也有自己的阻遏物蛋白，但是这些蛋白质只有在过量氨基酸存在的时候才会和操纵基因结合，并以此阻断基因的转录。举个例子，编码组氨酸合成酶的是一个非常庞大的基因，它由一个单独的操纵基因和阻遏物调控，这种阻遏物只在细胞内有过量的组氨酸时，才会与操纵基因结合，关停基因的转录。如果细胞内组氨酸的水平下降，原本结合的组氨酸就会从阻遏物分子上脱落，阻遏物也就无法继续与操纵基因结合，整个操纵子随即又恢复了转录的状态（见图 11-2）。

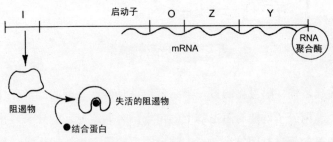

图 11-2　基因调控示意图 2

我们已经介绍过许多作为酶的蛋白质了，它们的主要作用是催化化学反应，除此之外，前文中也提到过一些执行其他功能的蛋白质。对生物学的理解有时候需要建立在一种相同的概念上：许多蛋白质的功能就是与其他分子结合，而这些分子被称为配体（ligand）。配体与蛋白质的结合可以是永久的，也可以是暂时的。配体分子的本质可以是另一种蛋白质，我们会在某些永久性结合的蛋白质复合物中看到这种情况，比如红细胞呈现出一种肥厚的、中间凹陷的圆盘形，之所以能够维持这种形状，是因为有大约 6 种蛋白质在红细胞的细胞膜下编织出了一张弹性网络。我们还可以在血红蛋白里看到暂时性结合的情况，充满红细胞的血红蛋白能把氧气从肺部输送到全身的组织内，它的这种能力源于一个可以吸引氧气分子的位点（血红素中的铁原子）。当血红蛋白穿过肺部时，氧气就会与这个位点结合；而当红细胞经过组织时，相对缺氧的环境又会导致氧气从结合的位点脱落。

受体是一类重要的蛋白质，其功能是对接相应的配体，并将配体的信息向下传递。每个受体蛋白都有一个微小的位点，它的分子形状和化学结构正好能够吸引特定的配体分子。舌头和鼻腔上的受体会结合食物或者空气中的分子，使我们产生味觉和嗅觉。一旦受到配体的激发，感受器中的细胞就会以相同的方式向大脑传递信号。神经系统由许多神经元构成，颀长的神经元细胞首尾相连，犹如通信系统中的电话线。连线中的每个细胞都会分泌信号分子，由信号分子激发下一个神经元，再让下一个神经元将信号传递给之后的神经元，以此类推。细菌也有识别特定氨基酸的受体，当细菌的受体探测到糖或氨基酸之后，它们就会给细菌传递相应的信号，刺激细菌向这些物质所在的方向游动。

受体蛋白工作的基础是它们的分子结构的可变性。与配体分子的结合会导致受体蛋白的结构发生非常微妙的变化，正是这种结构的微小改变让蛋白质得以执行与配体结合后的效应功能——启动细菌的运转装置，或者是触发神经元的电信号。在有氧气或没有氧气结合的情况下，血红蛋白的分子结构会有些微的不同。受体分子结构的这种可变性让它拥有了一个特别的名称：别构蛋白。别构蛋白中有两个独立的结合位点，每个位点都有它特定的配体，而蛋白的形状取决于它要和哪种配体结合。经典的酶（也是别构蛋白）除了有一个与反应物结合的活性位点之外，还有一个与调节性配体结合的位点（见图 11-3）。

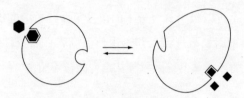

图 11-3　别构蛋白上的位点

　　这种酶常常会参与生物合成通路中的第一道工序，并且以反馈抑制的方式对整个合成代谢通路进行调节。如果是这种情况，作为调节物的配体往往是合成通路的终末产物，当产物分子过多时，它们就会结合到酶分子上，改变它的构型从而抑制酶的活性。而当产物含量回落时，作为配体的产物分子又会从酶上脱落，使酶再次恢复活性。这种调节机制可以保证细胞合成足够的组分物质，但又不至于在营养过剩的情况下把能量白白浪费在合成不必要的物质上。

真核细胞的基因调节

　　由于生活环境的显著差异，真核细胞与原核细胞的基因调节机制也有明显的不同。细菌是相对低等的原核细胞，它们的生活环境可能总是在发生着变化。细菌进化出上文中提到的复杂的基因表达调节机制，是因为它能赋予细菌快速响应环境变化的生存优势，通过调节基因的表达，细菌可以应对环境或细胞内的营养变化，无论这种变化是冗余还是缺乏。世界上有许多真核微生物，它们的生存环境常常与原核细菌大同小异。不过，绝大多数的真核生物其实是植物和动物。

作为多细胞生物，大部分动植物细胞的生存环境实际上是同一个体体内的其他细胞，这样的环境往往非常稳定，缺乏变化。以人类为例，人体内有一整套调节系统（包括神经系统和内分泌系统）用以维持血液以及其他组织内物质成分的恒常，还有稳定我们的体温、血压和其他可变参数。人体中的某些细胞，比如肝细胞，需要时刻面对剧烈变化的环境，但是本身却几乎不会发生改变。这些细胞能够合成一些特殊的蛋白质，赋予细胞特殊的形态和功能。因此，对植物和动物细胞而言，最关键的问题正是围绕着我们在本章开篇就提出的那个关于胚胎发育的疑问：单个合子细胞是如何最终发育成为功能健全的成熟个体的？

细菌的基因调节方式——阻遏物和操纵基因应当被我们当作一个非常好的参考蓝本熟记于心，因为它体现了一个关键的原则：基因的调节需要依靠独特的蛋白质，后者能且只能与 DNA 上特殊的调节位点结合。不过，就调节机制中的细节而言，真核细胞与原核细胞有相当多的不同之处。真核细胞的基因通常不需要借助包含多个功能区段的操纵子，而是拥有自我调节的功能。真核细胞的每个基因都有自己的启动子，调节启动子的是一系列复杂的蛋白复合体，复合体能与启动子直接互动和结合，复合体的亚单位之间也存在互动。这种调节方式可以达到让人难以想象的复杂程度。

真核细胞也有一些通用的蛋白质，它们能与所有的启动子结合并参与启动基因的转录。除此之外，真核细胞内还有各种各样专能的蛋白质，它们多是针对某一个或者某一类基因的。所有这些蛋白质将在启动子的位点上相遇、堆积，而只有当所有要素都就位后，RNA 聚合酶分子才能与启动子结合并开始转录的过程。枚举具体的基因和参与启动转录的蛋白质既烦琐又徒劳，因为那不过是一连串指代不明的代号而已。你需要记住的是，对真核生物的发育和成熟而言，某个特定的基因能否表达取决于众多调节蛋白的通力协作。

真核生物发育的一般模式

胚胎发育的起点是一个单独的细胞——合子，它可以变成许多专能的细胞。合子细胞是"全能的"（totipotent），这个定义是指在合子最初的几次连续分裂中，每个子细胞都具有发育成任何专能细胞，如皮肤细胞、脑细胞。在生物发育的过程中，绝大多数专能化的细胞都会失去原本的全能性，不仅如此，试图让它们去专能化或者重获全能性的实验也大多是徒劳。不过，的确有一些细胞能够被人为改变。比如，发育成熟的乳腺细胞可以作为合子的全能性细胞核供体，借助这种方式诞生的有克隆羊多利（Dolly）。

正常的生物体内有一类被称为干细胞（stem cell）的全能性细胞，它们的作用是弥补成熟细胞死亡或者损伤后留下的空缺。干细胞在各种针对人类的疾病治疗中都非常有用，但是它的获取却非常困难。一种技术上相对容易的方式是从人类早期的胚胎上提取干细胞：只要把早期胚胎打散、分离，所得的每个细胞都是具有全能性的胚胎干细胞。近年来，用胚胎制备干细胞的做法因为它本身的伦理问题而被推到了各方争辩的风口浪尖上。

要探讨胚胎发育，我们必须先对两种情况进行区分。首先，在发育的过程中，有时候每个细胞将来的命运早已"注定"，这种情况是指细胞已经发生了分子层面的改变，因而只能发生数种可能的变化。不过，这些前途已定的胚胎细胞可能还没有产生外观上的区别，看上去相似并不意味着它们就是一样的，一旦细胞启动分化（differentiate），它们就会拥有自己独特的蛋白质，外形上的差异便随之而来。

迄今为止，我们还无法清楚地解释动物发育过程中的每个细节，即有关动物是如何从单独的合子细胞开始，按照一定的时序逐步发育为成年的多细胞个体的。传统的胚胎学能够详细地描述许多发育过程中的事件与过程，却无法对那些现象做出合理的解释。合子细胞分裂的过程应当被着重强调：通过分裂，一个合子变成两个细胞，而后变四个、八个……直到形成一个由许多细胞组成的球状结构。随后球的中心形成了一个空洞，此时这个球状结构被称作"囊胚"（blastula），囊胚的所有细胞都暴露在胚胎的表面。随后，胚胎中的细胞发生大规模的迁移，许多细胞移动到了球形胚胎的内部，此时的胚胎则被称为"原肠胚"（gastrula）。

原肠胚中的细胞经过进一步的迁移和结构调整，整个胚胎就被分成了宽阔的三层：外侧的外胚层（ectoderm），将来会分化成皮肤和神经系统；内侧的内胚层（endoderm），将来会分化成肠道内壁和邻近肠道的其他器官；还有位于这两层之间的中胚层（mesoderm），它将成为大部分的实体脏器。尽管某些参与上述胚胎细胞分化过程中的基因已经被识别和鉴定，但是总体而言，在发育早期的事件中我们还举不出一个由基因起特定作用的典型例子。不过，研究人员的确掌握了很多在胚胎发育期间发生的阶段性事件，他们对这些事件的研究颇为深入，甚至已经找到了主导某些事件的基因。只要对这类例子稍加分析，你就能对"基因通过互相协作实现功能"的概念有个大致的印象。

指导细胞向特定方向分化的指令，可以同时来自细胞的内部和外部。传统的胚胎学家一直习惯于把来自外部的分化指令称作"诱导"（induction）。当胚胎开始发育后，胚胎中的细胞需要经历大量的迁移运动，不同种类的细胞会在迁移的过程中发生接触。一旦细胞之间发生实际的接触，一种类型的细胞就有了给另一种细胞传达指令的机会。脊椎动物颅骨内的眼睛形成就可以作为诱导现象的例子之一，对小鸡胚胎的研究清楚地显示了这个过程（见图 11-4）。

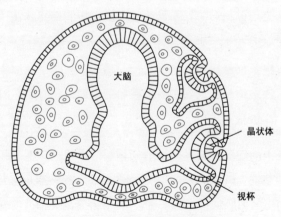

图 11-4　小鸡的眼睛发育示意图

小鸡胚胎的眼睛发育始于从大脑中向外伸出的一对杯状突起。杯状突起能诱导位于它表面的组织形成晶状体。如果杯状突起被移除，晶状体也就不会发育。而如果杯状突起被移植到别的部位，它就会在相应的位置上诱导晶状体的形成。

中枢神经系统的主体部分在胚胎中形成的时间非常早，它的雏形是一条位于胚胎背部的神经管，神经管在头部的位置有一处扩张，这是将来形成大脑的地方。眼睛发育的雏形是一对从大脑向外伸出的杯状突起，起初这些杯状突起中没有晶状体，它们指导某些来自外胚层的细胞覆盖在自身表面，使之逐渐透明化并最终形成晶体组织。如果用显微镜手术移除一个杯状突起，那么原本应当出现的晶状体也会跟着消失；而如果把杯状突起移植到胚胎的另一个部位上，它就会在那里诱导晶状体的形成。

诱导显然与某些细胞有关系——它们来自诱导物所在的组织，但是这些细胞的命运早已注定，并且已经发生了部分分化，所以我们无法把所有的细胞分化都归结为诱导的作用。现在，我们必须回过头想清楚，什么是内部信号指导细胞分化的机制。我们已知的一般机制有两种，它们分别与发育进行的时间和细胞所处的具体位置有关。

调控发育的时序性

体现发育调控时间机制的最好范例是小鸡翅膀的发育（见图 11-5）。翅膀是从小鸡胚胎的一处肢芽里长出来的，它的组成结构是以中胚层为主体，外覆一层外胚层，包括位于肢芽处的一个将来可以延长的外胚层顶嵴小尖儿。位于顶嵴的细胞会指导中胚层细胞的发育，不仅如此，这些细胞内似乎有一种能够决定接下来应该给出何种指令的计时装置。

J. H. 刘易斯（J.H. Lewis）、D. 萨摩贝尔（D. Summerbell）和刘易斯·沃博特（Lewis Wolpert）一起，通过手术摘取了不同胎龄的顶嵴，然后把它们移植到其他胎龄不同的肢芽上。如果将胎龄相对较小的顶嵴置于已经伸出肱骨和桡尺骨的翅膀上，它就会让同样的骨骼在局部组织上再重新发育一次。而如果把胎龄较大的顶嵴移植到相对年轻的肢芽上，它只会指导肢芽完成最后的指骨部分的发育。

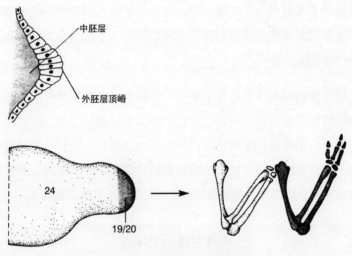

中胚层

外胚层顶嵴

24

19/20

图 11-5　小鸡翅膀发育示意图

正常的小鸡翅膀包括下列典型的附肢骨：肱骨（相当于上臂部分）、桡骨和尺骨（相当于下臂部分），还有数个腕骨及指骨（相当于手指）。中胚层在外胚层顶嵴的指导下，以一定的顺序依次发育出这些结构。如果一个年轻的顶嵴被置于已经发育出部分骨骼的肢芽上，由于顶嵴细胞内的计时装置还停留在较早的阶段，所以它会指导肢芽在原来的基础上，把已有的结构再重新发育一遍。

从这个实验中可以看出，顶嵴细胞内的计时装置首先开启的是与肱骨发育有关的基因，然后随着时间的推移，这些基因会被关闭，紧接着又有其他的基因开启，而这些基因则负责指导桡骨和尺骨的发育。时间继续流逝，另有一组基因开始表达，指导指骨的形成。我们还不知道这种计时装置工作的确切机制，但是调节蛋白合成后与特定的基因结合，后者再指导其他蛋白质的合成，这个过程可能确实要花费不少的时间。单从理论上来说，要据此设计一种实现时序效应的调节环路并不是一件特别困难的事。

调控基因的空间性

不论是对从前的经典遗传学研究，还是后来的发育遗传学研究而言，果蝇都是一种非常有价值的模式生物。在询问有哪些因素可以影响不同细胞的分化时，最显而易见的答案非细胞所处的位置莫属。眼睛和嘴巴应当在头部发育，腿和脚应当在躯干中间的下方发育（腹侧），而翅膀应该在躯干中部的上方发育（背侧）。那么，在基因的层面上要如何确定发育的具体位置呢？如果卵细胞是绝对均一和对称的，那么它几乎不可能提供与方位有关的信息，因而也不可能展开恰当的发育。不过，周围的细胞显然会在卵细胞开始发育之初给予它有关所处位置的最初信息。

果蝇的卵细胞在卵巢中发育的时候，它的周围通常围绕着 15 个哺育细胞（nurse cell），每个和哺育细胞接触的位置都会形成一个端点。哺育细胞以细小的管道与发育中的卵细胞相连，它们可以通过这些管道向卵细胞输送物质。被输送的物质中就包括一些特殊的 mRNA，它们可以在卵细胞受精并成为合子之后启动卵细胞的分化。启动分化的程序如图 11-6 所示。同之前一样，图中所涉及的基因的名字是用它们的突变体命名的，所以有些基因的名字看上去很滑稽。

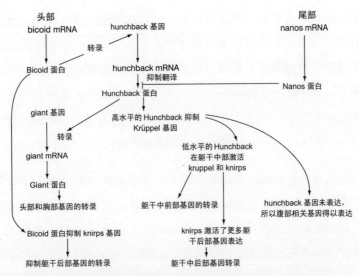

图 11-6　决定果蝇胚胎纵轴前后方位的基因及其最初的交互关联

Bicoid 蛋白的 mRNA 被注入了果蝇身体的前端，随后 Bicoid 蛋白质启动
hunchback 基因的转录。这一连串变化的最终效应是启动与头部和胸节相关的
基因的转录，以及腹部相关基因的沉默。注入果蝇躯干尾部的则是 nanos 基
因的 mRNA；Nanos 蛋白质会抑制 Hunchback 蛋白的合成，而 Hunchback 蛋白
的缺失会启动腹部相关基因的表达。

　　最关键的起始环节是 bicoid 基因的 mRNA 以及 nanos 基因的 mRNA
在不同端点的注入，接受前者的一端将会成为头部，而接受后者的一
端则会成为尾部。由这两种信使 RNA 翻译所得的蛋白质继而会诱导或
者抑制至少一种其他蛋白质的合成。后续的效应被一步一步地级联放
大，直到蛋白质的种类和身体的局部结构差异足够明显为止。

一旦身体纵轴的前后方被确定，一系列其他的基因就会被激活，这些效应的最终效果就是使发育中的胚胎分出体节，对于果蝇的身体而言，它的体节分布如下：头部占五个体节，胸部占三个体节，腹部占十一个体节。利用被染料着过色的特异性抗体，就可以识别并定位参与体节分化过程的蛋白质。只要把发育中的胚胎浸入含有这些抗体的溶液中，抗体就会特异性地与对应的蛋白质结合，在胚胎上产生颜色不同的条带。

这类实验的结果显示，胚胎中首先有一连串的 gap 基因被激活，它们编码的蛋白质又激活了一连串的 pair-rule 基因，后者的激活导致胚胎被分成 14 个体节。接下来，某些 segment-polarity 基因又被激活，它们把每个体节又进一步分成前后两端。再然后，一连串 homeotic（同源异型）基因被诱导活化——它们最初是在某些外形奇特的突变种中被鉴别出来的，比如，触角足（antennapedia）突变就是在原本应该长触角的地方长出了一对脚，这些神奇的基因导致每个体节都分化出了各自特征性的结构。通过把不同的同源异型突变组合到一起，艾德·刘易斯（Ed Lewis）拼凑出了一种长两对翅膀的果蝇，而正常情况下，果蝇只有一对翅膀。

胚胎发育中的系列事件与相关基因

通过对果蝇复眼形成的研究，我们弄清了一系列胚胎发育中的事件，以及数个涉及这些过程的基因。昆虫的复眼包含了大约 800 个名叫"小眼"的基本单位构成。每个小眼中都有大约 20 个细胞，鲜有例外。这些细胞形成了一个平面，使它们几乎只能与自己相邻的细胞互动，在平面的上方或者下方都没有其他细胞的干扰。这些细胞的默认命运是变成晶体细胞，但是如果它们内部发生一系列的基因相互作用，就可以分化成光感受细胞，也就是感知光线后把刺激信号传向大脑的细胞。小眼中的细胞分化会以一种固定的次序进行（见图 11-7）。首先是位于正中央的光感受细胞 R8 的分化，完成分化的 R8 似乎能够诱导与之相邻的细胞 R2 和 R5。而 R2 和 R5 继而又能诱导位于同一侧的 R3 和 R4，以及另一侧的 R1 和 R6。最后，R7 也会被诱导分化。20 个细胞里剩余的细胞则会最终发育成晶体细胞和其他结构。

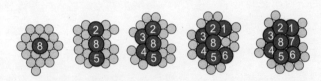

图 11-7　果蝇小眼中八个光感受细胞的分化顺序。

这种严格的顺序源自数个基因和它们编码的蛋白产物间的相互作用。

小眼细胞的分化开始于一种在细胞平面上可见的光学凹陷（又称"波纹"）从后向前掠过眼睛的时候。随着波纹的出现，细胞先是开始分裂，随后又停止于细胞周期的开端。波纹传递的方向同样也是光感受细胞聚集的位置，这主要取决于 wingless 基因的表达，该基因的表达产物参与了一种分布广泛的信号通路，该通路与分化指令的传递有关。紧随波纹之后的细胞随即开始分化并分泌 Hh 蛋白。Hh 蛋白向未分化的细胞扩散，刺激它们分泌 Dpp 蛋白。Dpp 会向位置更靠近头部的细胞扩散，诱导它们分化继而释放 Hh 蛋白，这又可以触发新一轮的 Dpp 分泌。正是这种 Hh 蛋白和 Dpp 蛋白的循环释放才引起了波纹的传递。

为了弄清下一个分化的细胞是如何被指定的，我们从 R7 细胞着手开始分析，尽管 R7 本身是最后一个完成分化的细胞。有一种名为 sev 的突变，涉及 R7 细胞分化所必需的一个基因。R7 的独特之处在于它是紫外线的受体，而 sev 突变体正好可以利用它对紫外线感受的缺陷进行鉴定和筛选。Sev 蛋白在 R7 完成分化之前就已经出现在了细胞的表面上，而与它结合的配体也是一种蛋白质，名叫 Boss，由基因 bride-of-sevenless 编码，位于 R8 细胞的表面。也就是说，R8 细胞上的 Boss 蛋白起到了指导相邻细胞分化为 R7 的作用。

不过，R3、R4、R1 和 R6 细胞的表面同样有 Sev 蛋白，那么为什么它们没有变成 R7 细胞呢？这是因为这四个细胞会表达 sup 基因，而 sup 蛋白会阻止它们分化为 R7 细胞。还有一种突变涉及的基因叫 rough，它更好地体现了这些细胞互动的方式。rough 基因通常只在 R2 和 R5 中表达，它的作用是让 R2 和 R5 能够诱导 R3 和 R4 在同一侧形成，而在另一侧诱导 R1 和 R6 的形成。

我们仍然不清楚这些细胞间的互动是如何被设计和执行的，但是对上述突变的分析揭示了一种规律：由一个细胞合成某种蛋白质，随后这种蛋白质与相邻细胞的蛋白质发生互动，导致某些基因的激活与另一些基因的关闭。回到引发所有实验研究的那个问题，现在，我们已经可以说出很多种基因间相互作用得以实现的机制了。有些基因能够编码直接与其他基因结合的蛋白质，激活或者关闭它们。另外有一些基因，它们编码的蛋白质能够调节将特定 mRNA 翻译成蛋白质的过程。还有一些基因编码的蛋白质可以通过扩散从一个细胞传递到另一个细胞，诱导或者抑制下游细胞发生改变，而有些基因的产物则是位于细胞表面的蛋白质，它们可以作为邻近细胞互动的媒介。在复杂的生理过程中，基因表达的基本逻辑是编制一张互动式的关系网，这张错综复杂的网络里包含了上文中提到的各种可能方式，而除此之外，也肯定还有一些是我们在这里没有提及的。

章后总结 ●

1. 针对基因调控过程的研究最早开始于细菌，最初的解答也来自细菌。

2. 细菌的基因组相当于许许多多组织高度有序的操纵子集合，其中包含了多种不同的调节方式。编码合成酶的基因也以操纵子的形式进行调控，它们也有自己的阻遏物蛋白，但是这些蛋白质只有在过量氨基酸存在的时候才会和操纵基因结合，并以此阻断基因的转录。

3. 许多蛋白质的功能就是与其他分子结合，而这些分子被称为配体。配体与蛋白质的结合可以是永久的，也可以是暂时的。

4. 受体是一类重要的蛋白质，其功能是对接相应的配体，并将配体的信息向下传递。受体蛋白工作的基础是它们的分子结构的可变性。与配体分子的结合会导致受体蛋白的结构发生微妙的变化，正是这种微小的结构变化让蛋白质得以执行与配体结合后的效应功能——启动细菌的运转装置，或是触发神经元的电信号。

12

操纵 DNA

重组 DNA 指的是什么?

基因克隆的具体应用有什么?

现阶段实现的基因治疗手段有哪些?

什么是基因组学?

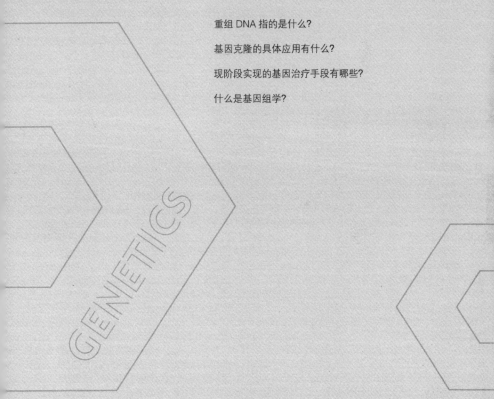

在古希腊神话中，泰坦（Titan）是站在神明和人类中间的巨人一族。泰坦人厄庇墨透斯（Epimetheus，意指"事后懊悔"）曾被神明们委以重任，他要创造植物和动物，并且负责把各式各样的属性和特征分配给它们。但是厄庇墨透斯行事草率，当创造人类时，他才发现自己已经用尽了所有的属性。为了让人类有生存的依靠，他只能求助自己的哥哥普罗米修斯（Prometheus），让他从神明那里偷来火种然后转送给人类。这招致了宙斯的震怒，他表面上赐给普罗米修斯一个美丽的妻子——潘多拉（Pandora），但是暗地里却在等待着她给普罗米修斯带去祸水。潘多拉后来打开了一个禁忌的盒子（这个盒子也是宙斯赠送的），从此，原本被封印在盒子里的瘟疫和疾病遍布人间。

如今，有些人把遗传学家们看作是现代的厄庇墨透斯，认为他们对大自然毛手毛脚的作为可能会在无意中打开科学的潘多拉之盒，给人类世界带来新的苦难。这种对现代厄庇墨透斯的惧怕一度变得情有可原，尤其是在遗传学家们学会如何直接操纵 DNA 之后。今天，遗传学家们甚至有能力创造一种在自然界完全不存在的生物，这让他们看上去的确有几分神明的样子。

我们在前文中曾经探讨过，从农耕时代的早期开始，人类就一直在动植物养殖中尝试运用自己对生殖现象的粗浅理解，以便获得他们偏爱的生物性状。进入 20 世纪，孟德尔定律在遗传学中的实践大大提高了传统养殖行业的育种效率。但是以这种方式进行的品种改良只限于在同一个物种内整合已有的性状。而在新的 DNA 操纵技术出现后，任何生物的特征都能够被整合到同一个个体上，这不禁让人想到了奇美拉（Chimera），这是一种古希腊神话中的怪物，长着狮子的身体、山羊的脑袋、毒蛇的尾巴，还会喷吐火焰，十分怪异，大概也只有神明才能造出这样的物种。

重组 DNA 与限制性内切酶

大约在 1972 年左右，安妮·张（Annie Chang）、保罗·贝格（Paul Berg）以及西摩·科恩（Seymour Cohen）意识到，如果利用限制性内切酶，那么基本上任意两个 DNA 片段都能被整合到一起，形成所谓的"重组 DNA"（recombinant DNA）。正是基于这个思路的新技术，给整个遗传学和分子生物学领域的研究带来了颠覆性的革命。互补的单链核酸会以相当精准的方式自发结合，这是 DNA 操纵技术得以实现的事实前提。在同一个溶液体系内，一个含有序列 G-C-T-A-T 的片段会自发地寻找并结合另一个序列为 C-G-A-T-A 的片段。让限制性内切酶切割 DNA 这一步操作尤为重要，你肯定记得大多数的限制性内切酶会对称地切割回文序列，切割的结果通常是产生两个短小、互补的游离单链末端，它的长度大约为二到四个碱基对。比如，限制性内切酶 SalI 的切口如图 12-1 所示。

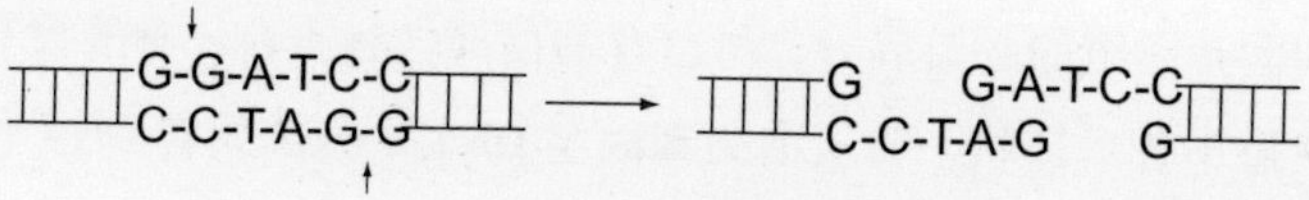

图 12-1 限制性内切酶 SalI 的切口

任何经由同一种限制性内切酶切割的 DNA 分子都会含有相同的单链序列，尽管末端游离的序列非常短，但是这足以让两段不同的 DNA 分子实现杂交。所以，如果用同一种限制性内切酶切割来自两种生物的 DNA 分子，再把两者整合到一起，我们应该就可以获得许多兼有来自两个物种 DNA 片段的重组分子了。

在实际应用中，重组 DNA 的两个片段中往往只有一个是研究的重点，它来自我们感兴趣的某种"供体"生物，可能是小鼠，也可能是人类。换句话说，所谓的研究重点也就是我们希望在实验中分离和操纵的目标 DNA。要从供体生物的细胞里提取整个基因组的 DNA 并不困难，理论上只需粉碎细胞然后用酒精沉淀 DNA 即可。提取完成后，供体 DNA 再经限制性内切酶处理，成为相对较短且容易操作的片段，然后，这些片段被插入能够进行复制的另一种 DNA 分子里，后者扮演的角色相当于"载体"（vector）。

在希腊语里，"vector"的意思是"携带者"，而在这里，载体分子携带的是我们感兴趣的 DNA 片段，载体的作用是方便实验者对目标 DNA 进行操纵。载体能够复制，它们可以连同插入的供体片段一起扩增，为后续的研究分析提供足够数量的样本。使用最普遍的载体是质粒，我们曾在第 10 章里介绍过：质粒是一种位于细菌内的小型环状 DNA 分子，使细菌拥有抗生素抗性的基因通常就位于质粒上。质粒不属于细菌基因组的必要成分，所以有的菌株含有质粒，有的没有。质粒形状短小且呈环状，要从细菌基因组 DNA 中分离质粒 DNA 相当容易。某些小型的病毒 DNA 也经常被用作 DNA 的载体。

在用限制性内切酶切割供体 DNA 之后，我们再用同一种限制性内切酶处理含有切割位点的一种载体分子。两种 DNA 混合后，总会形成一些符合要求的重组 DNA。带有供体片段的载体分子如图 12-2 所示。

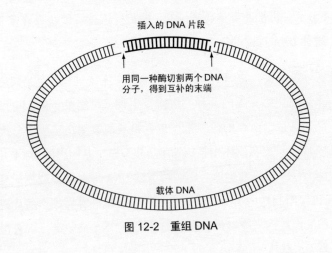

图 12-2　重组 DNA

这样插入的片段并不稳定，不过我们可以再加入 DNA 连接酶（DNA ligase），它可以作为连接 DNA 的骨架，使插入片段和载体成为一个稳定而完整的分子。

反应的混合物中会包含许多重组分子，重组分子的载体上搭载的插入片段各不相同。下一步是将这些重组分子导入活细胞内，以便它们能够进行复制。如果作为载体的是质粒，那么只需要把含有重组

DNA 的反应混合物导入不含质粒的细菌里即可，通常这里的细菌是指大肠杆菌。只要创造适当的条件，细菌就能透过细胞壁和细胞膜将重组载体摄入细胞内。多数情况下，每个细胞只会摄取一个重组分子。当接种完这些细菌后，它们就会正常生长和分裂，连带着使质粒和质粒中的插入序列发生复制扩增。培养基上每个由此获得的菌落都是一个"DNA 的克隆"（DNA clone）。所谓 DNA 的克隆，也就是指在同一个菌落的细菌克隆内，伴随细菌分裂而被大批量复制的供体 DNA 片段。

实验中长出的菌落被收集并留存，所有的菌落一起构成了一座"基因组文库"（genomic library）。如果我们能收集足够多的菌落，那么将有很大的概率供体基因组的每个片段都会被保存在至少一个基因组文库的菌落里。如此一来，我们或许可以建立一座小鼠基因组文库，只是这座"文库"的本质是质粒，并且坐落于细菌内。

获得文库之后，接下来要做什么事就取决于具体的实验目的了。

单独的克隆片段

实验研究的重点往往是某个我们希望深入了解或者能够应用于实践的供体基因，就算基因组文库里的确有该基因的克隆，那我们又要如何才能找到它呢？实际上有许多巧妙的方法可以让我们从基因组的汪洋里找出那个想要的基因。如果是一个野生型基因组的 DNA 文库，我们就可以把每种克隆里的 DNA 导入到含有缺陷目标基因的生物体内，随后筛查所有导入成功的细胞，看看有没有转变成野生型的情况出现。这种手段被称作"功能互补试验"（functional complementation），它之所以可行是因为大多数生物的细胞都会接纳外源性的 DNA。接纳 DNA 的过程可能是被动的，比如用电流刺激细胞，促使它摄取 DNA。而当接收细胞的体积足够大时，也可以采用直接注射 DNA 的方式。甚至有一种专门的"基因枪"，它可以用携带 DNA 的金属离子作为子弹，射击细胞。不管是哪一种，一旦 DNA 进入细胞，它就有可能会被插入受体细胞基因组上的某处，作为普通的基因栖身于受体细胞内。如果我们导入突变细胞的 DNA 克隆恰好包含了它所需的野生型基因，突变细胞的表型就有可能会转变成野生型，我们可以据此鉴别出该 DNA 克隆中是否包含了自己感兴趣的基因。

只要目标基因得到鉴别，许许多多的可能性就会接踵而至。最明显的一种用处自然是对插入的目标基因进行 DNA 测序，然后推断它编码的产物的氨基酸序列。如今，各种数据库里能够检索到的蛋白质数据多得惊人，凭借它们，你就可以知道目标基因大概编码了一种怎样的蛋白质。

有鉴于不同物种的基因序列具有相当可观的进化保守性，所以一旦我们弄清了一个基因的功能，就可以以这个基因为模板，在亲缘关系相近的生物体内寻找类似的其他基因。1984 年，凯利·穆利斯（Kary Mullis）发明了一种寻找亲缘基因的利器——聚合酶链式反应（polymerase chain reaction，简称 PCR）。PCR 技术得以实现的事实前提是：DNA 的复制必须借助引物——一段不长的 DNA 或 RNA 片段，DNA 聚合酶只有在引物存在的情况下才能让核酸链延伸。对克隆基因进行测序是为了设计出适用于目标基因的短小引物。引物会附着在 DNA 双链上相反的两端，而每条单链都会成为 DNA 多聚酶的模板，多聚酶在两个引物之间的区域内快速地来回穿梭，以指数级的速度扩增两者之间的 DNA 片段（见图 12-3）。只要能获得长度合适的扩增片段，就可以对其进行测序，并与原始 DNA 克隆的序列进行比对。

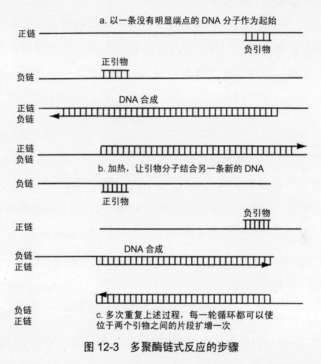

图 12-3 多聚酶链式反应的步骤

首先，对双链 DNA 分子进行加热，使其变性分离成单链。加入引物，它们会结合到两种单链上的相应位置，单链的复制由一种在高温下仍能保持稳定的酶催化。复制完成后，照例用高温使核酸链分离，同样的循环不断进行，每一轮都会让模板链分子的数量翻倍。

PCR 在鉴定人类遗传病的致病基因中也大有用处。人群中绝大多数的隐性等位基因都静静地隐藏在杂合个体体内，只有当父母双方都是杂合子时，他们的隐性纯合后代才会表现出疾病的表型。对于医学遗传学家而言，分辨杂合子的手段具有重要的价值。如果某种致病基因已经通过克隆和测序的方式被鉴定了，那么用于探测致病基因的 PCR 引物就能被设计，如此一来，即便杂合个体有野生型基因打掩护，我们也依然可以鉴别出致病基因。某些显性遗传病具有延迟发病的特点，比如亨廷顿舞蹈病，所以也同样需要借助 PCR 技术进行诊断。如此看来，克隆、测序以及其他类似 PCR 的相关技术，已然成为医学诊断中不可或缺的常规技术。

克隆基因的另一个重要应用是作为探针（probe），用于检测和定位其他核酸分子上能够发生碱基互补配对的同源区段。首先，克隆基因的 DNA 需要用放射性原子或荧光剂进行标记。经过标记的 DNA 随即被拆分成两条单链，而后同时作为探针被投入到含有许多其他单链核酸的混合物中。由于序列互补的单链核酸能够进行颇为特异的结合，所以只要我们定位到探针，也就相当于定位到了同源区段的位置。探针是遗传学中一种相当万能的工具，它们的作用包括在染色体上定位基因的位置，或者在不同的情况下定性及定量地检测由特定基因转录的 mRNA。

PCR 和探针技术双双被应用于刑侦调查中，它们可以协助确定个体 DNA 的特征，指证罪犯。人类的体液，比如血液和精液就是 DNA 检测的理想样本。由于 PCR 的灵敏度极高，所以就算样本量很小，也能得到可靠的结论。在实际操作中，科研人员会首先用限制性内切酶切割 DNA 分子，在凝胶上电泳后，再用探针检测片段。这一连串操作结束后可以得到一组被标记的 DNA 片段，所有片段组成的图形被称作"DNA指纹图谱"（DNA fingerprint，见图12-4）。这种测试技术的原理是，虽然人类所有的基因都位于染色体上的相同位置，但是基因和基因的

DNA 之间却存在着相当可观的异质性，这导致相同基因受同一种限制性内切酶切割后，所得片段长度丰富多样。在一些高度多变的区段也有了可用的探针和 PCR 引物之后，用它们测试的结果显示，每个人都拥有自己独特的片段切割式样。因而，从犯罪现场获取的 DNA 样本就可以和嫌疑犯的 DNA 进行比对，这种测试能够作为给嫌犯定罪的强有力证据，哪怕比对的结果不匹配，至少也可以还人清白。

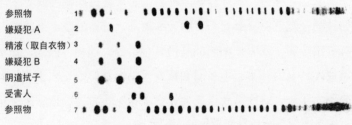

图 12-4　指纹图谱技术应用示例

这是一个用 DNA 指纹图谱技术从两名被捕的嫌疑犯中区分谁是强奸犯的例子。嫌疑犯 A、嫌疑犯 B 以及受害者的 DNA 样本比对结果如图，另外还有从受害者衣物上提取的精液样本，以及阴道拭子。现场的证据显然与来自嫌疑犯 B 的样本相吻合，A 由此可以洗脱嫌疑。

转基因生物

基因克隆影响最深远的应用是创造受外源性基因修饰的生物，尤其是出于商业目的。植物或动物的基因组能够被特定的克隆 DNA 修饰，只要人们认为这样做能够提高受体生物的品质。这些外源性的基因被称为"转基因"（transgene），而受外源性基因修饰的植物或动物则被称为"转基因生物"（transgenic organism）。在大众媒体上，转基因技术更为人所熟知的叫法是"遗传修饰"（genetic modification），这种通俗的称呼容易引起混淆，因为从农业出现伊始就有传统育种方式也能达到遗传修饰的效果。还有两个表意更确切的名词——基因改造生物（genetically modified organisms）和转基因食品（genetically modified food）则是特指转基因技术。

转基因和传统育种之间的关键区别在于，转基因技术中生物体获得的新基因可以来自任何其他生物，这大大提高了修饰的可选范围。在传统的杂交育种中，新等位基因的引入必须通过同物种或者亲缘相近的物种的交配，而只要我们有明确的需求，转基因技术可以把鱼的基因转移给植物，或者把细菌的基因转移给哺乳动物。因此，如果可以随意使用转基因技术，那么限制粮食产量增加的唯一因素就只有我们的想象力了——这话听着可能会让许多人不置可否，毕竟人类历史上有过太多因为空喊口号而导致的人间悲剧。

转基因技术吸引人的另外一个原因是它的效率。新 DNA 的导入只需数小时或者数天。而经过修饰的个体通常只需要几周或者几个月就能生长成熟，随后就可以接受必要的测试。传统选育技术达到同样的效果则需耗时数代，前后加起来常常需要 10 年的时间。

转基因是一种非常好用的工具，它的应用潜力无限：可以让农业生产变得更容易和更高效，而且还能提高食物的品质。比如，转基因技术可以提升猪肉和牛肉的瘦肉含量，减少油脂。再比如，单位牲畜的产量也可以得到提升：奶牛可以产更多的奶，母鸡可以生更多的蛋，或者小麦可以结出更多的穗。还有些研究的目标是让作物拥有自己的固氮基因。空气中有 79% 的氮气，而氮元素则是蛋白质和核酸的关键组成元素之一。尽管如此，植物却只能利用已经被固定的氮元素。所谓"固定"，是指氮元素由游离的氮气变成氨气和硝酸盐。生成氨气的化学反应式为：$3H_2+N_2 \rightarrow 2NH_3$，这个反应主要发生在固氮细菌的细胞内。固氮细菌通常存在于豆科植物——黄豆、豌豆以及桤木根部的瘤状物里。工业生产中也可以通过氢气和氮气的化合反应制备氨气，但是这种人工的固氮方式需要耗费巨大的能量。不仅如此，就保护自然土壤生态而言，施用氨气和其他含氮化肥的效果也要远远逊色于有机氮肥。按照从前增加土壤氮肥肥力的传统做法，农民会先种植一轮固氮作物，随后把它们犁埋进土里用于培育其他作物。不过，人们更希望的是所有作物都能有自己的固氮基因 nif。有一种名为肺炎克雷伯菌（Klebsiella pneumoniae）的细菌，它的 nif 基因成簇地堆叠在一起，我们可以把 nif 基因从细菌中提取出来，然后转入希望改造的目标作物体内，让它们在其中进行功能性的表达。

对作物的改良还包括让它们获得抵抗毁灭性灾害的能力，比如对抗真菌感染和虫灾。每年全世界的虫灾都会让种植农作物的农民损失惨重。已经有数个公司尝试过把抵抗虫害的基因加入农作物中。这些公司最常用到的目标蛋白是 Bt 毒蛋白，它是苏云金芽孢杆菌（Bacillus thuringensis）中一系列昆虫毒性蛋白的统称。获得这些毒性蛋白基因的转基因植物可以拥有一整套抗虫机能。还有一种转基因技术的应用是通过改良植物，令其获得抵抗特定除草剂的基因，这些基因通常来源于某些细菌。最著名的例子是草甘膦，种植了抵抗这种除草剂的作物后，农民就可以给整片农田喷上除草剂，而不用担心把农作物和杂草一同杀死了。这些手段让农业生产变得比从前更高效，但是它们在提高效率的同时也带来了争议，我们将在第 13 章对此进行探讨。转基因技术在农业方面的应用与人类的健康、生态系统的稳定以及农业的经济效益息息相关。

转基因技术还能够提高作物的营养价值，"黄金大米"（golden rice）就是一个很好的例子。黄金大米其实是一种能够合成高水平维生素 A 的转基因大米。对盐耐受的基因则能让转基因植物拥有在一毛不拔的盐碱地里生长的能力，以色列目前种植的某些土豆就属于这种耐盐转基因植物的范畴。高盐是自然界某些区域的正常状态，例如近海地区。土壤盐碱化问题正在全世界愈演愈烈，因为许多地区的土壤中正在积累越来越多的盐分，而背后的罪魁祸首则是农耕过程中的过度灌溉。人们正在通过提高作物对热、冷和矿物质的耐受能力，以此扩大适合作物种植的耕种范围，而对耐盐作物的研究正是这种努力的典型代表。

还有人在研究携带疫苗基因的转基因植物，这将大大简化防疫的过程：以后或许只需要嗑个瓜子或者吃根香蕉就能完成疫苗接种。相对而言，传统疫苗接种的流程既昂贵又不方便，因为它涉及成本高昂的冷藏，往往还要专业的医务人员帮助注射。

转基因微生物拥有无限的应用前景，因为它们可以作为合成任何蛋白质的"工厂"。人类的胰岛素基因就是一个常见的例子，通过细菌量产的人类胰岛素成本更低，也许可以替代之前使用的猪和牛的胰岛素。

眼下，致力于转基因研究项目的私人企业如雨后春笋。跨国企业，如陶氏化学（Dow Chemical）、国际镍业公司（Inco）、孟山都（Monsanto）以及礼来制药（Eli Lilly）都在这个堪与微电子比肩的领域投资了数百万美元，以支持类似希得（Cetus，位于伯克利）和百健艾迪（Biogen

位于瑞士）这样的公司。从表面上看，限制转基因技术发展的因素似乎只有独创性和想象力而已。就在加拿大安大略省新一轮竞选打响的前夕，当地政府宣布将大力支持一项耗资数百万美元的生物技术项目，他们寄希望于该项目能在医疗、林业、矿业、农业、环境和能源领域做出让人兴奋的贡献。人们期望的研究成果包括降解污染物的细菌、净化矿物离子的微生物、用工业废料合成酒精的转化技术以及非豆科的固氮植物。

基因治疗

人类的基因治疗是转基因技术的特殊应用之一。如果说植物和动物的基因都可以通过转基因进行修饰，那么为什么不试着用相同的手段治疗遗传病呢？通过用正常基因替换致病基因的方式，重组 DNA 技术理论上可以纠正任何有缺陷的人类基因。比如，只要我们找到导致囊性纤维化的致病基因 CFTR，并确认该基因的功能，医学科学家就可以凭借这些手头的信息，构思治愈囊性纤维化病人的可能基因疗法。类似研究考虑的首选思路往往是能否找到正常的 CFTR 基因，然后将其导入从患者体内取出的细胞里，人类基因导入的过程常常是借助牛痘病毒实现的。牛痘病毒也经过转基因的修饰，带有 T7 噬菌体的 RNA 聚合酶基因，而在克隆 CFTR 基因的质粒上，CFTR 基因位于一个只能被该 RNA 聚合酶识别的启动子的下游。在给囊性纤维化患者的细胞同时导入病毒和质粒后，这些原本缺失某些关键离子运输通路的细胞随即恢复了正常。

许多基因治疗研究中心都在开展针对成年囊性纤维化患者的试验，

这类试验比其他任何疾病的基因疗法试验都多。实验室展开试验的载体数目已逾数十种，但是科学家至今没有发现哪一种载体能同时满足单独应用于基因治疗的所有条件。至于转移基因的方式，有的科学家会用气管镜（医院里检查肺脏的管子）把目标成分直接送到患者的肺里；有的研究所更偏好经由鼻腔或者鼻窦，因为它们的位置更利于操作，而且倘若操作出现纰漏，后果也不至于不可挽回。

一种微小的腺相关病毒（adeno-associated virus，简称 AAV）是现已成为 CFTR 基因载体的有力竞争者，与腺病毒不同，AAV 本身并不致病。不过，它的缺点在于转基因的效率不高。为了提高腺相关病毒的载体质量，人们正在尝试用辐射或者化学手段对其进行修饰。还有的实验室正在尝试用逆转录病毒携带 CFTR，因为这类病毒通常会将它们的基因组整合、插入到宿主的细胞内。

关于在 CFTR 蛋白质正常表达后究竟能否帮助囊性纤维化患者的肺部免于细菌感染，目前还没有统一的结论——肺部细菌感染是超过九成的该病患者发病死亡的原因。不过，有迹象显示，基因治疗确实能够达到这样的效果。肺部分泌物中的杀菌成分在高盐浓度的液体环境里会失效，而后者正是囊性纤维化患者的典型情况。只要环境里的盐浓度降低，杀菌成分就会恢复原本的活性，而 CFTR 基因的活化正好能够达到这样的效果。

许多已知遗传病的基因治疗都离不开其他技术的辅助，比如与血细胞异常相关的遗传病。治疗这些疾病的思路大致为：在体外组织培养中对细胞进行转基因操作，再将其转移到患者的骨髓内，让其成为天然骨髓的一部分。几乎可以肯定，某些与此类似的技术将会成功并在接下去的几年内成为常规医疗的一部分。

上述所有疗法无一例外都属于"体细胞基因治疗"（somatic gene therapy），顾名思义，它们的操作对象都是体细胞。这些手段都需要考虑如何保证转基因细胞的数量，以使它们聚少成多，形成足以使机体功能拨乱反正的合力。由于这些疗法只涉及患者的体细胞，而与生殖细胞无关，所以即使患者能够痊愈，也无法把外源性的正常基因传递给子孙后代。与此不同，生殖细胞基因治疗（germ line gene therapy）的目的是对个体全身的所有细胞进行修饰，包括生殖细胞。最简便的方法是直接向受精卵内注射目的基因，对其进行修饰。这种操作完全是可行的，甚至已经在动物实验中被证实，比如小鼠实验。但其中的关键问题是它在人类身上会有用吗？哪怕同样可行，那么这种疗法应当被批准吗？这是一个严肃的伦理命题，有的伦理学家认为，体细胞基因治疗是符合伦理的，但是把同样的技术应用于亵渎人类基因组或者改造后代基因，则应当被明令禁止。

基因组学

测序技术的进步，加上克隆实验操作在基因组学实验室中的大规模自动化，这两点让我们拥有了对整个基因组进行测序的能力。时至今日，我们已经获得了许多生物的全基因组序列数据，其中包括绝大多数所谓的遗传学模式生物，如大肠杆菌、秀丽隐杆线虫以及经典的黑腹果蝇。20 世纪 90 年代，在众多实验室唇枪舌剑、明争暗斗的背景下，"人类基因组计划"蹒跚起步，最终，美国国家卫生研究院承担了资助该项目的责任。2001年2月，由克雷格·文特尔（Craig Venter）[①]率领的一众科学家，以私人实验室塞莱拉基因技术公司（Celera Genomics）的名义宣布，他们首先完成了人类基因组的完整草图绘制，这个成果被发表在了2001年2月16日的《科学》杂志上。另一个版本的人类基因组草图被发表在了同年2月13日的《自然》杂志上，作者是一个大型团体：国际人类基因组测序联盟（International Human Genome Sequencing Consortium）。

从某种意义上来说，20世纪中期的遗传学家们以重组率为度量单位，在模式生物的染色体上绘制标记基因相对位置的行为就已然可以被视作基因组学的雏形了。不过，当时的遗传图中只能标记部分基因，尤其是那些发生突变基因才被观察到的基因，因此并不完整。相比之下，全DNA测序的结果里不仅有一种生物所有的基因，就连基因之间的非编码DNA也被囊括其中。

基因组学继而又分出了结构性和功能性两个分支。结构基因组学（structural genomics）的目标是在庞杂冗余的染色体DNA里识别和定位基因。人为编写的计算机程序会搜寻和鉴别那些标志着基因开始和结束的特征性序列，通过这种方式寻获的片段只是初筛的结果，它们还需要等待进一步的确证，这种潜在的"候补基因"被称作开放阅读框架（open reading frames, 简称ORFs）。这类计算机程序也能够识别开放阅读框架中有没有内含子的存在。只要把内含子从候补基因的DNA里去除，计算机就能将剩余的编码序列翻译成蛋白质中的氨基酸残基。随后，科学家会用这种理论上的蛋白质与蛋白数据库进行比对——数据

---

① "人造生命之父"，基因测序领域的"科学狂人"，其著作《生命的未来》中文简体字版已由湛庐文化策划、浙江人民出版社出版。——编者注

库中的蛋白质均由序列和功能已知的基因编码。我们可以从类似的实验中发现相当明显的进化保守性:大多数种类的基因都具有跨物种的相似性。如果说现今的所有生物都是同一个祖先的后代,那么这种保守性也就说得通了。想象一下,一旦有一种蛋白质以及编码该蛋白的基因得到了进化的认可,并在某个物种的体内承担特定的功能,那么通常它也没有必要在同一物种的子孙后代体内再改头换面了。进化的保守性,让我们在不同物种里寻找已知基因的亲缘基因变得相对容易。在把候选基因和已知基因作对比之后,我们常常能够为它的功能找到若干个备选答案,如此一来,进一步的实验验证就有了大致的方向。

在确定了候补基因的位置之后,我们就可以将其标注到完整的人类 DNA 序列上,所得的图则被称为基因图(gene map)。人类的基因图是一张五颜六色的全 DNA 序列图,上面的每种基因都以反映其功能的不同颜色表示,备选基因的功能是通过与已知基因的比较得到的。与前文提到过的真核细胞基因类似,大部分的人类基因中都含有内含子,内含子序列往往又多又长。实际上,目前公布的人类基因组序列中大约有 1/4 到 1/3 其实是内含子序列。实际编码蛋白质的序列(也就是外显子)大约仅占整个人类基因组(约 2.9×10^9 个碱基对)的 1.5%。不仅如此,人类全 DNA 序列中包含的基因总数大约仅有 35 000 ~ 45 000 个,远远低于学界从前的预期。复杂如人类的生物却没有与之相配的基因数量,这背后的缘由还没有谁能说得清。

人类基因组的各个基因之间还有大段大段的间隔,大约占到基因组长度的 2/3 到 3/4,这是同细菌相比的又一个区别。这些间隔里并非空无一物,间隔本身也是核苷酸序列,但是它们的具体功能仍旧扑朔迷离。间隔区段里含有大量的重复 DNA，这些重复 DNA 由许多相同的单位片段构成，每个单位的长度在数百到数千个核苷酸之间。有的重复 DNA 聚集成簇，有的则分散分布于整个基因组内。绝大多数的重复 DNA 是没有功能的，不过它们很可能是曾经有过功能的基因遗留。重复 DNA 里有一大类的前身是转座子（transposon），这是一种可以在基因组里变换位置的 DNA 片段。如今，人类绝大多数的转座子都处于非活动状态。人类基因中的重复序列一直被称为"垃圾 DNA"（junk DNA），不过这个名头可能只是我们的一种误解，也许它们有着重要的功能，只是不为人类所知罢了。还有一类重复 DNA 是休眠的病毒基因组，它们曾经感染了人类细胞，在把自己的基因组整合进人类的染色体后便不再活动了。

重复 DNA 的单位片段数量随个体而异，因此，它们是区分个体身份的实用标志物，我们在前文中提到的法医检测正是以此为基础的。

功能基因组学（functional genomics）则是在全基因组的层面上实验性地探索基因的功能。虽然识别候补基因的标准常常需要与其他生物体内功能已知的基因进行相似度比对，但它们的实际功能还是需要以具体的实验进行确认。对于某些模式生物，我们可以系统性地逐一敲除（knock out）基因，然后观察其对整个基因组的影响。基因敲除的原理是以特殊的载体携带已知的不同基因，用它替换基因组中原本的功能基因。以这种方式敲除相关的基因后，科学家会用获得的生物新品系接受各种各样的测试，以评估该基因丢失后细胞发生的具体改变，并由此推导目标基因的功能。针对面包酵母基因组的实验分析仍在进行，它本身含有数千个基因，其中的每一个都已经经过了敲除实验的测试。

　　功能基因组学的另一个目标是研究基因组层面上的基因转录现象。虽然研究单个基因的功能非常重要，但是功能基因组学认为大多数的生物学过程是高度复杂的，毫无疑问会涉及许多基因之间的相互作用。我们在第 11 章里介绍过的发育现象，正是功能基因组学的心头好。如果科学家可以阐明生物体生长和发育每个阶段的转录现象，那么把这些离散的过程拼接成一幅完整图景的日子也就指日可待了。

　　但是要怎么才能同时研究整个基因组的转录呢？新技术的出现又一次为我们指明了出路。我们可以把整个基因组或某个具体的区段里所有基因的 DNA 以一定的顺序排布在一小片玻璃的表面，制成 DNA 芯片（DNA chips）——这个制备的过程可能会受到细胞里的 mRNA 的干扰。要把 DNA 附着到芯片上，有两种可选的方法。第一种，把细胞里所有的 mRNA 反转录成短小的编码 DNA 分子，我们称这些反转录 DNA 为互补 DNA（complementary DNA）。第二种，在玻璃上选定了位置之后，基因或部分基因可以通过一次一个碱基的步骤被合成，合成的过程可以完全由自动化设备按照恰当的顺序代劳。今天，许多生物的 DNA 芯片都可以从化学公司里直接买到。

　　研究转录现象的步骤通常如下：选定感兴趣的发育阶段，用荧光标记物标记该时期细胞内的 mRNA，然后将其导入到芯片上。mRNA 会在芯片上同互补配对的 DNA 序列结合，使其带上荧光标记。由于芯片上各个基因的位置已知，所以只要把芯片的荧光信息输入计算机，就能确定有哪些基因在发育的这个阶段里发生了转录。

　　遗传学家正在凭借上面所说的那些技术，从结构和功能这两个方面寻找生物体整体的组织形式。生物学中有一个专门的分支叫生物信息学（bioinformatics），它的主要目标是设法处理和利用相关研究中产生的海量数据。随着生命蓝图不断被完善，未来的数十年势必成为基因组学的黄金时代。

章后总结

1. 在新的 DNA 技术出现后，任何生物的特征都能被整合到同一个个体上。利用限制性内切酶，科学家可以将两种 DNA 片段整合到一起，形成所谓的"重组 DNA"。

2. 互补的单链核酸会以相当精准的方式自发结合，这是 DNA 操纵技术得以实现的事实前提。

3. 任何经由限制性内切酶切割的 DNA 分子都会含有相同的单链序列，尽管末端游离的序列非常短，但这足以让两段不同的 DNA 分子实现杂交。

4. 克隆基因的一个重要应用是作为探针，用于检测和定位其他核酸分子上能够发生碱基互补配对的同源区段。

5. 基因克隆影响最深远的应用是创造拥有外源基因修饰的生物，尤其是商业用生物。

6. 转基因技术是一项非常好用的工具，应用潜力无限，如让农业生产变得更容易和更高效，还能提高食物的品质。人类的基因治疗是转基因技术的特殊应用之一。

7. 测序技术的进步，加上克隆实验操作在基因组学实验室中的大规模自动化，让我们拥有了对整个基因组进行测序的能力。

13

遗传学应用引发的争议

目前学界对重组 DNA 研究的监管有哪些?

公众是否应当介入科学研究和对科学施加限制?

反对制造转基因生物的声音有哪些?

转基因生物对健康是否会产生负面影响?

转基因生物会对生态系统造成哪些危害?

GENETICS

在公众的眼里，遗传学家的工作让他们看上去非常像那种会走火入魔而制造出某种怪物的人。玛丽·雪莱（Mary Shelley）写过一本经典的科幻小说，它的主人公就是这种狂人的原型，小说的名字叫《弗兰肯斯坦》（*Frankenstein*）。正如雪莱笔下的那位博士，公众认为遗传学家总是在禁忌的边缘试探、制造有害的产物，甚至于企图颠覆自然的法则。不仅如此，在雪莱的书中还描写了一个场景：地球村的居民们高高举起手里的干草叉，毁坏了地里一片又一片的转基因作物，以示对所谓的"新遗传学"的抗议。这个场景无疑是对公众撼动科学大厦的隐喻。

对重组 DNA 研究的监管

遗传工程技术在近几年发生了爆发式的巨变，同时，相关的反对声也不绝于耳。20 世纪 70 年代，科学团体和普通大众就在 DNA 技术是否具有潜在危害这个问题上陷入了旷日持久的纷争。引起纷争的中心问题在于重组 DNA 的性质。我们在前文中提到过，实验室制造的重组 DNA 是对两种原本没有亲缘关系的 DNA 的重新组合，而这种跨物种的结合在自然条件下永远不可能发生。大多数嵌合体的制备都是出于特定的实验目的。这些制备行为是受到控制的，它们的基础是对研究素材深入且细致的研究和理解。不过，有的嵌合体制备也可能是探索性质的，属于"看看会发生什么"的范畴。虽然大多数情况下这些实验的结果都在意料之中，但是许多有趣的发现往往是意外的产物。在实验结束之前，我们常常不知道究竟会发生什么，所谓科学，大抵如此。科学家没法拍着胸脯保证说，携带重组 DNA 的细胞绝对没有危害。嵌合 DNA 安全性上的这种模棱两可正是引起分歧的核心问题所在。

20 世纪 70 年代的科学家们面对着两难境地，一方面他们已经掌握了相关技术，但是另一方面，他们又对是否要把哺乳动物致癌病毒的基因插入大肠杆菌的 DNA 里感到犹豫不决。他们这么做的动机是高尚的：为了在相对简单的细胞内研究致癌基因的功能。但是这种技术会不会出人意料地导致致癌细菌的诞生呢？像大肠杆菌这样生活在人类肠道中的细菌，一旦它们引发生物性灾害，后果将不堪设想。对于那些研究出了新技术却不知道它是否会带来糟糕后果的科学家而言，肩头的社会责任常常让他们备受煎熬。结果是，有十一名杰出的分子学家站了出来，他们在享有盛誉的科学期刊《自然》和《科学》上同时发表了一封联名信，呼吁暂时搁置某些实验，并对另一些实验持谨慎态度。这封影响深远的联名信请求科学家们彻底禁止对抗生素抗性基因、毒蛋白基因和致癌病毒的研究；呼吁召开国际会议探讨相关事务；敦促美国国家卫生研究院对未来的实验制定规范。

对科学团体来说，这是他们向前迈出的一大步：当实验的结果不明或者可能带来灾害时，科学家应当主动对相关的实验避而远之。最初签署联名信的那些科学家可能想不到，他们的行动后来会引发如此密集的新闻报道和公众关注。

一旦公众把注意力放在了潜在的灾害上，他们的反应和表现就会让普通人觉得危机已经爆发，而不是只存在于理论层面。"如果这些实验不危险，"人们经常会这样反问，"那科学家为什么要呼吁搁置它们呢？"但是重组 DNA 技术打开了一个全新的领域，获取诺贝尔奖的诱惑加上潜在的经济回报，科学家们动心了。等到探讨重组 DNA 技术伦理相关问题的会议召开时，有的科学家已经把担心的重点从该技术需要背负怎样的伦理责任，转变成了质疑公众在这个问题上的发言权：最初源于责任感的行动，却演变成了探讨如何在研究中排斥公众。尽管当年广泛的社会纷争已经逐渐归于沉寂，但是回顾其中的几个主要矛盾依旧对今天的我们具有指导意义。

约翰·斯坦贝克（John Steinbeck）的小说《罐头厂街》（Cannery Row）把故事的背景地放在了加利福尼亚州的蒙特利，1975 年 2 月 24 日至 27 日，一群颇有国际声誉的分子生物学家聚集到了位于蒙特利附近的阿西洛马（Asilomar），商讨事宜。有的与会者对伦理问题轻描淡写，却对关键实验的推进热心无比；还有人唯恐立法机构突然介入，担心医学议题遭到法律的干涉。还有很多人明显感受到会议的继续不过是在浪费时间。会议以谨慎的态度许可了实验的推进，而就在会议结束前，科学界的共识还是搁置相关研究，根据不同实验的风险等级为它们制定相应的安全指南。最终，当时的会议提出了两条防范措施：

1. 物理防护的等级要随实验潜在风险的提高而相应地加强；

2. 实验中建议采用只能在实验室条件下存活的遗传缺陷菌株。

当时最困难的地方在于，对于情况不明朗的实验，科学家不清楚要如何评估它们的风险水平，而且直到现在我们也没有解决。

美国国家卫生研究院是众多生物学基础研究背后的资金提供者，它率先颁布了重组 DNA 技术的施行规范，并且公开举办了围绕这项技术的讨论会。为了制定针对这项研究的规则，美国国家卫生研究院成立了专门的重组 DNA 委员会（Recombinant DNA Advisory Committee），委员会由科学家组成，他们中有多个领域的专家和私人企业的代表——这些新兴建立的企业已经瞄准了重组 DNA 技术的应用市场。

争论依旧围绕着潜在的危害展开，有的人可能会猜测，企业代表无疑会无条件支持新技术并寻求各方限制的最小化，然而实际上他们却选择了颇有担当的立场。企业代表深知其中的不确定性，而且对造成灾害性事件的法律和经济后果心知肚明，他们非常希望出台旨在防范灾难发生的规范和指南。与此同时，委员会里其他的科学家显然不愿意受制于公众的监督和监管机构的限令，他们着重强调的是，重组 DNA 的研究能够解决许多全球性的问题，比如饥荒和传染病。

终于，在 1976 年的 6 月 23 日，当时的美国国家卫生研究院负责人唐纳德·弗雷德里科森（Donald Frederikson）正式宣布了重组 DNA 技术的执行规范，同时规定所有接受该机构资金支持的研究项目都必须遵守。执行规范界定了四个物理防范（physical containment）的等级，每个实验都要根据自身风险评估的程度被划入这四个等级内。P1等级的设施可以进行只涉及标准微生物操作技术的无害实验。由此向上，每上升一个等级，相应防范措施的严格程度都会显著升高，所以，当物理防范等级达到 P4 时——有人可能会联想到电影《人间大浩劫》（*The Andromeda Strain*）里的场景，因为要求太过严苛，直到 1978 年才出现了第一个符合该等级安全标准的实验室。

除此之外，规范还界定了三种大肠杆菌的生物防范等级（biological containment）：EK1 代表实验室日常使用的标准菌株；EK2 中包含拥有特殊变异的菌株，规范要求它们离开实验室后的生存率不得超过 1×10^{-8}；EK3 的菌株和 EK2 一样都要有特殊的变异缺陷，而且它们不得具有在实验中的动物、植物或实验室外的任何环境中存活的能力。为了制造一种能够符合重组 DNA 技术实验要求的脆弱菌株，美国国家卫生研究院委员会成员罗伊·柯蒂斯（Roy Curtiss）设计了菌株 chi-1776（该名字是为了纪念美国建国 200 周年），它带有 15 个独立的增殖缺陷。

与此同时，受过良好教育的公众也可以在引导和监督具有安全隐患的研究中扮演重要的角色，而当时发生在马萨诸塞州坎布里奇的一场风波让公众在这方面的作用逐渐显现。就在执行规范正式对外宣布的当天，坎布里奇市的市长阿尔弗雷德·维卢奇（Alfred Velucci）召开了一场特别的公开会议，会议讨论的主要议题是哈佛大学科学家马克·普塔什尼（Mark Ptashne）的申请，他提出要建立一所特殊的实验室，用于进行将动物病毒 SV40 的基因转入大肠杆菌的实验。本书的作者也出席了那场会议。作为麻省理工学院和哈佛大学的所在地，可想而知坎布里奇市内将不可避免地出现无数进行基因剪切和拼接实验的实验室，但是两所学校要设立新实验室都需要经过市议会的批准，这就是为什么普塔什尼希望建立 P3 设施的申请会促使市政府召开会议。

在两个半小时的时间里，面对数十家电视、广播和报纸媒体的记者，以及数百名到场的市民，支持方和反对方分别向市议会的成员进行了举证。希望申请得到批准的科学家们普遍认为建立该设施是必要的，因为后续开展的研究将有助于攻克癌症，而实验产生危险菌株的风险"异乎寻常的低"。站在他们的对立面的是排成长长一列的科学家和普通市民，他们反驳称，即便是在安全等级最高的实验室里，也已经发生了数百起意外，一旦危害严重的生物诞生，恐怕没有有效的方法能够阻止灾害的蔓延。

从市长和议员针对性的提问里可以看出，他们不仅听得很专心，而且做足了功课。会议的结果是，市长提议设置一个两年的搁置期，在此期间，坎布里奇市将冻结所有与重组 DNA 有关的研究，但是市议会并没有采纳市长的提议，而是成立了一个由八名非科学家成员组成的市民实验审查委员会（Citizen's Experimentation Review Board）。委员会的成员中包括一位医生、一位科学哲学家、一位燃油经销商、一位结构工程师、一位普通职员、一位护士、一位社工以及一位家庭主妇。

委员会成员自学了分子生物学中各种晦涩难懂的技术细节，最终在 1977 年 1 月，以全票通过的结果批准了普塔什尼建立实验室的申请。这个首开先例的委员会和决定颠覆了其他地区公众在参与重组 DNA 相关辩论时的立场和地位。它最大的意义是，哪怕是涉及尖端科学的议题，普通市民同样有能力肩负制定与之相关的公共政策的责任，并在批准有价值的研究和保护公众安全之间找到恰当的平衡点。

英国解决重组 DNA 技术分歧的方式有些不同。政府通过一纸文件设立了基因操作咨询小组（Genetic Manipulation Advisory Group, GMAG），这是一个由政客、科学家和工会代表组成的团体。所有在英国国内开展的重组 DNA 实验都必须经过基因操作咨询小组的审核，由它根据当前对该技术的认知进行评估，最后予以许可或者驳回。英国与美国在解决分歧上的主要不同点在于它没有举办公开会议，基因操作咨询小组的成员除了个人还包括政府部门和大学，另外，基因操作咨询小组的审核结果会因为新信息的出现和积累而前后不一。目前，至少有八个其他的欧洲国家也设立了评估基因编辑实验的委员会。加拿大的医学研究委员会（Medical Research Council）借鉴了美国国家卫生研究院颁布的执行规范，还把哺乳动物病毒和细胞培养纳入了考量。

转基因技术带来的两难境地

公众是否应当介入科学研究和对科学探索施加限制这个问题还远未尘埃落定。围绕重组 DNA 技术的辩论是对科学进步冲击世俗社会的生动刻画，随着重组 DNA 技术在全世界实验室里的应用逐渐常规化，科学和社会之间的分歧又多了一个可探讨的层面。现在，有关重组 DNA 技术的分歧不止局限于把几个新基因加入实验室的细菌里，而是延伸到了基因改造生物，即出于研究和商业目的而设计改良的转基因动物和植物。许多转基因生物仍旧处于实验阶段，不过也有一些已经被投放到市场上了。转基因技术把人们带入了两难的境地：一边是高昂的经济回报，一边是人类和环境的健康。

追根溯源，最根本的矛盾其实正是坎布里奇市那场公开辩论的主题：给生物体插入外源性的 DNA 是否真的会导致意想不到的灾难性结果？基因改造生物诞生后的 10 年间，事实证明这种技术并非人畜无害。比如，借由转基因细菌生产的人工胰岛素曾导致患者出现过不良反应，不过好在到目前为止它还没有带来世界末日的征兆。美国国家卫生研究院对执行指南进行过修订，在进行重组 DNA 的实验上赋予了科学家相当可观的自由度，与此同时，该技术最危险的应用依然被死死地限制着。但是围绕基因改造生物的分歧一直存在，我们对它的态度直到今天才开始转变。

最早研制成功的两种基因改造生物是冰核细菌和 Flavrsaver 西红柿，两者都诞生于 20 世纪 70 年代。经过基因改造的冰核细菌可以被喷洒到农作物上，成为冰晶形成的核心，这么做的好处是可以提升作物耐受霜冻灾害的能力，从而延长耕作季的长度。Flavrsaver 西红柿是一种经过改造后成熟时间推迟的品种，这么做是为了延长它们的保存时间，减少成熟软化造成的浪费。这两种产品的结局都是在公众的强烈抗议下黯然退场。

大多数遗传学家都把这两个案例形容成"茶杯里的暴风雨"，每个事件告一段落后都会迎来一段相对风平浪静的时间。但是，后来发生的两起风波敲打了遗传学家，使他们意识到社会中的某些团体对自己的研究怀揣着截然不同的看法。第一起知名度颇高的风波发生在 1993年，一名自称智能炸弹客（Unabomber）的人给著名的美国遗传学家查尔斯·爱泼斯坦（Charles Epstein）寄了一封信，信中表达了他对"新遗传学"的抨击。另一起风波发生于 1996 年，当时全世界的报纸争相刊印了一些照片，内容是绿色和平组织的成员在利物浦港举行组织严密的大型抗议集会，抗议者甚至招募了一支小船队，拉起了巨大的横幅，船身也涂着抗议的标语。抗议者针对的目标是从美国向欧洲运送转基因大豆的货船。他们的横幅上写着："停止基因污染。"对温哥华的遗传学家来说，这场抗议活动可谓是双重打击，一方面是绿色和平组织创立于温哥华，另一方面是它的成员就因为反对捕鲸和核武器试验而名噪一时，受人景仰，但是谁能想到就连绿色和平组织都放下了对邪恶的捕鲸者和恐怖的核武器的成见，转而把目标放在了"邪恶"的遗传学家身上！

在过去的几年里，抗议声传播的速度越来越快，现在已经蔓延到了绝大多数发达国家。声势浩大的反基因改造生物游行已然见怪不怪，激进的组织更是频频针对基因改造生物发起不合作式的反抗，比如毁坏转基因植物，有时候甚至是破坏转基因生物的研究设施。之前出版的《经济学人》利用这些抗议的声音创作了一幅漫画，画中有一个面目狰狞的转基因土豆，它叫嚣着："你们怕不怕我转基因食物？"尽管科学家们最初的期望是让转基因食物帮助世界上大量的贫穷和饥饿人口，但是这个美好的念想至今没有任何成真的迹象。接下来，就让我们试着找找其中的原因。

用技术标准衡量遗传学新技术

房地产经纪人之间流传着一个玩笑：卖掉一栋房子的三个关键因素是房子的地段、地段和地段。与之类似，我们可以说决定科学教育的三个关键因素是具体情景、具体情景和具体情景。如果剥除具体的情景，科学上的新发现不过是一些像气球一样飘荡在空中的新知识而已，和人类的活动毫不相干。围绕遗传学新技术产生的分歧和质疑在很大程度上是因为缺乏探讨遗传学进步的具体背景，为此我们不得不以看待通用技术的标准来衡量这些新的遗传学技术。

所有的技术都有积极和消极的部分。绝大多数人都会认同以下这种说法：19 世纪，由物理学和化学进步推动的工业革命提高了工业国家居民的生活水平，所以总体上来说它是一场科学技术的胜利。但是相较于积极面，这场技术革命的消极面也不容忽视。比如，工业革命的产物之一是驱动车辆和无数其他机器工作的内燃机。汽车因为能够为出行提供便利而广受人们的喜爱，但是同时它也成了许多生态和健康问题的源头，因为它会造成空气污染、促进金属和石油的开采，还有由于滥砍滥伐、高速公路建设、城市扩张和橡胶树种植而导致的生物多样性降低。

仅仅在加拿大，每年就有大约 16 000 例死亡可以直接归咎于由交通工具引起的大气污染，而每年直接因为交通事故死亡的则有数千人。这些数字都是实打实的，并不是假造和臆想的。尽管对死者以及他们的家人和朋友而言十分不幸，但是社会选择隐忍和谅解，大多数人都认为这些只是内燃机普及必须付出的代价。

无独有偶，化工产业也催生了巨量的污染。发生在 20 世纪的化学革命给我们带来了塑料、燃料，以及其他许多有用的材料。但是同时，它也用杀虫剂毒害了整条食物链，给臭氧层开了个洞，污染了这个星球上绝大多数的自然水体，还带来了放射性污染，全世界有数千个泻湖正在有毒有害物的侵蚀下奄奄一息。化学污染不仅会让人类生病、死亡，还会让生态系统中无数的动植物生灵涂炭。所以，对转基因生物的评价必须被放在具体的时代背景和情境里。毫无疑问，所有现代生物技术都会有各自的阴暗面，但目前还几乎没有基因改造生物在实际应用中引起健康问题的案例。我们必须用遗传技术的优点与其潜在的危害相比较，权衡利弊，因为在这方面，它与其他技术没有太大的区别。

目前围绕生物技术的争论其实有先例可循，而它本身也将成为未来所有技术的参考。在今天见识过早先技术所有的消极面之后，人类应当要吸取一个明显的教训：小心驶得万年船！最基本的防范原则是：在政治因素参与以及科学水平有限，导致无法精确预测每一种行为后果的大前提下，我们应当倾向于选择能规避灾祸的策略，给自己留出最大的周旋余地。通常情况下，那也就意味着在一项技术被彻底论证之前，我们不应该轻举妄动。之所以采取这样的防范原则，是因为我们有过技术应用无例可循的先例在前，而把基因从一个物种转移到另一个物种体内无疑是没有先例的。

当年，在DDT被发现具有杀死昆虫的效果之初，人们一度山呼万岁，认为这是控制虫害的革命性手段。DDT的发现者保罗·米勒（Paul Mueller）于1948年获得了诺贝尔奖。尽管遗传学家们知道DDT的施用相当于在昆虫中筛选抗性基因，而生态学家们也知道害虫只占所有昆虫的一小部分，但是把一种广谱杀虫剂作为控制虫害的手段还是得到了普遍认可。人们不知道的是，由于容易积聚在脂肪组织内，所以DDT会在食物链上的生物体内富集。这种沿着食物链向上积聚的过程被称为"生物富集效应"（biomagnification），它可以让化学物质在生物体内浓缩成千上万倍，最致命的是它们会聚集在某些关键的部位，比如鸟类的卵壳腺以及女性的乳房。直到猛禽的数量出现明显的减少，生物富集效应才被人们发觉。鉴于从前没有人能够预见到这种灾害的发生，所以当初就算再谨小慎微也无济于事。

除了 DDT 之外，我们也不曾料想到氯氟烃（chlorofluorocarbons）的危害，这种物质在合成之初一度被人们认为是化学创造出的奇迹。由于本身的化学惰性，氯氟烃被用作喷雾罐内承载有效化学成分的理想介质。当时没有人知道氯氟烃会长久停留在上层大气，在那里产生破坏臭氧层的游离氯原子。对于革命性的技术而言，我们的知识实在是太有限，以至于无法准确预测它们的长期效应。

反对转基因生物的声音

对研究转基因生物的工作的声讨有许多不同的理由。我们把这些理由列举如下，以便读者从中提炼自己的观点。我们的本意并不是为了站队，但是显然其中某些论点要比另一些更站得住脚。

转基因研究的支持者认为，转移的 DNA 充其量也只是 DNA，而遗传学家对 DNA 可谓知根知底，有什么好担心的呢？但是，我们关于DNA 遗传行为的认知大多建立在对物种的研究上。转基因需要把一个物种的 DNA 放入另一个完全不同的物种体内，如果理所当然地认为基因在物种内和物种间的遗传行为没有区别，这种想法可能会非常危险。更符合实际的假设很可能是：基因的功能是可变和复杂的，它们会在一个奇妙的协调序列中发挥作用。因为基因并不是独游的孤狼，而是整个基因组运行中的一个必要组成部分。从传统的育种实验里可以看到，几个基因发生改变就会对生物的发育过程产生深远的影响。传统育种中涉及的突变绝大多数是多效性的，它们可以影响数个不同的遗传通路，进而产生多种遗传效应。这些突变可以剧烈地改变生物的外貌，譬如食用蔬菜卷心菜、花椰菜、菜花、羽衣甘蓝、甘蓝以及芽球甘蓝的外表千差万别，不过其实它们都是野生甘蓝的不同突变体。与之类似，形形色色的家养犬种也都是由同一种野生犬种突变和人工选育的结果，它们的区别仅仅在于数千个犬类基因中的一小部分。尽管单独的突变可以让一种生物看上去非常独特，但是极少会让它变成怪物。

倘若有一条外源性的 DNA 被插入细胞之后，发现自己身处一个完全不同的环境里，我们其实并不确定它会如何在新的环境里起作用，但是可以根据现有的细胞生物学知识做一些合理的推测。这有点像把滚石乐队的米克·贾格尔（Mick Jagger）塞进纽约爱乐乐团里。一个好的乐团指挥会想出一个好点子，设法让一个摇滚吉他手和摇滚风格融入交响乐里，但是在构想实际的演出之前，就连指挥自己也不确定最终的效果将会如何。转基因研究面临的困境是，我们可以根据已有的知识构想并期望 DNA 操纵带来的可能益处，却很难预测其中包含的潜在副作用。

在经年累月的遗传学研究中，有许多基因曾被转入不同生物的基因组里，迄今为止，没有一例导致怪物诞生。世界上第一例转基因哺乳动物是一只携带大鼠生长激素基因的小鼠。和预期一样，那只小鼠的身材远比它的兄弟姐妹们魁梧，而且没有引起明显的健康问题。今天的遗传学家们把在实验里使用转基因动物视为一种日常化的手段，比如把萤火虫的基因插入植物体内，让其能在黑暗的环境里散发光芒；还有把水母的基因插入小鼠体内，让它们拥有发光的身体。把细菌的基因插入果蝇和植物体内，随后表达这个基因的组织会呈现蓝色。这些转基因实验的实施都经过深思熟虑，并受到严格的管控。

转移的基因常常需要经过大量的剪切和修饰，以符合进入受体基因组的要求。同样的情况在植物育种里也有，育种者需要对不同的植株进行大量的杂交试验，这么做的目的是为了获得一些在自然界不存在的性状组合。小黑麦就是小麦和黑麦的人工杂交品种，它现在已经成了植物分类中一个独立的属。由于两种截然不同的基因组被强行放到了一起，类似的非自然交合很容易产生对后代不利的影响，但小黑麦是一种非常顽强的作物，还具有相当高的营养价值。不仅如此，无论是转基因技术还是杂交育种技术的产物都没有泛滥成灾、破坏自然界的生态平衡。因此，不断积累的经验也为遗传学新技术的应用提供了重要的参照，在未来探讨遗传学的可能应用时，已有的成功案例不应当被忽略。

对人类和其他生物基因组的测序显示，我们的基因组里包含了许多其他生物的基因。这些基因肯定是以一种我们目前未知的方式进入人类基因组的，也许是通过某种病毒。这种基因转移的方式被称为水平传播（horizontal transmission），与基因从父母转移到后代的垂直传播（vertical transmission）相对。从某种程度上来说，我们都是天然的转基因生物。

转基因食物会不会对人类健康造成危害

我们日常食用的生物本就是各种生物成分的复杂混合物，有些对我们有益，有些则对我们有害。营养学家和生理学家总会时不时发现，某种食物具有我们从前所不知道的益处。比如，红酒里的单宁酸和西红柿里的胡萝卜素对人体的心血管健康有益，且能预防癌症。常见食物中的许多成分一直都被认为对人体健康有害，有些甚至是致癌物质，比如黑胡椒和烤肉棕色外皮中的某些成分。

除此之外，许多人还对某些食物成分过敏，其中一些过敏反应甚至是致命的。公众经常担心，如果在食用农作物里加入外源性基因，可能会让食物里多出一些来路不明的物质，尤其是担心外源基因可能会成为新的过敏原。2001 年，一个独立的科学专家组报道称，转基因作物星联玉米（StarLink corn）合成的一种蛋白质（名为 Cry9C）有"中等的可能性"是人类的过敏原。美国的政府部门，包括农业部，一直在尝试把星联玉米移出可供人类食用的食品名录，同时改良玉米淀粉的提取技术，以便从人类食物中去除所有的星联玉米蛋白。

有些转基因农作物中已经成功导入了苏云金芽孢杆菌（Bacillus thuringensis）的基因，该基因可以产生一类毒蛋白，杀死以这些植物为食的某些昆虫。人类食物中的苏云金芽孢杆菌蛋白会对人体产生哪些潜在影响尚不明确，但这些食品已经在市面上公开贩售了。美国国家科学院的科学家们发表过一篇文章，称没有发现转基因食物损害人类健康的科学证据，但是由于时间有限，所以还不能对食用转基因食物的长期效应盖棺论定。我们在过去的几年里注意到，加拿大和美国最大的马铃薯供应商们采取了一些行动，这些供应跨国快餐食品产业链的巨头们上演了一出颇具讽刺意味的转折剧情：虽然快餐食品最为人所诟病的危害是它超高的脂肪和胆固醇含量，供应商对这些白纸黑字的研究视而不见，反而选择撤回市面上所有的转基因马铃薯，美其名曰"防止对人体健康造成潜在的危害"。

转基因物种对环境的潜在危害

一方面，把农作物种在开放的田野里，就给了转基因植物与其他植物杂交的机会。此外，像病毒这样的天然载体还会把它们的基因传递给其他植物。另一方面，全世界大部分的可用耕地上都种植着经过特殊选育的作物品种，这些品种不属于当地的原生植物，所以这本就是让外源性基因到处散布的巨大漏洞。地球上四处分布的入侵物种早就已经成为生态系统的巨大隐患。

携带外源性基因的植物会对昆虫形成非常强力的选择压力，因为在种植了大片转基因作物的地区，对毒蛋白敏感的昆虫会被大量杀死，而对毒蛋白耐受的昆虫则会被迅速选择，这会造成无法预测的生态后果。有一份研究报告称，携带 Bt 毒蛋白的花粉会杀死黑脉金斑蝶，但是随后的深入调查发现，这种毒害效应在野外并不会构成实质性的威胁。之所以不会，是因为黑脉金斑蝶的栖息地破坏已经严重威胁到了它们的生存，在更为严重的栖息地丧失面前，有毒花粉的威胁根本不值一提。不过，这个例子要说明的问题仅仅是我们需要保持更宽阔的眼界，尽可能杜绝一切由人类活动造成的对生态系统的破坏。值得注意的是，昆虫的抗性可不只是针对 Bt 农作物的：在农田里喷洒杀虫剂同样会营造出一种强烈筛选抗性的环境。

转基因生物技术非常昂贵，所以私人企业在这个领域里开展的研究对投资人的经费有严重的先天依赖，而投资人都希望从自己的投资里狠狠地捞上一笔。出于这个原因，研究转基因技术的目标通常都是为了丰厚的利润，而不是造福穷人。有许多人觉得人类健康和自然环境都受到了"基因污染"的威胁，而且这种威胁"不可预知，不可控制，没有必要且不受欢迎"（绿色和平组织）。

在这一点上，我们有必要回忆一下在第 1 章里提到过的内容，科学家可以被粗略地分成两类：潜心钻研基础研究的少数学究型科学家，以及在数量上比他们多得多的、受雇于政府和企业的科学家。通常情况下，学究型科学家追求的是先进知识和全社会的福祉，这种执念与实业公司以及为实业公司效力的科学家相抵触，后者想要的往往是用新技术为自己牟利。我们不能一刀切地说学究型科学家就是"好人"，而实业公司就一定是"坏人"。不过，通常来说学究型科学家们会小心翼翼、步步为营，不会急于得出结论；公司则时刻处于要让投资人对每年的利润收益满意的压力之下。这种根本性的紧张关系是让基因改造生物陷入两难境地的重要因素。某种程度上来说，这是多数情况下持伦理中立的技术本身与总是在试探伦理边界的技术应用之间的矛盾。

有的公司一直在行业内占据着统治地位。比如，马克·拉佩（Marc Lappe）和布里特·贝利（Britt Bailey）曾经公开谈论过他们在大豆行业的工作经历，并且揭露了孟山都公司不遗余力想要控制整个产业的努力。当时，孟山都公司已经对大豆完成了转基因改造，让它能免疫除草剂草甘膦——这种农药也是孟山都公司的产品之一，商品名为农达。孟山都的目标是控制全球的大豆产业，它的如意算盘是让所有农民都种植自家生产的、具有农达抗性的大豆品种，这样一来，农民们就可以一面种孟山都的大豆，一面给大豆喷上高浓度的农达了。

到了 1999 年，当时的孟山都公司已经控制了 2/3 的美国市场。由于孟山都控制了所有的种子，农民们不得不每年都向孟山都购买新的种子，而不是像以前传统农业的做法那样，从前一年的收获里省下一些留给第二年用。任何试图私自截留种子的人都有可能遭到起诉。拉佩和贝利在调查的过程中遇到了孟山都公司的激烈阻挠，不过两人还是找到了相当多的证据，可以指证孟山都公司的欺诈行为。

与此同时，越来越多的大豆——全世界人类饮食中一种重要的蛋白质来源，开始携带效应未知的外源性蛋白。转基因大豆显然含有水平高低不等的植物雌激素（phytoestrogens），这是一种功能类似于哺乳动物雌激素的植物荷尔蒙，没有人知道这种改变会对人类的健康产生怎样的影响。问题的关键不仅在于转基因食物：杀虫剂在整个 20 世纪很长的时间里都被大范围滥用。这种化学物质暴露对人类健康的影响同样无人知晓，不过，限制杀虫剂的使用和限制转基因作物的种植是互不相干的两件事。

大公司的所作所为给整个行业抹了黑。支持者们认为，遗传学技术也不过是一种技术，和其他所有技术一样，大公司只不过想借它用一下来取得竞争优势，以便最大化企业的利润。以农业公司为例，它们成功给目标作物导入了一种名叫“终结者”（terminators）的基因，该基因的作用是让植物的种子不能生长——还是逼迫农民每年购买新种子的那套伎俩。这种做法的初衷之一还是可圈可点的：不育是为了防止改良植物的基因逃逸到其他植物中。这本质上相当于让作物成了一种专利。

一方面，给遗传信息申请专利的做法同其他任何形式的专利一样，在公平道义上未必站不住脚，"终结者"玉米给农民带来的不便和痛苦，本质上与其他具有商业价值的创意被垄断而给人们造成的不便没有什么区别。另一方面，生物技术的发展让实业公司拥有了比从前任何时候都强大的控制别人的能力，而这种能力将引起严重的经济和伦理问题。也许富裕的美国农业负担得起携带了终结者基因的作物，因为反正会有富裕的美国公众来为额外的费用买单，但是对发展中国家数十亿一直挣扎在温饱边缘的居民而言，他们怎么消受得起呢？

如果伦理还能在现代社会占有一席之地的话，就算生物技术本身对这些公司的所作所为视而不见，难道我们就应当对它们中饱私囊、假公济私的行为坐视不管吗？也许围绕生物技术的争论终有一天会被拔高到更大的议题上，即"科学和技术的终极目的究竟是什么"。它们的目的是否真如老生常谈的理想主义所言，是为了全人类的福祉？还是只是少数人致富的工具呢？等到社会发展到撕裂临界点的那一天——人们对公司玩弄人性的行为忍无可忍，这个临界点会来自生物技术，还是别的什么技术呢？也许当前的争论会被人们进一步引申：有没有一种一般性原则，可以用于应对由各种技术带来的后果呢？对此，我们在前文中其实已经稍有涉及。

对主宰这一切的商业动机，我们的看法并不是三言两语就能说清的。对公司企业的指责声讨当然非常容易，但是把积蓄投资给这些公司的许多普通人也都从它们的盈利里得到了可观的分红。这个问题探讨的背景涉及非常复杂的经济体系，而后者是由我们一手缔造的。如果让在大多数情况下引导当今社会的新古典主义经济学家们来发表看法，他们会奉劝我们相信亚当·斯密和他所说的"看不见的手"。他们肯定会坚称，只要技术专家和企业家能够被允许开发那些带给他们经济利益的技术，整个社会也会从中获益。过去两个世纪的经历，作为教训，至少应当让我们学会对这种论调保持怀疑和警惕。也许，就像那个睿智的卡通角色 Pogo 一直说的那样："遇上了敌人之后才发现，他们就是我们自己。"

转基因是一项极度非自然的技术

转基因技术一直被认为是"非自然"技术。这话没有错，不过所有的技术其实都不是"自然的"，其中也包括人类沿用了几千年的选育技术。现有的绵羊、牛、猪和家禽都是为了让动物的营养成分或者其他属性达到让我们心满意足、赏心悦目的标准而诞生的改良品种。我们吃的食物和穿的衣服，都来自用传统育种技术进行基因改良的动植物。与全世界农场上众多的动植物突变种相比，转基因玉米并没有比它们更非自然，但是普通人却往往会觉得前者令人愉悦，而后者如洪水猛兽。从理论上来讲，基因治疗并没有比传统药物和手术治疗更非自然。

虽然从来没有涉及转基因，但是哺乳动物的克隆也引发了类似的伦理争议。尽管不是第一次有动物被克隆，但是克隆羊多利诞生的消息还是把普通大众震惊得如遭晴天霹雳，多利是一个母羊的克隆，但是它的"亲生"母亲并不是它的母亲。针对克隆的后续报道里还涉及了其他的农业动物，这更加深了公众对于遗传学家们的偏颇印象，认为他们随意干涉自然生殖过程的行为是在效仿弗兰肯斯坦博士，甚至是在扮演上帝。动物克隆会让人自然而然地联想到克隆人类的可能性，不过无论是科学界还是公众在这个问题上的看法都比较一致，都认为这是不可接受的。

"克隆"这个词本身就很让人费解。"克隆"本身的意思是指以无性生殖方式产生的、与克隆本体遗传学特征完全相同的生物个体，比如从一个原始细胞开始，通过不断分裂得到的众多子代细菌就互为克隆。"克隆"有时候也被用来形容所有克隆中的每个个体。虽然这样的称呼严格来说是不对的，但是因为太过根深蒂固，所以也姑且被接受了。第 12 章介绍的 DNA 克隆才是转基因涉及的技术：把特定的 DNA 片段插入载体，随后让载体在细胞内复制，连带着产生插入片段的额外拷贝。

不过，当生物学家们谈到要克隆生物时，比如克隆一头绵羊或者一个人，他们所说的其实是一种与细胞或分子克隆截然不同的过程。生物学家所谓的克隆，首先要移除一个受精卵的细胞核，将核丢弃后，再用另一个生物的体细胞细胞核取而代之。丢弃的那个细胞核里同时含有来自父亲和母亲的染色体，而体细胞的细胞核里则只有一个个体的染色体，因此，以这种方式获得的个体应当与提供细胞核的个体具有相同的遗传特征。这种克隆方式最早是在针对青蛙和蟾蜍胚胎发育的基因调控实验里发现的。同卵双胞胎或同卵三胞胎、四胞胎等的形成就是自然条件下发生在人体内的克隆现象。同卵多胞胎的形成是由于合子意外地分裂成了两个或者多个独立的细胞，随后每一个都发育成了完全相同的个体。

克隆羊多利是由一只母羊的乳腺细胞克隆而来的，它的名字的灵感来自美国西部乡村歌手多莉·帕顿（Dolly Parton），帕顿以其丰满的胸部而闻名。供体细胞可以一直保持分裂的状态，直到它到达细胞周期的某个特定阶段，此时细胞核的状态将能够作为合子的细胞核使用。克隆多利的技术已经被成功地应用在了克隆其他哺乳动物上。2001年，有实验室报告称成功克隆了人类，只是研究者在克隆胚胎开始快速发育之前就将其销毁了。

为什么要抗议和反对克隆人类？其中一个理由集中在早些年对多利的报道上，据称多利的健康状况并不令人满意。不过，这种指摘似乎有些言过其实了。退一步讲，即便多利的健康问题真的与克隆技术的不完善有关，后来的技术进步也很可能已经将其修正了。最主要的反对原因还是因为伦理。第一，正常合子的细胞核被破坏，而合子具有发育成个体的潜力，某种程度上来说就已经相当于一个个体。第二，多利是许多次试验后的产物，克隆的过程中不乏出现畸形的个体，那些失败的个体都只有被销毁的命运。第三，克隆技术可能被滥用，在通俗的幻想世界里，政府或者公司极有可能利用克隆来批量生产工人、士兵或者其他任何类型的个人。第四，通过克隆人类，也就是强行介入人类的生殖，科学家扮演了上帝的角色。第五，有人担心公众会对克隆人类怀有普遍的歧视，克隆人可能会因为自己的出生而面对低人一等的成见。第六，人们害怕克隆技术会助纣为虐，助长"优生学"的气焰，克隆可以大幅度增加某些性状在人口中出现的比例，这种作用散发着些许20世纪30年代到40年代由纳粹德国宣传的"优等民族"的意味。

虽然我们有必要把一种技术本身与该技术合乎伦理的应用进行区别，但是上述反对理由还是应当受到我们的认真对待。赫胥黎在小说《美丽新世界》中描绘了一个由克隆人组成的社会，恐怕绝大多数人都会对那幅图景心生厌恶。对克隆社会的普遍厌恶几乎让克隆技术的广泛应用无法成为现实。人类社会在很大程度上就是围绕对他人的爱与尊重建立的，而与他人一同抚养一个孩子正是对爱的最好诠释。所以，也许有钱人的怪癖才是克隆人类诞生的最大契机。此外，我们也见识过不少这样的情况：一旦某种事物在技术层面可行，就会有人摩拳擦掌、跃跃欲试。克隆人类以及操纵人类基因的能力，可能会成为一种推动力，把人类推向赫胥黎笔下那个肮脏丑陋的社会。

人类克隆最严重的伦理问题不在于克隆完整的人体，而是集中在治疗性克隆（therapeutic cloning）上。细胞克隆可以为纠正性的基因治疗提供细胞来源。凭借克隆技术，我们甚至可以制造移植用的器官，比如新的心脏或者肾脏。移植用的细胞或者器官如果能与接受者的细胞拥有完全相同的遗传特性，从而规避免疫排异的问题，那将是莫大的利好。这种治疗手段需要依靠干细胞——一种分化命运还没有确定的胚胎细胞。我们可以从人体的某些特定部位获取干细胞，不过其中最具争议的途径则是从被破坏的人类胚胎里提取，这也是目前最高效的手段。为了获取胚胎干细胞，需要首先把一个供体细胞核注入去核的受精卵细胞内。通常当融合细胞开始分裂后，它的最终结果是产生一个和供体完全相同的拷贝。我们也可以把胚胎细胞分离、培养，然后作为干细胞用于移植治疗。美国的法律严格限制着与干细胞相关的研究，而欧洲的规定则要相对宽松一些。

遗传学技术在人体中的应用造成了一些有趣但是极富争议的两难困境。从前一些需要介入调停的事务和关系，比如羊膜穿刺术、体外受精、体细胞基因治疗，现在基本上都得到了人们的认可。不过，像克隆这样的技术还颇具争议性，我们还需要时间来全面地审视这些技术可能会对社会造成的冲击。

遗传学家的责任

目前的遗传学技术还有诸多应当引起社会警醒的潜在危害。本书的意图并不是替遗传学技术申辩，更不是给它定罪。我们认为，当下必须以看待技术的标准来理解围绕基因技术的争论，就事论事。技术曾经带给我们的灾难应当让我们学到，正确的态度是不要操之过急，对新技术的可能影响要勤于试验，对试验的实施要出台防范指南。这不仅仅是针对基因技术，还包括眼下许许多多远比生物学技术危险的新技术，所有的技术都应当经历充分的试验和评估，例如新的强效化学物质，目前这些新产品的研发和应用速度要远远快于对它们的测试。普通民众参与对技术的监督非常重要，他们还需要自主学习，以便对新兴技术的价值和由人类行为造成的后果有理性的评估。但从历史上来看，人类社会要做到这一点并非易事。

　　科学界到底应该对纳税人——不仅是大多数研究项目的实际出资人，而且也是这些研究最直接的受益者或者受害者负有怎样的责任呢？科学家又认为自己应当在多大程度上担负这种责任呢？尽管 DNA 技术的支持者会迅速用这些研究在未来力挽狂澜的可能应用为其正名，认为也许可以利用这种技术攻克癌症和遗传病、治理污染、解决饥荒和人口过剩，但是一谈到公众对研究进行监管的权利的话题，或者主动为研究的主次排序，他们中的许多人就会矢口否认这些议题的正当性。

　　坎布里奇市争论的重点是对美国国家卫生研究院颁布的规范的批评。正如坎布里奇市议员戴维·克莱姆（David Clem）反复强调的那样："真正的规范应当是，针对某个研究的规范不准由支持该研究的机构自己制定。"这句话得到了广泛的认同，许多人指责科学界，认为在名誉、职位晋升和奖项的诱惑下，科学界势必会继续相关研究，而普通民众不能指望由这些利欲熏心的人对可能危害社会的研究工作进行自我纠察和监督。有的科学家坦言，他们感觉科学界内部不同阶级的影响力差异常常会让那些真正敢于批评现有规范的人三缄其口。

　　那些潜心学术又对自己的研究兴奋不已的科学家迟早会急不可耐地踏出付诸实践的一步，无人能挡。转基因研究的潜在回报实在是太丰厚了，每一项该领域的创新都会引发科学界的高声欢呼，重组 DNA 技术领域的急先锋和眼下运用这项技术的人都是诺贝尔奖的常客。这个领域似乎有着无穷无尽的机遇。一面是公众无情的声讨，让科学家心灰意冷；一面是科学家心心念念的研究，在这种情况下，当眼前的实验走到分岔的路口时，我们似乎很难对科学家的抉择怀抱太高的期待。

今天的年轻科学家们将承担起未来大部分的研究工作，他们本应当肩负起职责，让基因技术的研究工作运行在对社会负责和符合伦理的轨道上。不幸的是，他们在职业生涯伊始就不得不选择专精化，以便能够跟上迅速积累的专业知识。对他们而言，开阔自己的眼界非常重要。虽然眼下让全社会受益最多的依然是科学产品，但是科学家们也许正在为自己的短视和目光狭隘付出越来越多的代价。

就传统而言，遗传学家常常以自身研究的纯粹性为荣，但是那样的时代已经一去不返了，他们沮丧地看到，如今经济回报才是驱动遗传学研究的最大动力。许多遗传学领域的领导者都和研究型的私人企业有着千丝万缕的关系，这让人们不禁担心，长年以来接受公众资助的遗传学家，如今却可能把研究转向让自己赚得盆满钵满的方向上。他们应当被禁止这么做吗？如果应当，那么应该在多大程度上禁止他们的研究呢？

有些杰出的科学家曾经严厉地批评过分子生物学技术的狂妄自大，他们还指责新兴应用技术的草率。尽管有人口口声声说这些研究是为了解决疾病、污染和其他问题，但是科学的发展史告诉我们，一厢情愿的美好愿景与最终的结果往往相去甚远。正如《科学》杂志的编辑菲利普·埃贝尔森（Philip Abelson）在 DNA 技术时代到来的前夕写下的：

> 遗传学家会对他们的研究的应用寄予崇高的期望。但是在付诸实践时，决定如何运用知识的权利其实掌握在别人的手里。

现代基因组学的发展，带来了一个与转基因生物没有太大关系的健康卫生问题。随着越来越多的人类基因被鉴定，与此同时，许多针对 DNA 标记序列的测试技术也不断涌现，在这种情况下，要如何运用每个人的基因组信息就成了一个问题。在某些国家的医疗卫生系统内，比如欧洲各国，居民可以根据个人的需要定制医疗服务，对他们而言，一份内容详尽细致的遗传学档案可谓价值连城。只要知道自己有某种患病倾向，人们就可以定期检测和监控疾病发展的情况；越来越多的疗法也正在被研发，它们大多可以在疾病发生的早期起到缓解病情甚至预防发病的作用。不过，对于像美国所采用的这种医疗卫生体系，居民必须从唯利是图的保险公司手里购买商业医疗保险，这极有可能促使保险公司拿个人的基因组信息作为根据，对客户进行歧视性地区别对待。这并不是遗传学本身的问题，而是一个关于遗传学信息应该如何被使用的社会和政治性议题。

章后总结 ●

1. 遗传工程技术在近几年发生了爆发式的进步，与此同时，相关争议和反对者的声浪也不绝于耳。

2. 当实验的结果不明或者可能带来灾害时，科学家应该主动克制地对相关实验避而远之。

3. 围绕 DNA 重组技术的辩论是对科学进步冲击世俗社会的生动刻画，随着相关技术在全世界实验室里的应用常规化，科学和社会之间的分歧也在不断深化。

4. 围绕生物技术的争论事实上是有迹可循的，而它本身也将成为未来所有技术的参考。而最基本的防范原则是：在政治因素参与以及科学水平有限、导致无法精确预测每一种行为后果的大前提下，我们应当倾向于选择最能规避灾祸的策略，给自己留出最大的周旋余地。

5. 目前的遗传学技术还有诸多应当引起社会警醒的潜在危害，我们应该采取的正确态度是，对新技术的影响要勤于试验，对试验的实施要出台防范指南。

14

遗传学中的突变

所有突变都是坏事吗?

什么是突变率?

人类群体中的突变现象有哪些?

突变原有哪些?

DNA 的修复系统指什么?

辐射会对遗传产生哪些影响?

GENETICS

在历史上，面有异相者总是会引起旁人的畏怯甚至是恐惧。许多神话故事中都有类似的记载：由于神明或异想天开或别有所图的举动，加上机缘弄人造就了一些奇珍异兽。在现实世界里，这些模样异常的生物要么是发育异常，要么在人类中被称为变种人（mutant，在命名学上，造成变异结果的过程本身也被叫作变异）。我们习惯把"变异"这个词所指的变化局限在相对较小的范围里：通常是 DNA 分子里一个单独的核苷酸对，或者一段很短的核苷酸序列。能够导致染色体形态发生可见变化的更大损伤被称为染色体畸变（chromosomal aberration）。对变异机制逐渐深入的认知让我们在一定程度上有了能够对其进行控制的机会，但是与此同时，致突变的环境因素也在迅速增加，尤其是辐射和化学污染物对人体的影响，我们对它们的认识只是皮毛。

在科幻电影和惊悚故事的助推下，一种认为所有变异都是坏事的社会风气已经形成。相比带来提升，典型的随机突变更有可能造成生物体的缺陷：一个复杂的生物个体，本应在数千条基因发出的指令下精密地运作，却因为区区一两个随机的基因突变削弱了它整体的运作效率。不过，自然选择的过程需要以性状有差异的不同变体作基础，而基因突变就是这些突变体产生的源泉。从根本意义上来说，没有突变也就没有进化。有许多突变不会给携带该突变的个体带来任何影响，即便有也非常小。

但是，如果考虑到生物个体的生存环境总是在不断变化，谁又能确定原本默默无闻的突变不会在换了一个环境之后大放异彩？事实也的确如此，所有自然生物种群的每个基因座上都有数个不同的等位基因，其中一些种群能够生存至今的原因正是某个等位基因与其生活的环境相兼容，而另一些等位基因在别的地方更兼容，如此云云。英国有一项关于蜗牛的经典研究，发现不同的等位基因会让蜗牛的壳呈现出不同的颜色和花纹，这些等位基因非常有用，因为它们可以让蜗牛在季节变迁时找到隐藏自己的栖身之所。我们也知道人类体内有很多种蛋白质，每种都有数个等位基因的版本。

自然生物种群里并没有所谓的"正常"或者"野生型"等位基因，而当指代人类时，这两个名词更是无稽之谈：或许金发的确是瑞典人最普遍的性状，但在意大利或者日本可不是这样。在实验室里，我们给实验生物的等位基因定义的"野生型"则更多是出于研究的需要和方便。

突变可以在任何时间发生在任何细胞内——这里说的细胞里包括动物或植物的性细胞和体细胞，通常零星而不可预测。性细胞的突变可以被传递给下一代个体，而体细胞的突变则只能被传递给分裂所得的子细胞，体细胞突变是癌症的主要源头。

无法预测的突变

突变的发生总是自然自发且没有明显的征兆。我们无法预测某个特定的突变会发生在何时何地，因此必须以统计学的眼光看待突变。所谓的突变率（mutation rate），是指在每一代生物个体中，平均每个细胞发生突变的概率。我们可以以此计算生物的自发突变率，而任何可以导致突变率提高的介质则被称为"突变原"（mutagen）。由于体细胞的突变可能会引起癌症，所以突变原也是潜在的致癌原（carcinogen）。

在细菌和其他微生物中，突变率是相对容易计算的，它的取值范围大概在 10^{-6} 到 10^{-8} 之间。也就是说，在同一个世代的细胞里，大约每一百万到一亿个细胞里才会有一个发生某种特定的基因突变。准确地计算二倍体多细胞生物的突变率要困难得多。首先，导致许多表现型出现的突变可能涉及众多基因，这种情况在多细胞复杂生物中尤为普遍。其次，对于发育过程相当复杂的生物而言，后代表现型产生的变异可能源于胚胎在后天发育中受到的影响，而不一定是因为先天的突变。比如，变异可能导致四肢的畸形甚至缺失，但是孕妇在怀孕期间不慎服用某些药物也会对胎儿造成相同的影响。再次，如果一个个体是野生型显性等位基因的纯合体，那么理论上它必须发生两次完全一样的突变才能变成隐性纯合体，只有这样我们才能发现它发生了突变。

寻找等位基因由显性到隐性的变化，是一种在动物和植物中研究突变的直接方式，它通常可以从基因型为 AA 和 aa 的个体的杂交中发现。经由这种方式产生的后代都应当是表现出显性性状的杂合子，一旦其中出现表现隐性性状的个体，那就只能是因为 AA 亲本发生了突变。这种方式的问题在于，由于突变的发生率非常低，所以如果研究者想要得到可靠的数据，就不得不面对数目庞大的实验样本。这个条件对人类实验来说几乎是不可能的，哪怕是对小鼠这样的实验动物来说也颇有难度。遗传学家刘易斯·斯塔德勒（Lewis J. Stadler）曾研究过玉米的突变，他的实验对象是会影响玉米粒表现型的数个基因位，所以只要看一眼一根玉米棒子上的玉米粒，就能找到其中的隐性性状。在检验了数百万粒玉米之后，斯塔德勒发现大多数自发突变的发生率非常低，每个配子的发生率约为 10^{-6}。还有一些例外的基因座的突变发生率大约在 10^{-4} 左右，远远高于已知的细菌突变率。

威廉·罗素（William Russell）和他的同事主要研究小鼠的突变，他们工作的地点位于田纳西州的橡树岭，那里有世界上最大的小鼠实验室。和斯塔德勒的工作相似，罗素他们也在显性纯合子和隐性纯合子的杂交实验里寻找隐性纯合的突变体后代，这种杂交可能发生在许多不同的等位基因之间，比如 AA BB CC DD PP SS SeSe 交合 aa bb cc dd pp ss sese，这里的每个字母都代表一种与小鼠毛发相关的基因。罗素和同事从 288 616 只小鼠里仅找出了 17 只在 7 个基因座位点上都有突变基因的个体，平均只占到总数的 0.006%。由此，他们估算出每个基因座发生自然突变的概率大约为每个配子 1×10^{-7} 到 3×10^{-7}，这个概率也非常低，跟细菌相近。

人类中的突变

人类家族谱系中突然出现的显性性状可以作为估算人类基因突变率的依据。在家族成员中突然出现、会且只会传递给患者本人后代的缺陷必定源于突变。软骨发育不全性侏儒症是一种广为人知的人类显性遗传病，在许多古代的绘画和雕像中都有对它的描绘。这种性状在突变率的研究中非常好用，因为它有极高的外显率（penetrance），即携带该等位基因的个体表现出相应性状的程度。根据一家位于哥本哈根的医院的记录，在出生于该院的 94 075 名新生儿中，有 8 人罹患软骨发育不全性侏儒症，而他们的父母的表型均正常。这个比例大约是 1/12 000。

考虑到每个婴儿有两个等位基因，而突变可能发生在两者中的任意一个上，因此每个等位基因的突变率应为 1/24 000。在另一项关于视网膜母细胞瘤的研究里，1 054 985 个新生儿中出现了 49 例罹患该病的孩子，而他们的父母均没有这种病症。以此推算，视网膜母细胞瘤的突变率大约为 $1.8/10^5$。与针对其他生物的研究相比而言，这些疾病的突变率要高得多，不过这也可能是因为许多基因的突变都可以导致相同的性状，所以这里推算出的突变率其实是所有等效基因的突变率总和。

同样是隐性突变，研究性染色体连锁的基因要比常染色体连锁的基因容易一些。只要追溯一下所有的男性祖先，我们就可以确定女性个体两条与 X 染色体连锁的基因的组成。在确定女性个体的基因型后，我们就可以根据与 X 染色体连锁的性状的情况，确定她的男性后代会不会发生突变了。在明确与性染色体连锁基因有关的突变中，最著名的例子恐怕要数贻害数个欧洲贵族血脉的血友病了。可以肯定的是，欧洲皇室的血友病起源于维多利亚女王（Queen Victoria），而她的突变要么来自她父母的其中一个配子，要么来自胚胎发育中的某个细胞。维多利亚女王的后代把这个突变带到了俄国和西班牙的皇室血统里。俄国最后一任沙皇尼古拉斯二世（Nicholas II）唯一的儿子——沙皇王储阿列克谢（Tsarevich Alexis）就是一名血友病患者。

辐射

自发突变总归是小概率事件，但是突变原可以提高突变的发生率，而某些种类的辐射就属于最强力的突变原。1927 年，赫尔曼·穆勒（Herman J. Muller）和刘易斯·斯塔德勒分别用果蝇和小鼠，在各自独立的研究里发现辐射暴露可以提高这两种生物的突变率。穆勒设计了一种精巧的技术，用于检测新近形成的隐性性染色体连锁致死突变，也就是位于 X 染色体上且能让携带该基因的合子死亡的突变。他以此为基础，用这种技术确定了辐射的致突变效应。

我们有必要先跑一下题，对不同种类的辐射做一点介绍。日常生活中，人们最熟悉的应当是电磁辐射（em，见图 14-1），包括普通的可见光。这类辐射由微小的能量单位光子构成，而这些能量的存在形式犹如电波和磁波流动的混合体。

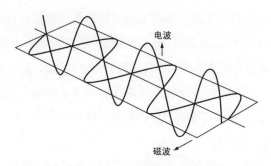

电波

磁波

图 14-1　电磁辐射的构成

每种波都有它特定的波长，波长越短，辐射的能量就越高。电磁波的频谱内包含可见光，可见光的波长大约在 400 纳米（紫光）到 800

纳米（红光）之间（见图 14-2）。

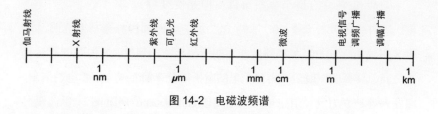

图 14-2　电磁波频谱

从某种程度上可以说紫外线较短，红外线较长。微波和红外线可以用于加热物质，日常生活中的微波炉和保温灯就是利用这种性质加热和保温的。广播和电视信号同样以辐射作为载体，只是它们相对更长，这样才有足够的能量推动广播和电视机工作电路内的电子，让我们得以读取辐射里携带的视听信息。

可见光携带的能量恰好能够被许多分子内的电子吸收。我们之所以能看到东西，正是因为眼睛里的色素可以吸收相应的光线。物质的颜色源于物体表面会对不同波长的可见光产生特征性的吸收和反射，也有些情况是物体本身会发出某些颜色的光。以植物为例，大部分植物呈现绿色是因为叶绿素吸收了大部分的红光和蓝光，其中的能量被植物用于维持新陈代谢，而对绿光则不然。如果吸收的能量过多，有时候分子会发生不同的反应过程。比如，紫外线比可见光的能量要高得多，有时它会因此对分子造成严重的化学损伤，其中之一就是突变。但是，绝大多数的紫外线从来没有到达地球表面的机会，因为在那之前它们就被上层大气中的臭氧吸收了。超音速飞机的排放物以及气溶胶喷雾中的碳氟化合物会破坏臭氧层，不仅如此，地球臭氧层已经遭到了相当规模的破坏，这些事实正在社会上引起不小的恐慌。紫外线对人类的影响可远不止局限于皮肤癌。眼下，碳氟化合物的使用已经受到了国际公约的严格限制。

X 射线是波长介于 10^{-8} 米到 10^{-11} 米的电磁辐射。伽马射线的波长比 X 射线更短，只有某些特定元素的原子核才能释放。X 射线的能量非常之高，甚至能把原子或者分子里的电子撞开，使之成为带正电的离子。因此，这种强力的辐射也被称为电离辐射（ionizing radiation）。电离辐射会导致非常严重的后果。脱离的电子犹如一颗子弹，可以继续撞击其他原子里的电子，所以它在穿透细胞的路径上会留下一长串离子，然后最终被某个原子接纳。离子的性质让它可以参与各种各样的化学反应。根据能量高低和造成的效应大小，X 射线被人为区分为"硬""软"两种。

粒子辐射（particulate radiation）又是完全不同的一回事。粒子辐射由高能的亚原子颗粒组成，这些粒子通常来源于放射性原子。β 粒子是高能的电子，α 粒子则由两个质子和两个中子组成。除非在实验室，不然普通人很少有机会暴露在由浓缩放射性物质释放的粒子射线里。不过，我们每个人时刻都会受到背景辐射的照射，背景辐射的来源有两个：一个是地球成分中稀疏分布的放射性元素，这种辐射的强度一般很小；另一个是宇宙辐射（cosmic radiation），从宇宙深处喷发出的物质时刻沐浴着地球以及地球上的一切。宇宙射线包括高能的电磁辐射和各种各样的粒子辐射。表 14-1 中标出了一个普通人每年受到的自然背景辐射的照射量，与其作为对比的是各种人造来源的辐射，这些额外辐射可能来自治疗性和诊断性的 X 射线、核电厂，乃至荧光表盘。除了医院里使用的 X 射线之外，人造辐射在量上要远小于自然辐射。

表 14-1　　　　　　　　　人体所受辐射的估算量

辐射源	平均接受量（毫雷姆/每年）
自然辐射	
宇宙辐射	28
地球辐射	26
食物中摄入的自然辐射	28
总计	82
额外的辐射	
医院和牙科诊所的 X 射线	
患者	20
医务人员	<0.15
放射性药物	
患者	2－4
医务人员	<0.15
消费品	4－5
专业从业者	
国际级实验室与相关雇员	<0.2
工业应用领域	<0.01
军事应用领域	<0.04
核试验尘埃	4－5
商业化核能源	
设施周边居民	<1
设施内工作人员	<0.15
其他各种来源（空乘、电视台等）	<0.5
总计	30－40

突变并不一定是坏事

突变就是 DNA 的改变。DNA 的某些自发改变时时刻刻都在发生。比如，DNA 分子有相当高的概率会丢失鸟嘌呤和腺嘌呤，有估算认为，哺乳动物细胞平均每 24 小时会丢失大约 10 000 个嘌呤。幸运的是，细胞有自己的一套修补机制，可以重新插入正确的碱基，或者切除错误的序列并重新合成。即便如此，所有的修补系统都难免有疏漏，而这些疏漏很可能在最后成为突变。

许多介质也会对 DNA 造成损伤，其中一些损伤可以由细胞的修补机制修正，但也有一些会因为修复失败而成为突变。我们在第 9 章里提到过，二氨基吖啶会导致一个或多个碱基的插入或者缺失，造成典型的移码突变，因为它们改变了读取遗传密码时的阅读框位置。突变也可以只涉及一个单独的碱基对，这种变化的后果往往出现在 DNA 发生复制之后，因为在新合成的 DNA 链上，突变位点的碱基会变得与原本的 DNA 不同。正常的碱基配对是由氢键维持的，但是在氢键中提供电子和氢原子的分子有时候也会发生错位和改变。A 和 G 的构型可能会暂时性地转变成 G*，而 G 与 T 的配对要比与 C 的配对更稳定。如果这种转变恰好发生在 DNA 复制的过程中，就会导致 G*-T 碱基对的形成；随后在第二轮的复制中，新的 A-T 碱基对形成，突变由此产生（见图 14-3）

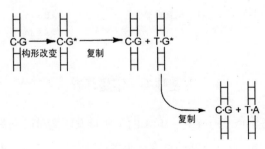

图 14-3　突变

还有一类致突变分子是碱基类似物（base analogs），它们的分子结构与天然的碱基分子非常相似，以至于能够在复制中被添加到 DNA 分子里。比如，5- 溴尿嘧啶（5-BU）与胸腺嘧啶非常相似，它可以代替后者在 DNA 分子中作为腺嘌呤的配对对象。不过，5-BU 的分子内部有时也会发生构型的改变，这会让它拥有胞嘧啶的配对性质。如果这些改变恰好发生在 DNA 复制的过程中，那么鸟嘌呤就会和 5-BU 发生配对。一轮复制后，原本的 A-T 碱基对就会变成 C-G 碱基对（见图 14-4）。

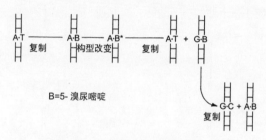

图 14-4　碱基类似物引发的突变

还有一些突变原可以永久性地改变 DNA 分子里的碱基，并由此改变碱基对的组成。举例来说，这些物质包括亚硝酸盐、重亚硫酸盐和羟胺等，它们都能剥夺碱基上的氨基基团（见图 14-5）。通过剥夺氨基，这些物质可以把腺嘌呤变成次黄嘌呤，而次黄嘌呤的配对性质又相当于鸟嘌呤；它们也可以把胞嘧啶变成尿嘧啶，而尿嘧啶的配对性质则相当于胸腺嘧啶。另一些突变原，如亚硝胺则会给碱基添加甲基或者乙基。举个例子，如果鸟嘌呤被转变成 O- 甲基鸟嘌呤，它就有可能与胸腺嘧啶而不是胞嘧啶配对，导致突变的产生。胃内的酸性环境很容易使亚硝酸盐转变成亚硝胺——这是个让人忧虑的问题，因为亚硝酸盐被大量用在腌制肉类里。美国食品及药品监督管理局已经于1976年调低了亚硝酸盐在腌制肉类中的许可剂量，从原先的百万分之两百降低到了百万分之五十至百万分之一百二十五。类似亚硝酸盐这样的物质所造成的损伤与上面的5-BU一样，基本都发生于DNA复制的过程中，所以它们对分裂细胞的损伤尤其严重。

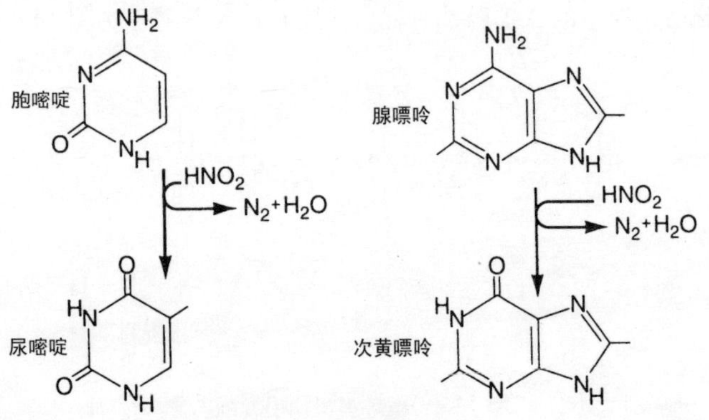

图 14-5　脱氨基物质

亚硝酸盐（HNO_2）能从图中的两种碱基上移除氨基基团，并把它们变成另一种会导致配对错误的碱基。

今天，我们生活在一个复杂的工业和化学社会里，除了效应相对明确的突变原之外，我们的DNA还暴露在许多其他的化学物质里，而这些物质对DNA造成的损伤既复杂又不明确。举个例子，许多物质的燃烧产物里都含有一种名叫苯并芘的有机物，人体肝脏中的一种酶会激活该分子，使其与DNA分子相作用。苯并芘存在于烤焦的肉制品内，比如厨师的心头好——煎牛排那惹人喜爱的酥嫩表面。无独有偶，很多人可能喜欢花生酱，但是生长在花生上的霉菌会产生黄曲霉素，这是另一类突变原物质。黄曲霉素是常吃花生酱或者其他花生制品的人面临的主要风险之一。不过，上面说的还只是我们已知的有害物质，几乎可以肯定，我们对许多其他物质的危害都还知之甚少，甚至可能一无所知。

DNA 中的自修复系统

在进化的过程中，生物难免会遭遇突变原的伤害，包括辐射和天然存在的物质。但是对于生物体来说，把突变率限制在可控的范围内才是关键。由于 DNA 复制的过程中偶尔会自发地出现差错——DNA 的复制系统本身也不是完美的，所以自然选择会青睐能够修复 DNA 损伤的系统。

生物体内有一种专门修复紫外线损伤的酶体系。紫外线会让 DNA 同一条链上相邻的嘧啶分子形成复杂的胸腺嘧啶二聚体（thymine dimer）结构（见图 14-6）。

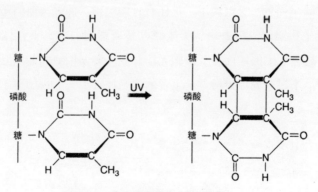

图 14-6　紫外线导致的 DNA 突变

修复系统中的酶能识别二聚体，将其切除，而后替换。尽管如此，紫外线依然可能导致突变，因为并不是紫外线造成的所有 DNA 损伤都能被修复。与紫外线最相关的健康问题是它对皮肤的伤害。美国农民素有被称作"红脖佬（redneck）"[1] 的传统，在他们的脖子以及其他暴露部位的皮肤上，皮肤癌的发病率要高于普通水平，原因主要是经常性地受到阳光中的紫外线照射。北美的卡车司机左臂皮肤癌的发病率要高于右臂。对紫外线长期效应的公众科普，正在一定程度上逆转美国人对深色肤色的偏爱，紫外线的长期影响里也包括了加速皮肤的衰老，所以许多通过日光浴追求迷人肤色的人，在步入中年之后往往皮肤又干又皱，不复当年的光彩。

有多种人类遗传病的病因是 DNA 修复系统出现了缺陷。着色性干皮症（xeroderma pigmentosum）是一种常染色体隐性疾病，在人群中的发病率约为 1/250 000，它的病因是人体无法修复紫外线造成的损伤。罹患着色性干皮症的人皮肤上会出现大片斑块，他们对阳光非常敏感，容易患上皮肤癌。还有一种叫范可尼贫血的病症，该病的患者皮肤呈褐色，身材矮小，常伴有骨骼畸形。此外，他们还常常有血细胞生成障碍、白血病、实体瘤以及血细胞内常见染色体畸形等症状。这种病症的病因在于细胞无法修复一种基因交联和相互作用上的错误。不过令人惊讶的是，患者的细胞比普通人的细胞更不容易发生突变。

---

[1] 对美国南方露天工作者的地域性称呼。——译者注

辐射对遗传的影响

电离辐射能够导致每一种突变，从点突变到染色体重排和断裂。通过在森林里设置低强度的辐射源，研究者们已经证实，在辐射里的慢性暴露可以伤害甚至杀死植物，而这将对自然生态造成长远的影响。

恐怖的原子弹爆炸曾经摧毁了日本的广岛市和长崎市，不过它也为研究辐射对人体造成的长期影响提供了难得的机会。美国和日本专门成立了原子弹伤亡调查委员会（Atomic Bomb Casualty Commission），对这个问题进行研究。研究的开展非常不容易：要在战争结束多年之后寻找当时的幸存者，追溯他们当年与爆炸中心的相对位置，以此计算他们受到的辐射剂量。研究中采纳了四种可能的损伤作为指标：异常的怀孕结局（死胎、严重的先天性缺陷）、活产婴儿的死亡、儿童性染色体非整倍体的概率以及异常的蛋白质变体。

两场核爆的幸存者都有高于常人的染色体损伤率以及癌症发病率，但是出人意料的是，幸存者的后代的遗传病发病率却没有明显的变化。如果是隐性等位基因或者是其他不同位点上的有害基因，那么我们应该要再等上几代人，才能看到某些疾病发病率的增加，因为要使这些遗传缺陷反映在表型上需要特定的基因组合，而特定组合的产生需要时间。但是如果我们把突变的定义限定为一些马上就会在下一代里表达出来的显性基因，那么这样的突变实际上一个都没有发生。到目前为止，人们还没有发现任何与核爆有关的可遗传效应。

尽管如此，所有的生物实验——从细菌到哺乳动物都毫无例外地显示出核武器产生的辐射会引起生物本身的突变。核弹的致突变效应不止源于直接的爆炸，携带核辐射的核爆尘埃还会随风一起传播到数百甚至数千公里之外（比如尘埃上吸附着放射性同位素锶 –90）。根据詹姆斯·克罗（James Crow）的估算，核弹爆炸的遗传后果相当于让一亿人的性腺遭受了约为 10 伦琴的辐射暴露，这相当于一座核电站发生严重安全事故的后果。虽然克罗计算的数值非常粗糙，但是他认为类似的辐射剂量会让显性遗传病和 X 连锁遗传病的发病率提高 20 ～ 200 倍，这将给世界人口带来巨大影响。

虽然辐射暴露可能导致一个人罹患癌症或者其他疾病，但是最让人担心的问题还是它对人类性腺组织所造成的潜在影响，因为后者负责产生精子和卵子。突变而来的等位基因几乎全都是有害的，可以被传递给子孙后代，沉重的遗传压力会拖累整个物种。并不是所有受到辐射暴露的性腺细胞都会发生突变。女性的性腺组织更容易受到突变的影响，这是因为所有的卵细胞在女性出生伊始便已经就位，随后只是每月发生例行的排卵，所有这些卵子在女性的整个育龄期内都在经受各种突变原的影响。与之相对，男性则会源源不断地产生新的精子，虽然在某些阶段精子可能会因为暴露在突变原中而产生众多突变，但是随后新一批的精子又可能恢复正常。

虽然核武器依然是一个阴魂不散的巨大危害，但是人们最担心的还是由核电站事故和核废料引发的污染。公众的恐慌情绪来自历史上多次发生的核电站事故：1979 年 3 月，美国宾夕法尼亚州哈里斯堡的三里岛核电站发生事故；1986 年 4 月，乌克兰的切尔诺贝利核电站发生事故。这些事件反映出人们自夸的安全保障技术是多么不可靠，尤其是对哈里斯堡事件的跟进调查显示，低剂量的辐射远比人们预想的更具破坏性。而相关政府官员却在事后采取了低调的姿态，有意淡化低剂量辐射对人体造成的潜在危害。为了研究士兵在近距离接触核爆后的实战能力，美国军方曾经故意把数千名士兵暴露于放射性爆炸和由爆炸产生的粉尘里，疾控中心在随后的跟进研究中发现，这些士兵死于白血病的比例出奇的高。此外，在内华达州进行地表核爆试验期间，出生在犹他州的孩子患白血病的比例明显升高，这些孩子的出生时间与核爆试验的时间直接相关。

一项以新罕布什尔州朴次茅斯海军造船厂工人为对象的研究发现，经常性地暴露于核潜艇内的放射线中将导致工人死亡率和染色体损伤率提高。无独有偶，英国核造船厂的工人受到的年均辐射暴露量虽然低于 5 雷姆的许可值，但是人们在暴露时间达到 10 年的工人身上还是发现了高于常人的染色体畸变率。有鉴于此，美国国家科学院最终决定不对辐射造成生物损伤的效应设置最低值。

那么我们应当如何看待各种骇人听闻的、与突变有关的逸事呢？应该如何看待核反应堆发生的事故呢？又如何解决放射活性可能会持续数十年甚至数千年的核废料问题呢？因为一家生产核材料的公司把废料掩埋在了当地，加拿大安大略省整个好望港镇的居民正在时刻受到核废料中溢出的氡气的辐射，我们应该如何看待这种公害事件？虽然癌症给众多患者带来了痛苦，但是如果要论长远的后果，生殖腺细胞的突变远比体细胞的突变严重得多。人类作为一个物种，可能正在让自身走向一个非常严重和灾难性的遗传学未来，眼下还没有人能准确地预测那是怎样的情形，也许是遗传病发病率不断攀高，人们将走向同一个与设想完全不同的命运——一场遗传学意义上的穷途末路。

人类生活中是不是真有这样一颗定时炸弹在滴答作响呢？很不幸，没有人知道确切的答案。

染色体畸变

基因在每条染色体上都以固定的顺序依次排布。生物的表现型由它所携带的基因种类决定，但令人感到意外的是，基因的排列顺序也会影响表现型。只要你稍稍思考一下，就会发现这种现象的奇怪之处。染色体在细胞的核里本就是乱糟糟的一团，我们原本的猜想是基因的作用可能与它所在的位置没有关系：重要的是它在细胞核里，而不是在细胞核的哪里。遗传学家们的看法也差不多，所以当发现染色体的重排会严重影响基因的表达时，他们也着实感到惊讶。至于这背后的原理，到现在仍是个谜。我们在第 11 章里就提到过，人类对基因调控的理解还远远不够，但是我们的确知道有许多基因的表达主动或被动地受到与它们相隔一定距离的其他 DNA 序列的调控。因此，对上述现象的可能解释是，改变一个基因的位置会将其置于不同的调控序列的影响下。无论如何，DNA 序列的重排会对配子发育和生物体的生长产生影响，而且往往是负面的。

染色体发生畸变的过程包括两点：物理断裂和游离末端的错误融合。缺失（deficiency），即染色体成分的丢失，可能源于单次的染色体断裂，也可能是同一条染色体发生两次断裂后丢失了两个裂口之间的部分，而如果两个断口之间的片段旋转 180°后再接回原位，得到的结果则被称为染色体倒位（inversion，见图 14-7）。

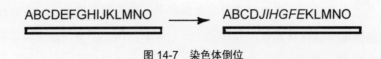

图 14-7　染色体倒位

同时发生在两条同源染色体不同位置上的断裂可能会造成其中一条染色体的缺失，以及另一条染色体的重复。最后，一条染色体上丢失的片段可能会转移到另一条非同源染色体上，导致染色体的易位（translocation），有时候两条非同源染色体的末端会进行交换，这种现象被称为相互易位（reciprocal translocation，见图 14-8）。

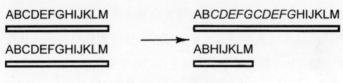

图 14-8　染色体易位

细胞里的染色体数量也有可能会发生改变。通常的细胞都是拥有两套染色体组（2n）的二倍体，但是在某些情况下也会多出整套的染色体组，使细胞成为三倍体（3n）或四倍体（4n）。比多倍体更常见的情况是细胞会丢失或者多出一个单独的染色体，成为非整倍体（aneuploid）生物，非整倍体生物个体的染色体组成可以表示为 2n+1 或 2n-1。我们在前文中已经碰到过性染色体非整倍数的情况了，它的原因是同源染色体不分离，而出于同样的原理，非整倍体的同源染色体也不是成双成对的，在二倍体的基础上，有的同源染色体要么只有一条（monosomy，单体），要么有三条（trisomy，三体）。对于性染色体的功能来说，它给染色体数量的变异留下了足够的周旋余地，所以性染色体的非整倍体尚且能够存活。可是常染色体上的遗传因子运作得如此精巧，以至于在人类中鲜有哪种三倍体的情况能够活过妊娠，即使成功降生也往往带有严重的畸形。

植物对染色体数量异常的耐受度似乎更高，因为多倍体现象在植物中非常普遍。有一些自然界的植物本身就是三倍体，比如香蕉。很多新的植物品种则是由于整个染色体组意外发生翻倍而变成了四倍体。此外，两种独立的植物也会经常性地发生杂交，如果杂交的双方是二倍体，后代就会从两种植物中分别获得一个染色体组而成为新的二倍体；如果杂交的双方是四倍体，那么后代会从亲本分别获得两个完整的染色体组继续成为四倍体。不仅如此，这些新品种的染色体组还有可能丢失染色体，成为亲本植物染色体数的非整数倍。

如今，我们有了许多产前和产后的护理技术，这些技术原本的目的是降低新生儿的死亡率，但是在胚胎存活率和婴儿出生率上升的同时，这些技术却导致了新生儿遗传缺陷率的增长，这无疑是对科学技术进步的莫大讽刺。许多由此导致的遗传缺陷都和染色体畸变有关。

成年人中深为不孕不育感到苦恼的人大约占到了 10%，不孕不育在很多情况下都与染色体缺陷有关。大约有 20% 的怀孕女性会经历自然流产，而这些人中染色体异常的检出率高达 50%。至少有 0.5% 的新生儿在出生时就携带着能够被明确诊断的染色体畸变，至于那些因为过于微小而无法轻易检出的畸变想必就更普遍了。眼下，有估算认为，大约有 10% 乃至更多的新生儿有先天性的缺陷，需要在婴儿时期或者往后的岁月里接受大量的医疗干预。这个统计数字还不包含在发育早期就丢失的胚胎。综上所述，染色体畸变并不是稀有事件，它们是人类深切苦难的源头之一。

人类染色体的畸变

在电子显微镜下，染色体就像一条打着许多结的粗绳。每个染色体的本质都是一条长而连续的 DNA 纤维，它经过缠绕折叠，上面还结合了特定的蛋白质和 RNA 分子。针对染色体的研究（称作细胞遗传学）通常以植物和昆虫作为研究对象，因为它们的染色体数目较少而体积巨大；相较而言，哺乳动物的染色体往往又小又多。从 20 世纪 20 年代到 50 年代，当时的人们普遍相信人类有 48 条染色体。当本书的作者还在上大学的时候，他被教导说高加索人有 48 条染色体，而亚洲男性只有 47 条染色体，因为他们的染色体组成是 XO[①]！直到 1956 年，瑞典的提乔（Tijo）和莱文（Levan）撰文报告称，在操作极度规范的人类细胞实验中只数到了 46 条染色体。其他灵长类动物的染色体数量也与此相近，恒河猴有 42 条染色体，黑猩猩、大猩猩和红毛猩猩都有 48 条染色体。

我们已经对如何绘制细胞核型做过介绍了，选用的例子是白细胞和秋水仙素。如果把每条完全伸张的染色体清晰地涂布在涂片上再拍照记录，就能对它们进行区分了。所有核型里的染色体都有给定的数字，数字的顺序通常是按照染色体从长到短标定的（见图 14-9）。除

---

① "O" 在这里指 Y 染色体缺失。——译者注

了长度之外，核型中容易辨认的特征是着丝粒，这是两条染色单体被挤压固定的位置，也是纺锤丝附着的地方。有些染色体的着丝粒在正中间，它把染色体分成长度相当的两条臂，这种被称为中着丝粒（metacentric），例如人类染色体中的 1 号到 3 号。

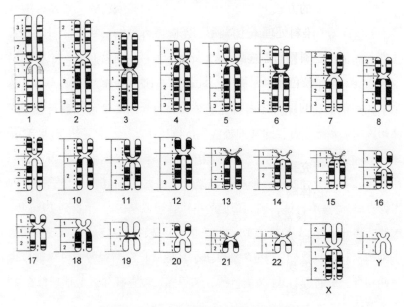

图 14-9　人类染色体和标准的 G 显带图案

染色体的短臂和长臂分别被记作 p 和 q，每条臂都按照 G 显带的分布被分成若干个区段。每个区段都有自己的编号，编号均以着丝粒为起点。比如，1 号染色体的长臂末端可以记作 1q44，而与之相邻的区段则是 1q43。

近端着丝粒（acrocentric）的染色体则不同，它们的两条臂的长度相差悬殊（例如 16 号到 18 号），而端着丝粒（telocentric）染色体的着丝粒则位于末端或者极其靠近末端的位置，因而它们只有一条臂——人类细胞中没有这种染色体。有些染色体还带有随体（satellite），这是一种与染色体主体相连的片段，它们之间的连接部分非常纤细，所以随体看上去就像是漂浮在染色体的末端附近。

有很多染色的方式可以更明显地区分不同的染色体。比如，用吉姆萨（Giemsa）染料处理染色体就可以得到所谓的 G 显带（G-bands），还有一些别的染料则可以在染色体上染出荧光带。类似的染色法可以帮助鉴别不同的染色体，还可以用于定位染色体畸变的位置。1971 年，一场在巴黎召开的国际会议制定了根据特征性染带鉴定每条染色体的统一规范。

为染色体研究提供丰富研究素材的是妊娠时间短于三个月的自然流产胎儿，染色体畸变在自发流产胎儿中的比例要比在普通新生儿中高 50 ～ 100 倍。最常见的异常情况是三体，也就是细胞中有一条额外的染色体。人类所有 23 种染色体的三体在流产胎儿中均有发现，XO 除外，目前没有发现任何单体流产胎儿的情况。显然，丢失一整条染色体对于发育的影响过于严重，以至于单体胚胎早在胎儿形成之前就会死亡。在人类的 22 种常染色体中，只有三种染色体的三体胎儿有可能活到分娩并出生，而每种三体各自对应一种独特的综合征。三种三体分别是 12 三体、18 三体和 21 三体，其中 21 三体会导致唐氏综合征。

唐氏综合征应该是最为人熟知的三体综合征，因为唐氏患儿拥有独特的外貌并且在这些年里越来越多地步入公众的视线。他们往往有智力上的缺陷，在过去很长的时间里，唐氏患者都被雪藏在各地的公立机构中。人文关怀和社会接受度的提升让唐氏患儿能像正常儿童一样在自己的家中被抚养长大。他们长大后通常温柔而博爱，大多数人在经过足够的学习和培训后能够胜任部分工作，过上相对独立的生活。

母亲的生育年龄对导致 21 三体的染色体不分离有巨大的影响。唐氏综合征在 18 岁女性生育的孩子中的发病率仅为 1/2 500，但是对超过 45 岁的妊娠妇女而言，这个比例为 1/50 ～ 1/40，涨幅高达 50 倍。在一项对 1 700 名 21 三体患儿开展的调查研究里，有将近 40% 的孩子母亲的生育年龄超过了 40 岁，而这个年龄段的女性生育的健康孩子仅占所有健康新生儿的 3.5% ～ 5%。这种生育年龄与三体新生儿之间的关联至今没有得到确切的解释。

综上所述，染色体畸变显然是人类遗传缺陷常见且主要的来源，这也是生物学家努力研究染色体畸变的原因，既然我们现在还不能完全消除这种先天性的缺陷，那么至少要做好预防的准备。染色体分析技术正在高速发展，尤其是高分辨率的条带分析技术，这让识别缺陷的携带者变得越来越容易。随着针对胎儿染色体的监控技术在北美洲大规模普及，许多含有染色体缺陷的胎儿得以在医院里被及时流产。在许多社区，年龄超过 35 岁的孕妇都会进行常规性的染色体畸变筛查。

生物体的大多数突变都是有害的，与之类似，染色体的大段缺失和重复也会导致胎儿死亡、流产或者新生儿严重畸形，鲜有例外。在由染色体缺失导致的综合征中，最广为人知的要数 5 号染色体短臂的缺失。5 号染色体的其中一条正常，而另一条有部分短臂缺失的杂合子儿童会表现出猫叫综合征（cri-du-chat syndrome）：患儿出生后伴有严重的生理和智力缺陷，并且会不断地发出类似猫叫样的哭声。还有一些综合征与其他染色体区段的缺失有关，比如 4 号和 18 号染色体。如果说染色体部分缺失的杂合子尚有如此严重的缺陷，更不消说部分缺失的纯合子了。事实上，染色体片段完全缺失的后果要严重得多——致死。在人类中尚未发现染色体区段纯合缺失的案例，在果蝇中也类似，几乎所有的染色体纯合缺失都会导致死亡。这意味着对生物体来说，基本上所有基因都是不可或缺的，如此一来，双拷贝也就成了个体存活的一个必要前提。

造成染色体缺失的原因往往与造成染色体重复的相同。人类中已知的染色体重复仅存在于异染色质（heterochromatin）以及核仁形成区（nucleolar organizer），核仁形成区是编码核糖体 RNA 的基因所在的位置，这个区段内的序列高度重复。对于重复，还有一种可能性——有的人会携带微小的重复，它们没有显著的临床意义，用现有的细胞遗传学手段也无法检测。

现存最原始的生物所拥有的基因数目要比植物和动物少得多，由此可以推断，地球上早期生命形式含有的基因数量应当更少。染色体重复可以增加遗传物质的总量，而这对提高基因组的复杂性来说至关重要，因为在这个过程中，细胞不仅保留了原有的正常基因，还能额外获得一个或多个拷贝。多余的拷贝可以在突变的逐渐积累中发生改变，直到它们开始承担不同的功能。

一旦染色体出现区段重复，连带着就会导致基因数量增加。这里，我们仍然用一串字母来代表首尾相接的基因。

正常：A B C D E F G H I J K L M N O……

重复：A B C D E F G H <u>D E F G H</u> I J K L M N O……

当重复同时发生在两条染色体上时，它们的配对会出现混乱（实际配对部分以斜体表示）。

A B C D E F G H *D E F G H* I J K L M N O……

A B C *D E F G H* D E F G H I J K L M N O……

如果配对的区域内出现交叉互换，就会导致进一步的染色体重复。

A B C D E F G H <u>*D E F G H*</u> *D E F G H* I J K L M N O……

因此，一旦染色体重复形成，单纯通过非对称配对和交叉互换就可以使染色体上的遗传物质越来越多，这个过程可以无限次地重复进行。

在你认识的夫妇当中，可能会有一些人反复出现怀孕后自发流产的情况。父母中有人是染色体倒位或者易位的杂合子是导致胎儿无法健康发育的可能原因之一。倒位可以通过染色体显带的改变来确定；如果倒位的区段里包含着丝粒，则被称为臂间倒位（pericentric inversion），而不包含着丝粒的倒位则被称为臂内倒位（paracentric inversion），两种倒位的遗传效应是不同的。

同源染色体在减数分裂期间的配对具有惊人的精确性。我们不知道保证如此精确配对的力量是什么，只知道这种保证的力量如此强力，以至于为了保证配对和配对的精度，它甚至可以让同源染色体的局部区段产生扭曲。在一个是倒位杂合子的人体内——所谓倒位杂合子，是指有一条正常染色体和一条倒位同源染色体的人，两条同源染色体会扭曲成一个特征性的倒位环（inversion loop，见图 14-10），倒位环是为了让倒位断点之间的区段能够正常排列和配对。

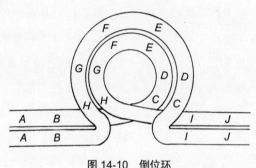

图 14-10　倒位环

如果倒位环内发生了交叉互换，那么后续产生的配子可能就会带有缺陷。如果是臂间倒位的情况，交叉互换就有可能把两个着丝粒带到同一个同源染色体里，并且留下另一个没有着丝粒的同源碎片。在第一次减数分裂结束后，无着丝粒的碎片会遗失，而双着丝粒的染色体会被继续保留，两个着丝粒之间的连接部分被称为"桥"。在减数第二次分裂结束后，没有参与交叉互换的正常染色单体会自发分开，而"桥"无法自动分离，如果桥被拉断，那么新形成的细胞核就会损失大量的遗传物质，导致配子失去繁殖能力。由此，最终形成的有效配子仅来源于那些没有参与交叉互换的正常染色单体。也就是说，倒位相当于会选择性地消除发生过交叉互换的染色体。

相比之下，臂间倒位的交叉互换则不同：染色体可以发生正常的分离，只是参与交叉互换的染色单体会在末端出现重复和缺失。携带这些染色单体的配子细胞一般很难存活。如果父母中的一人携带有一个巨大的倒位片段，而在该区段内又经常会发生交叉互换，那么这对夫妇发生流产或者生下畸形、智力缺陷的孩子的概率将变得出奇的高。

易位是引起遗传问题的常见原因，我们可以从核型中对它进行鉴定。易位的改变会被个体永久性地保留，易位片段和片段原本所在的正常同源染色体构成了易位杂合子，杂合子的表型通常都是正常的。这些携带易位畸变的个体之所以表现正常，是因为他们的基因组没有缺失基因——不仅没有缺失，某些基因反而还会翻倍，而它们的位置也可能会发生改变。不过，由于减数分裂时发生了染色体分离，所以另有一部分配子的基因是缺失的。在发生易位的细胞内，染色体在配对时会出现特征性的十字结构，这种特殊的配对方式是为了把同源区段对应到一起（见图 14-11）。

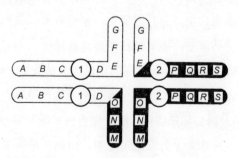

图 14-11　发生易位的细胞内的染色体配对

　　孟德尔第二遗传定律在这里同样适用。在这里形成配对的两对同源染色体有两种自由组合的可能方式，且每种发生的概率都相同。第一种，位于十字同侧的两个染色体移向细胞的一侧（即1与1移向同一侧，2与2移向同一侧），最终获得的配子具有重复和缺失。第二种，位于十字对角上的两个染色体移向细胞的一侧，那么配子的染色体组成将保持完整：一半的配子染色体成分和结构完全正常，另一半则含有相互易位的畸变。

　　鉴于易位的杂合个体通常会与染色体组成正常的普通人结婚，这种情况下夫妻双方有可能产生四种不同的合子，每种出现的概率都相同：正常合子，正常的相互易位合子，还有两种同时含有缺失和重复的合子。如果缺失和重复的片段过大，那么胎儿很可能会自发性流产，就算能发育到分娩，也很可能会有畸形。比如，除了染色体不分离之外，染色体易位也有可能会导致唐氏综合征，相应地，这种易位携带者的另一种配子会由于缺陷过于严重，无法产生能够存活的后代。如此一来，对类似的夫妇来说，后代可能的情况就只剩下了三种：正常人、表型正常的易位携带者以及唐氏患儿。遗传咨询师可以据此推算后代是易位携带者的概率，进而给希望生育子女的夫妇提供风险方面的建议。

章后总结 ●━━━━━━━━━━━━━━━━━━━━━━━━

1. 对变异机制逐渐深入的认知让我们在一定程度上有了能够对其进行控制的机会，而与此同时，现代环境中的各种突变原也在迅速增长。突变可以在任何时间发生在任何细胞内。

2. 性细胞的突变可以被遗传给下一代，而体细胞的突变只能被传递给分裂所得的子细胞，体细胞突变是癌症的主要源头。

3. 我们无法预测某个特定的突变会发生在何时何地，因此必须以统计学的眼光看待突变。所谓突变率，就是指在每一代的生物个体中，平均每个细胞发生突变的概率。

4. 人类家族谱系中突然出现的显性性状可以作为估算人类基因突变率的依据。

5. 自发突变是小概率事件，但突变原可以提高突变的发生率，而某些种类的辐射就属于最强有力的突变原。

15

进化遗传学

进化的证据有哪些?

进化的过程有哪些?

什么是群体遗传学?

人类的进化历程是什么?

什么是优生学?

GENETICS

遗传学家西奥多修斯·杜布赞斯基（Theodosius Dobzhansky）曾经说过："生物学的意义只能从进化的角度得到阐释。"所有以客观视角看待世界的生物学家如今都认为，地球上的物种多样性源于一种复杂的自然过程，这个过程可以被笼统地称为"进化"。为什么生物学家们会笃信进化的力量呢？犬儒主义和宗教的批评者对生物学家们的这种共识不以为意，他们认为生物学家对进化的笃信与宗教里人们对上帝的信仰别无二致。但是事实上，这两种信念截然不同，两者的具体区别正是对待科研方式的态度。

科学研究的对象并不是真理本身，而是"可被证伪的假设"。科学家发现一些尚未被解释的现象，并试图为其构建一种合理的解释是科学的第一步。科学家通常会采用一种普适的推理方式，哲学家诺伍德·罗素·汉森（N. R. Hanson）把这种方式称作"逆推法"（retroduction）："这里有一件让人匪夷所思的事情，但是呢，如果 X 为真，那么这件事就好理解了，所以我们不妨假定 X 是真的。"为事物寻求恰当的解释需要跳跃的思维，有鉴于这个原因，实际上科学同艺术以及任何其他人类

活动一样，是一种创造性工作。不过，科学对于这个正确的前提 X 有
着诸多限制。X 必须属于正常物理世界的范畴。作为科学家，我们不能
把事物归因于超自然或是本质无法观测感知的力量，比如上帝、恶魔
或者其他巫术妖法。不过最关键的一点是，前提假设 X 必须能被落实
到经验主义的推敲上——作为一种前提条件，它必须产生一种能被观
测和实验所验证的后果。一旦有了这种因果关系，我们便可以用预测
的准确性来检验假设的真伪。

不从事科研工作的人常常会有这样的误解，他们认为实验和对关
键现象的观测是科学家用来证明自己的假设是否正确的手段。事实上，
科学家这么做是为了检验自己的假设是否错误。当然，科学家们都希
望自己的假设是正确的，但是逻辑思维上的怪癖让他们不能把"正确"
作为对假设的期待。一个假设 H 和由它产生的预测 P 就可以形成一个
推论命题：如果 H，则 P。所以我们要做的就是检验是否真的可以观察
到 P。假使真的观察到了，那我们可以推论说"如果 H，则 P；因为 P
为真，所以 H 为真"吗？不是这样的。

类似的推论是一种逻辑谬误，被称为"肯定后件谬误"（affirming
the consequent）。举例来说，如果太阳是由牛粪燃烧形成的，那太阳就
是烫的；因为太阳是烫的，所以太阳是由牛粪燃烧形成的。但是如果
P 是错误的，也就是说，我们观测到的结果是非 P，那么我们就可以据
此推断：如果 H，则 P；因为 P 为伪，所以 H 为伪。哲学家卡尔·波
普尔（Karl Popper）曾经强调过，科学假设必须要可证伪，这也就是说
它必须给经验性的验证手段留下能对假设本身进行质疑和反驳的余地。
如果验证的结果不支持对应的假设，那么该假设就是错误的，或者说

至少是需要修正的；如果验证的结果支持它的假设，那么该假设就可以暂时保留，且我们对它的真实性会更有信心。但这并不意味着假设是"正确的"，它仍旧只是一个对观测结果的合理解释而已。

当有了足够多经得起事实验证的假设之后，我们可以把它们拼凑成更大的假设体系，也就是所谓的"理论"。但理论并不等同于客观上的事实。所有的假设只能在推敲和检验中变得越来越可信，越来越能够解释自然现象，仅此而已。进化论就是一个典型的例子，它经受住了许多质疑和考验，也因此变得非常可信。但是我们必须谨慎地区分"进化"这个概念中包含的两个不同层面的问题：进化是否真的在自然界发生，即现存的物种是否真的是通过进化这种方式形成的？进化又是如何发生的？对于进化现象是否真实存在这个问题，杜布赞斯基认为，由于这个现象在自然界实在太过普遍了，因此几乎所有生物学家都会认同，任何仍在否认这个概念的言论都有不可理喻的嫌疑。在过去的大约150年里，支持该理论的证据和实验结果已经堆积如山，所有尝试对其进行证伪的努力都无疾而终，进化论的基本论点也由此站住了脚跟：物种能够进化，且进化可以解释物种的多样性。

关于进化发生的具体机制，如今依然是众说纷纭、莫衷一是的状态。不过，进化基于自然选择是目前生物学界的共识，两者的联系我们在前文中已经做过介绍了。尽管之前有许多科学家为进化论的研究做出过贡献，不过我们通常会把达尔文和华莱士当作"基于自然选择的进化论"的奠基人。达尔文和华莱士都曾游历过世界各地，并对沿途所见的异国植物、动物以及化石做了细致的观察和记录，两人在这个过程中都清楚地发现了物种之间的相似性。达尔文的论据是哺乳动物的前肢，他发现它们在结构上有着高度的相似性，都是由一根骨骼组成上臂，由两根骨骼组成前臂，由数根骨头组成腕部，再加上以五为基数的短骨组成的跖或掌。

> 手实在是太有意思了，在人身上它们是用来抓握的，在鼹鼠身上是用来挖地的，在马身上成了跑步的工具，在海豚身上则变成了划水的鳍，在蝙蝠身上是用于飞行的翅膀，为什么功能如此不同的器官结构竟会拥有如此类似的骨骼构成，而每块骨骼竟又会在同样的相对位置上？

这种由相同结构承担不同功能的现象被称作同源性（homology）。生活在达尔文之前的解剖学家们并不是不了解生物结构的同源性，只是他们通常会用传统的宗教概念搪塞过去，就算偶尔有人想到了进化论的观点也只是浅尝辄止。达尔文和华莱士首先提出，物种结构的同源性源于它们具有共同的祖先。两人猜想，当把同一个物种置于不同环境的影响下时，原来的祖先物种就会逐渐分化成适应各自环境的不同种群。在每个种群里，任何能给个体带来环境适应优势的遗传改变都将在自然选择的作用下赢得优胜劣汰的博弈。基因组的随机改变加上自然环境的定向选择，正是在这样一代又一代的循环往复中，各种各样的物种逐渐成形，并最终成就了现代的物种，如上文列举的人类、蝙蝠和鲸等。

物种同源性与性状的代际累积

有许多方面的证据可以支持"生物起源于共同祖先，以及机体的改变会在代际更迭中逐渐积累"的假说。最有力的证据莫过于生物体在各个层面上所具有的同源性。对所有生物经年累月的研究让我们积累了大量结构同源性的实例，例如四肢和颅骨。同源性研究的对象不止局限于现存的物种，还包括将现存物种与已经灭绝的化石证据进行比对。通过比对，我们可以确定化石物种与现代物种的亲缘关系，由此填补灭绝生物留下的空白。如果把零碎的信息拼到一块儿，我们就可以总结出一幅标识了每个物种进化路径的系统发生树（phylogenetic tree）——一种展示每个物种与祖先亲缘关系的分支系统。化石物种生存的年代可以通过它们所处的岩层进行确定，岩层可以作为衡量实际进化时序的标尺。

就在最近几年，我们拥有了对来自不同物种的蛋白质和数目巨大的DNA 进行测序的能力，测序技术向我们展示了分子水平上的生物同源性。首先，不同生物的基因之间存在高度重复性：一种生物体内的某个基因，很可能在另一些生物体内拥有极其相似的版本。这是现代生物学中"模式生物"研究的重要依据，正是因为如此，我们才能期待针对模式生物的研究发现也许在其他生物身上也适用。

其次，同源基因的核苷酸序列极其相似，两者编码产物的氨基酸序列亦然。同源蛋白，比如所有脊椎动物的胰岛素和血红蛋白的氨基酸序列都非常相似，仅有一些微小的区别。通过对序列的不同之处进行分析，我们就可以大致推断在漫长的进化过程中，不同物种从同一个祖先物种中分化出来的先后次序——当然，推算的过程实际上没有这么容易，可能需要借助计算机。当我们根据分子层面的同源性证据构建出最可能符合事实的系统发生树时，所得的结果通常与根据解剖相似性所构建的系统发生树相吻合；也有些时候，分子结构的证据能解答我们一直以来的困惑，或者揭示两种在解剖上没有关联的生物之间所隐含的亲缘关系。

最后，在亲缘关系较近的物种体内，不同的基因在染色体上往往有着类似的相对位置，这种现象被称为基因的同线性（synteny）。物种之间的亲缘关系越近，同线性现象就越明显，比如哺乳动物之间的同线性要高于哺乳动物与其他亲缘更远的动物。

支持进化的另一类证据是我们可以从历史回溯中观察到同一个物种循序渐进的遗传学改变。文献记录中有许多关于人类造成的环境变化，最终导致其他生物种群改变的实例，其中就包括抗生素抗性细菌的崛起，对鼠药华法林抵抗的家鼠，对重金属污染土壤耐受的植物，对兔黏液瘤病免疫的野兔——黏液瘤病最初被引入澳洲的本意是将野兔赶尽杀绝。曾有一个经典研究向我们展示了一种英国蛾（桦尺蠖，Biston betularia）的体色变迁：工业区树木的树干因为污染而变得乌黑，当地的桦尺蠖的体色也逐渐从浅色变成了深色，以便更好地伪装自己（因为浅色桦尺蠖在树干上非常显眼，很容易被捕食）。后来，随着污染的治理，树干上重新长出了地衣，颜色变得浅而明快，而桦尺蠖种群的体色也发生了同样的改变。

人们还观察到许多其他物种身上发生的"自然"进化现象。加勒比群岛的安乐蜥（Anolis）并非当地的原生物种，它们在被人为引入后发生的适应辐射（adaptive radiation）[1]就是一个很好的例子。此外，彼得·格兰特和罗斯玛丽·格兰特夫妇在加拉帕戈斯的地雀[2]种群里观察到了适应性的遗传改变：剧烈的环境变化，比如长期的干旱和强烈的暴风雨会让地雀种群的喙发生明显的改变。格兰特夫妇的观察成果意味着，无论多么微小的遗传改变都可能具有环境适应的意义。

进化的三大过程

从广义上来说，进化可以细分成三个过程：大进化（macroevolution）、物种形成（speciation）和微进化（microevolution）。大进化是指能从化石中观察到的宏观变化，从过去各种形态迥异的生物，经历漫长的世代更迭，一直到形成现存各个物种的过程。物种形成是指由两个或者多个新分化出的物种取代它们的共同祖先的过程。微进化则是指那些发生在同一物种内的、相对来说要小得多的变化。这种分类方式引发了"应当如何界定一个物种"的问题，但这可不是三言两语就能说清的。

显然，物种代表"一种"生物，但是只要你随便翻一翻有关树木、花、鸟、昆虫的书，就会发现在它们展示的物种里，有许多看上去都非常相似。那么物种与物种之间的界线到底在哪里呢？对于有性别区分的生物而言，物种的界线由生殖划定：所有属于同一个物种的生物之间应当能够互相交配并产生可育的后代，而不同物种的生物之间则不可以。在某些情况下，同一个物种里的成员可以有非常大的外形差异，但这并不影响它们交配和繁殖。家养的犬类就是一个很典型

① 适应辐射：同一个物种为适应不同的环境而发生的多方向趋异变化。——译者注
② 属于地雀亚科，加拉帕戈斯群岛的地雀现在也被称为"达尔文地雀"。

的例子：体型最庞大的品种——纽芬兰犬，仍然可以和体型最小的品种——吉娃娃交配，繁殖出可育的后代。

物种形成是进化中的关键过程，它代表原本属于同一个物种的生物正式分成了两个或数个具有生殖隔离（reproductively isolated）的种群。从物种形成的时刻开始，每个新形成的物种都将开始自己独立的进化之路，因此，正是从上古时代不断重复至今的物种形成，才造就了如今高度分化的生命之树，才有了今天数以百万计的活生生的物种。物种形成的方式多种多样，植物中有相当一部分的进化是由于意外或者杂交而导致的染色体组扩增。举个例子，小麦的进化始于距今约一万年前，当时二倍体（2n）的小麦与另一种二倍体的植物发生融合，形成了一种四倍体（4n）品种——这个品种的小麦留存至今，被称为二粒小麦（Emmer wheat）。随后，在大约 8 000 年前，四倍体品种小麦又和另一种二倍体小麦发生融合，形成了六倍体（6n）品种，也就是现代的小麦。在植物的另一种被称为"渐渗杂交"（introgressive hybridization）的进化方式里，两种不同植物的基因组通过杂交融合到一起，最后形成的新品种拥有其中一种植物的少数几个染色体，以及另一种先祖植物的大部分基因组 [3]。

不过，对于物种形成，尤其是动物物种的形成来说，地理隔离（geographic isolation）是一个重要的影响因素。一个数量庞大的物种可能会广泛地分布在一片广阔的区域内，这样难免会包含多种多样的地质差异，这就导致生活在不同环境中的个体需要具备不同的特征。这

---

[3] 渐渗杂交：即在两种植物杂交后，不断让后代与其中一种亲本回交，因此最后形成的品种含有其中一种亲本的大部分基因组，以及另一种亲本的少量染色体。——译者注

些离散生活的种群往往会渐行渐远，直到互相之间的差距大到能够被称作亚种（subspecies），或者也叫种族（races）。亚种现象在鸟类中很常见，所以观鸟爱好者在造访不同的地区之前通常都要做足功课，研究当地亚种的特征。

除了早已存在的种内差异，有些种群之间还会被障碍物隔离，这些障碍物可能是冰川、河流，也可能是大片平原。在被隔离期间，互相分离的种群继续积累各自的遗传差异，直到生殖隔离（reproductive isolating mechanisms）形成后，就算把两个种群重新放到一起，它们也不能再互相交配和生育了。生殖隔离的可能机制包括染色体组成的不匹配、受精障碍、繁殖时间不匹配以及杂交后代不成活。

达尔文第一次观察到上述物种形成现象是在加拉帕戈斯群岛的地雀种群中，加拉帕戈斯群岛位于厄瓜多尔的海岸线上。汪洋上的群岛可谓物种形成的温床。同一物种的种群个体可以从一座岛屿迁徙到另一座岛屿，在新的环境里经历独立的进化过程。也许过不了多久它们又会动身开拓新的栖息地，但是在此期间很可能已经积累了足够的变化，使得它们成了一种区别于原先种群的新物种。

从总体上来看，大进化的过程至少包含三类事件。首先是不断重复的物种形成；其次是另一种在漫长岁月中缓慢发生改变的方式，这种过程被称为"线系进化"（phyletic evolution）；再次，进化过程中最显著的事件莫过于灭绝（extinction）。进化可不是一个歌颂劫后余生、长生不老的故事，恰恰相反，进化的主角们都只是在苟延残喘，失败和淘汰才是所有物种最终的结局。不同的物种能够存续的时间也各不相同，短则几十万年，长则几百万年，不一而足，不过最终的归宿都无一例外：当一个物种不能再适应不断改变的环境（不断进化的其他物种也属于环境的一部分）时，它就会走向灭绝。

群体遗传学

在介绍基本的遗传学概念时，我们曾用过类似"野生型等位基因"和"突变等位基因"这样的词，这种叫法方便了我们的讲解，同时也具有误导性。对生物种群的研究表明，种群个体没有所谓的"标准"基因型，所以我们也很难说哪种基因才是"野生型"的。事实上，自然界的生物种群具有惊人的遗传多样性，杜布赞斯基以及他的合作者们曾在美国西南地区开展过针对果蝇种群的研究，他们的研究显示，果蝇的每条染色体上都带有数种天然的倒位突变。你可能还记得，染色体倒位是指片段的首尾倒置。果蝇的唾液腺里有一种体形巨大的染色体，只要借助一台性能优良的普通显微镜，我们就可以看到巨大染色体上特征性的黑白条带。

我们可以很轻易地对不同个体的条带图案进行比较，以此鉴别哪个样本发生过倒位突变。群体遗传学中的一个关键概念叫"等位基因频率"（allele frequency），主要指某种基因或者染色体在种群中所占的比例。假设在某个果蝇的种群里，2 号染色体上基因按照标准顺序排列的果蝇个体占 37%，发生箭头倒位（Arrowhead inversion）的个体占 16%，另有 47% 的个体具有奇里卡瓦倒位（Chiricahua inversion）[1]，那么，

① Arrowhead & Chiricahua: 均为地名，以该种突变的发现地和流行地对其进行命名。
　　——译者注

我们就说这三种染色体在种群里的频率分别是 0.37、0.16 和 0.47。

杜布赞斯基和他的同事在整个美国西南地区标注了各地果蝇不同倒位突变的发生频率，结果显示，分别从加利福尼亚州向东和向南，直到墨西哥，果蝇每种染色体倒位的频率都在随地理位置的推移而变化，这极有可能是因为不同的基因顺序赋予了当地的果蝇更强的选择优势。还有其他针对野生生物种群的研究也得到了类似的结果。很多基因和染色体都有等位的突变版本，它们以相当可观的比例存在于种群的个体内，甚至会随着季节的改变而发生波动。这些基数庞大的突变正是进化发生的原动力。

变异个体之所以不断出现，是因为种群里的突变总是在低概率而持续性地改变着个体的基因型，且这种改变是随机的。有些随机的突变歪打正着，正好跟生物体所处的环境相契合，于是拥有这类突变的个体就可以比没有这类突变的个体产生更多的后代。正是因为繁衍能力上的优势，随着时间的推移，突变个体在种群中所占的比例会逐渐上升。所谓自然选择，其实就是指这种强化差异性的繁殖过程。每种基因型都有自己相对的适应度（fitness），适应度的衡量标准是该基因型的繁殖成功率。所谓某种基因型具有很高的适应度，或者能被自然选择，实际上都是在说：与种群里的其他基因型相比，这种基因型的个体能在未来留下更多自身基因型的拷贝。

新物种，乃至更高的生物学分类等级，比如属的形成，需要集合许多基因的改变。举一个简单的例子，我们假设出于适应环境的目的，某个物种的基因型从 AA BB mm QQ stst 变成了 aa bb MM qq StSt。为了实现这种遗传上的变化，突变就必须把 A 变成 a，把 B 变成 b，把 m 变成 M，把 Q 变成 q，再把 st 变成 St。这些突变一般要分很多次进行，而且通常不会发生在同一个个体体内，所以最终的基因型需要由不同个体拼凑而来。我们可以想象突变是如何精雕细琢，逐渐把脊椎动物的某些四肢骨伸长、加厚，再把另一些骨头缩短，成为我们今天看到的模样的。有研究者甚至已经在实验室里模拟出了某些基因型的筛选过程。

群体遗传学的研究目标就是对上述过程进行定量描述。我们先以只有一个基因的情况作为例子，假设某个种群里有 A 和 a 两个等位基因，等位基因 A 的基因频率为 p，p 的大小为 0.6；而等位基因 a 的基因频率为 q，q 的大小为 0.4。在这个简单的例子里，p+q =1 是因为种群里只有两个等位基因，不是 A 就是 a。基因频率的具体数值可以通过统计种群里的纯合子和杂合子获得。每个纯合子有两个相同的等位基因，而每个杂合子则同时拥有两种等位基因，每种各一个。

那么这个种群中各个基因型的频率是多少呢？突变和自然选择犹如一对双生子，它们对种群的作用非常缓慢，往往需要耗时数代。作为一个简化的例子，我们先假设这两个因素对种群没有产生任何影响，再假设目标种群的数量非常庞大，大到可以作为概率论适用的对象，最后假设种群里的个体都是随机交配和繁殖的。随机的意思是指，雄性和雌性个体对交配的对象没有任何的偏好和倾向，比如一个基因是 AA 的个体不会对相同基因型的异性产生偏好。现在，你要注意的是每个配子里不会同时拥有两个等位基因，而只会有 A 和 a 中的一个，所以两种配子出现的频率和等位基因的基因频率相对应，也分别是 p 和 q。种群里的配子或者叫等位基因相当于满满一袋子红球（A）和蓝球（a）。

我们闭上眼睛，用两只手从这个袋子里随机拿出两个球，它们的可能的颜色搭配就等同于个体的基因型。两个球都是红球的概率是 p^2，两个球都是蓝球的概率则是 q^2。有的时候，我们的左手会抓到红球，同时右手会抓到蓝球，概率是 $p \times q$；还有的时候，左手和右手的颜色正好相反，概率是 $q \times p$，因此，各种基因型和它们在种群里的频率分别是：p^2 的 AA、$2pq$ 的 Aa 和 q^2 的 aa。

上述的近似算法又被称为哈迪－温伯格定律（Hardy-Weinberg formula），是种群遗传学的基础。在引入突变率和各个等位基因的选择优势等参数后，它可以凭借复杂的数学演算对进化的过程进行细致的分析。哈迪－温伯格定律还可以用于研究单基因疾病在人口中的分布情况。举例来说，作为一种常染色体隐性疾病，理想情况下苯丙酮尿症在人口中的发病率应当为 q^2。如果是每一万人里有一个苯丙酮尿症患者，那么在这个人群中，$q^2 = 1/10\ 000$，所以 q 的大小就是 $1/10\ 000$ 的开根，即 $1/100$。因为 $p + q = 1$，所以 $p = 99/100$。然后，根据哈迪－温伯格定律，杂合子在人群中占的比例应当为 $2pq = 2 \times 99/100 \times 1/100 \approx 1/50$。这个计算结果非常有趣，它意味着苯丙酮尿症患者和该病基因的携带者相比只是冰山一角，后者几乎是前者的 50 倍。而杂合子的比例对遗传诊断非常重要。另外，杂合子的比例也是反映隐性基因在多大程度上面临自然选择压力的重要指标，我们会在下文做进一步说明。

从非洲走向世界

达尔文在阐述进化论时曾提出了一个备受争议的论点，他认为人类是由猿类进化而来的。基督教会首先站出来反对了这个观点，因为根据《圣经》故事，当时的人们普遍相信地球上所有的物种都是由上帝在极短的时间内创造出来的。除了人类和猿类在举手投足间有几分相似之外，当年还没有太多的进化证据来支持达尔文的论点。当时的人类学家才刚刚开始寻找"缺失"的化石证据，用于填补从猿类到人类之间的过渡。在接下来的150年里，数种过渡物种被相继发现，凭借这些新发现，人类学家得以有理有据地描绘出人类祖先的模样和人类进化的历程，人类的祖先们被统称为"原始人类"（hominids）。

现今公认最古老的过渡物种出土于非洲，这相当于承认非洲是原始人类的起源之地。根据地质年代划分，人们普遍认为最早的原始人生活在距今400万到375万年前。这种最早的原始人被命名为南方古猿阿法种（Australopithecus afarensis），它们采用双足行走，身材矮小，大约为1.2米，大脑容量也较小。南方古猿阿法种随后被两种新的南方古猿取代，分别为非洲南方古猿（Australopithecus africanus）和南方古猿粗壮种（Australopithecus robustus），两者的身材更魁梧，脑容量也更大。

在距今250万到150万年前，非洲南方古猿和南方古猿粗壮种显然和另一种原始人类共存过一段时间，后者是人属的第一个成员：能人（Homo habilis）。这个名字源于拉丁语，意为"灵巧能干"，实际上它们已经能够制作简单的工具了。能人的身材更高大，约为1.5米，他们的脑容量也更大，体积大概是现代人的一半。能人随后又被体积和脑容量更大的直立人（Homo erectus）取代，直立人生活在距今100万到25万年前。从25万年前开始一直到现在，我们能找到的只有现代人化石，现代人在分类学上通常被称为智人（Homo sapiens）。不过，较早的智人生活在距今约35 000年前，他们又被称为尼安德特人（Neanderthal humans），有人说他们是智人种的亚种，也有人认为他们是人属中的一个独立物种。最近，英国遗传学家布莱恩·塞克斯（Brian Sykes）根据 DNA 证据提出，尼安德特人对现代人的基因组没有任何贡献，是一个区别于智人的物种，因此其学名应当是 Homo meanderthalensis[①]。

凭借对全世界各地人类的 DNA 进行测序研究，科学家建立了人类的系统发生树。科学家根据化石证据提出，人类系统发生树始于非洲大陆。大多数生物学家把据此描绘的系统发生树作为支持"走出非洲"理论（"Out of Africa" theory）的证据：智人在非洲完成进化，随后沿着多条不同的路径迁徙到世界各地。在向世界各地迁徙的过程中以及完成迁徙之后，智人不同种群之间的差异逐渐积累，形成了所谓的人种。由此可见，人种的定义可以是："外形上具有明显区别，分支起源且生活在特定地区的智人部族。"

不同人种之间的接触史证实他们可以通婚和生育，所以我们其实都属于同一个物种，即智人。有时候这似乎很难让人信服，尤其当我们把生活在非洲中部的一些身材矮小、皮肤黝黑的人和北欧那些人高马大、皮肤雪白的人放在一起比较时。这些明显存在差异的外貌特征是人类学家区分人种的依据，他们据此对人类变体进行分类。不过，人类学家界定人种的方式各不相同，所以目前对人种进行分类还没有公认的标准。

按照各个理论，目前人种数量至少有四个（"黑色"、"红色"、"黄色"

---

① 本书出版后，后续有研究提出现代人的基因组中包含了尼安德特人的遗传成分，证实两者之间有过遗传学上的交集。——译者注

和"白色"人种），至多有 50 个。还有一种分类法提出应该把人类分成七个主要人种：高加索人、非洲黑人、蒙古利亚人、南亚原住民、美洲印第安人、大洋洲人和澳大利亚原住民。人种存在的一个意义在于反映智人的遗传多样性，多到我们足以对不同人种的个体进行明确的区分。

用于划分人种的视觉证据包括体型、肤色、眼睛的形状等，目前这些证据都得到了相关证据的印证。不过，所有的人类性状都是多样而非严格统一的，就算是属于同一个人种的个体也可能有明显的外貌差别。比如，"高加索人"就包括肤色较浅的北欧人、肤色较深的地中海人和肤色最深的北印度人。DNA 测序能够更好地反映种群个体的区别，它的原理是检测同一个基因座上的等位基因或者不同的 DNA 片段的数量。

DNA 测序的结果显示，人种内的遗传多样程度要高于人种间的。但是从视觉上来看，不同人种的差别十分明显，所以会不会哪里弄错了呢？答案是没有，DNA 测序可以鉴定出所有的遗传差异，其中就已经包括以前用来区分人种的视觉特征。我们可以打一个比方，比如有 100 颗黑色的珠子，它们的大小、形状和材质各不相同，现在另有 100 颗白色的珠子，同样包括各种各样的尺寸、形状和材质。不管是黑色珠子还是白色珠子，同一种颜色的珠子之间都有诸多可比的差异，而从视觉上看，差异众多的黑白珠子之间却只有一个明显的区别：颜色。

DNA 层面的证据显示，"人种"的定义其实并不严谨。虽然人类不断在历史上强调人种，但是从生物学的角度来看，"人种"几乎就只是"肤色"的代名词。在基因的水平上，除了一些表面的性状之外，比如肤色，不同人种的基因库之间并没有绝对的区别和界线。如果单从基因上讲，那根本没有所谓的"人种"，换句话说，如果只给科学家提供一份 DNA 样本，他们根本没法分辨这个人到底属于哪个人种。

人类由非洲向外迁徙的路径是根据遗传多样性的减少来确定的。假设生活在地区 1 的人口具有非常高的遗传多样性，包括 a、b、c、d、e 和 f 六种 DNA。在邻近的地区 2，当地人口的 DNA 仅有 a、b、c、d 四种，而在与地区 2 相邻的地区 3，当地人口的 DNA 仅有 a、b 两种。我们试图用一种名为"建立者效应"（founder effect）的理论来解释这种现象：原本高度多样化的大种群里分化出了一小部分多样性程度有限的个体，它们迁徙到新的地区后在当地繁衍并形成新的种群。在上述假定的情况里，我们推测首先有一小群人从地区 1 迁徙到了地区 2，并在当地形成新的种群，但当初领头的建立者里没有人携带 e 和 f。随后，又有一小队缺乏 c 和 d 的人从地区 2 出发，前往地区 3 建立新种群。正是凭借这种方式，科学家得以在大陆上绘制出人类迁徙的主要路径。比如，其中一条是从非洲进入南亚，随后有一小支转而北上，辗转进入中亚地区。

布莱恩·塞克斯和他的同事一直在利用线粒体 DNA 追踪人类迁徙的路径。线粒体内含有一条微小而独特的 DNA 分子，它的编码产物是数种线粒体自身需要的蛋白质。由于我们可以很容易通过 PCR 扩增并测序，所以只需要少量的血液样本，甚至是化石里的残留样本，就可以对人的线粒体 DNA 进行鉴定。线粒体只能从母系亲本遗传和继承，因为精子在进入卵子时只带着男性亲本的细胞核，而没有线粒体。塞克斯利用上述方式解答了波利尼西亚岛上的居民究竟是从亚洲还是南非迁徙而来的长久谜题，当地的岛民无一例外是亚洲人的后裔。通过在全欧洲广泛地收集样本，塞克斯找到了七个欧洲人口的线粒体 DNA

发源地——相当于欧洲人口的发源地，或者换句话说是七个假想的女性，她们都生活在距今 5 万年到 4.5 万年之前。

现代非洲人与生活在全世界各地的其他人一样，都经历了且仍在经历遗传学上的改变。现代非洲人和最初作为迁徙源头的非洲原始人并不是一回事，现代非洲人一点儿都不"原始"。

人种之间明显不同的视觉特征只是人类在地球不同地区生活时所积累的微小改变。其中的许多变化都是适应性的，它们产生和被保留的目的是让人类更好地适应迁徙后的新环境。还有一些改变可能仅仅是基因漂变（genetic drift）①不断积累的随机结果。哈迪-温伯格定律适用的前提条件是种群足够大，庞大的基数可以保证个体交配的随机性；但是小种群的情况就不一样了，有限的交配数量必然导致偶然性对基因频率的影响陡增。除此之外，建立者效应也是造成微小遗传差异的原因之一。比如，如果建立者中的许多人都有一头红发，而在他们原本所在的种群里，红发性状只占总人口的 1/10，那么由他们建立的新种群与原本的种群就会有相当明显的区别。

人的某些地域属性很可能具有非常实际的适应性价值。肤色的深浅与纬度的高低有着非常直观的联系。在世界各地，我们都可以看到同样的规律：从赤道到极圈，人的肤色逐渐由深变浅。一方面，阳光中的紫外线会诱发皮肤癌，离赤道越近，太阳的辐射就越强，而深色的皮肤大概可以帮助人类免于紫外线的伤害。另一方面，维生素 D 的

---

① 基因漂变：指由于随机事件，如小群体物种个体的意外死亡等导致种群基因频率改变的现象。——译者注

合成需要阳光对皮肤产生刺激；生活区域越靠北、肤色越浅的人，通过皮肤吸收的阳光也越多，从而可以更强烈地刺激维生素 D 的合成；而生活在赤道的人因为肤色较深，可以防止维生素 D 的过量合成——过多的维生素 D 对人体有害。

苗条的体形散热的效率较高，这种例子在赤道附近的居民中随处可见。而丰腴的体型则有利于保存热量，这对生活在寒冷地带的人来说有着天然的益处。

镰刀型贫血症的杂合子对疟疾有一定程度的抵抗能力，因此，镰刀型贫血症的致病基因和疟原虫在地理分布上呈现出相关性，都主要分布在热带。尽管具有致病基因的纯合子容易死于非命，但是携带一个致病基因的杂合子却能从中获益良多。生活在高海拔地区的居民拥有许多适应性的生理特征，让他们可以在氧气稀薄的地带繁衍生息。

我们曾在第 1 章中提到，希望改良人类物种的想法可以追溯到古希腊社会。但是这个观念真正深入人心则是在 19 世纪最后 25 年及 20 世纪之初，因为当时发生了两件事：达尔文自然选择理论的流行和单基因遗传的发现。以社会运动改良人类物种的设想最早是由达尔文的堂弟弗朗西斯·高尔顿（Francis Galton）提出的，他把相关的研究命名为"优生学"（eugenics），字面意思是"优质的生育"。高尔顿认为，用于改良动植物的遗传学理论和手段也应当被用于选育人类。他的主张在当时受到了许多知识分子的拥护，其中就包括作家萧伯纳。"优生学"的社会实践项目在欧洲和北美先后上马，其研究任务涵盖了两个宽泛的方面，一是治疗各种疾病，二是对不同的人种或者社会人群划分等级。

许多人类的疾病和其他性状都被证实与单个等位基因有关，它们的遗传方式遵循着经典的孟德尔遗传定律。而从前的优生学家们武断地把许多成因和表现暧昧的情况也归入了单基因遗传病的范畴，还为此捏造了许多病名，比如定义模糊的"心智薄弱病"（feeble-mindedness）、"游荡癖"（nomadism）和"犯罪症"（criminality）。优生学家们踌躇满志，要把这些"疾病"从人类社会里根除。美国、加拿大和数个欧洲国家都曾成立过优生委员会，专门负责评估个体的情况，这些委员会的"功绩"是给数万人做了绝育，其中的许多案例都缺乏足够充分的理由。在某些国家，比如加拿大和瑞典，优生措施一直被延续到了 20 世纪 70 年代，之后才逐渐销声匿迹。

不管是哪种优生举措，都没有切实的证据可以证明其对人类疾病的发生率产生了影响。对隐性遗传病来说，没有显著的影响也情有可原。单纯针对发病的隐性纯合子并不能有效地消除隐性致病基因，因为大多数的隐性基因是由杂合子携带的。如果禁止所有的隐性疾病患者生育后代（禁止个体生育是影响力最强的筛选方式），按照群体遗传学的理论可以很容易地计算出，要把一个普通的隐性致病基因的基因频率从 1/100 减半到 1/200 需要耗时 100 代人，大约 2 000 年。显性疾病受筛选的影响要相对大一些，但是即便如此，基因表现度的高低也会降低筛选的效率。

纵观世界历史，人类对人种优劣和社会阶级的高低笃信的例子层出不穷。这些错误的认识曾经给人类带来过深切的苦难，甚至至今仍在贻害人间。20 世纪初，就在北美的移民风潮达到顶峰的当口，"优生学"观念成了严格限制移民进入的指导思想，许多人种和阶层由于被贴上了"低级"的标签而被禁止入境。如今享誉全球的生物学研究机构美国冷泉港实验室（Cold Spring Harbor Laboratory）的前身是"美国优生学"档案局，它的业务重心正是管控移民。

不仅如此，当时的社会上还充斥着以基因论社会地位的歪风邪气，不出所料，"优生学"因此受到了特权阶级的青睐，因为他们相信，只要认真贯彻"优生学"的举措，就能让社会中的每一名成员都变得足够"优秀"。当时流行着一种受人追捧的说法：有人统计发现，平均48 000 对能力平平的工人夫妇才能生出一个《名人录》（*Who's Who?*）[①]里的主角，而平均 46 对专家夫妇就可以达成一个同样的成就。这个统计研究被人们视为支持精英遗传主义的证据。

"优生学"在德国的起步很晚，但是随后很快就失去了控制。纳粹德国在 1933 年通过了旨在消灭遗传病的法案，法案规定要对有缺陷的人群实行强制节育，这些人包括先天性的智力缺陷者、精神分裂症患者、躁郁症患者、遗传性癫痫患者以及重度酗酒人员。这个法案的通过得到了数名资深德国遗传学家的首肯。1937 年，有色人种的孩子被添加到了强制节育的名单上，然后是 1939 年，纳粹德国政府又开始对精神病患者施行安乐死。1942 年，集中营开始大规模屠杀犹太人和吉卜赛人。这些暴行都是为了服务同一个理念，即通过净化人口中的"低等"基因，以保证"优等民族"的血统纯正性。不仅如此，德国人还

[①] 《名人录》：诗人威·休·奥登早期的一个作品，刻画了一个出生底层、经过努力打拼攀上事业巅峰，但是感情生活畸形空虚的人物形象。——译者注

尝试过选择性地繁育那些受人追捧的"雅利安民族"特征。

在现代遗传学知识的指导下，有的地区正在志愿推行一些旨在降低某些遗传病致病基因频率的公益项目。比如，泰伊－萨克斯二氏病（Tay-Sachs disease）是一种常染色体隐性的神经系统致死疾病，导致该病的基因在德系犹太人中有着较高的基因频率，而这些人最初是从欧洲东部进入德国的。这个疾病常见于许多北美犹太移民的新生儿中。今天的准父母们已经可以借助 DNA 诊断技术确定自己是否是该病基因的杂合子了。双方都是杂合子的情侣往往会选择不结婚。通过这种方式，泰伊－萨克斯二氏病在一些社区几乎绝迹。在这里需要强调的是，国民自愿参与和国家强制人民参加类似的优生项目，这两者之间有着巨大而本质性的区别。

现在的 DNA 诊断技术可以检测很多杂合子体内的隐性致病基因，不仅如此，更多诊断技术很快就会投入应用，因此，也许将有越来越多的人自愿参与疾病的筛查，届时，某些遗传病在人类中绝迹将指日可待。

"优生学"的伦理和实践是两个需要区别对待的不同方面。历史上优生学的大部分应用和实践都违背了伦理学和科学原则。它们违背科学的原因，一部分是人们对疾病的遗传学基础一知半解，还有一部分是对隐性疾病的筛选方式不当。不过，随着遗传学研究的快速发展，这两个实践上的阻碍终将被移除。如今，面对人口过剩、全球污染以及持续不断的传染病和初现端倪的能源危机，也许终有一天，人类将不得不扮演上帝的角色，考虑亲手掌控自己的进化方向。

章后总结

1. 现有多方面的证据支持"生物起源于共同祖先，以及机体的改变会在代际更迭中逐渐累积"的假说。根据现有的各类证据及信息，我们可以确定化石物种与现实物种的亲缘关系，由此填补灭绝生物留下的空白，并标识出每个物种进化路径的系统发生树。

2. 科学家对生物种群的研究表明，种群个体没有所谓的"标准基因型"。自然界的生物种群具有惊人的遗传多样性。群体遗传学的一个关键概念叫"等位基因频率"，指的是某种基因或染色体在种群中所占的比例。

3. 达尔文提出，人类是由猿类进化而来的，现今公认最古老的"过渡"物种化石出土于非洲，这相当于承认了非洲是原始人类的起源之地。凭借对全世界各地人类的 DNA 进行测序研究，科学家建立了人类的系统发生树。

4. "优生学"是由弗朗西斯·高尔顿提出的，字面意思是"优质的生育"。高尔顿认为，改良动植物的遗传学理论和手段也应当被用于选育人类。

词 汇 表

有些术语兼具形容词（adj.）、名词（n.）或者动词（v.）的词性，需要加以区分。

活性位点（active site）：酶分子上的特定位点或凹陷，是化学反应发生的位置。

腺嘌呤（adenine）：组成 DNA 和 RNA 的嘌呤碱基之一。

琼脂（agar）：一种从海藻中提取的多聚糖，用于配制半固体培养基。

尿黑酸症（alcaptonuria）：一种伴有智力缺陷的代谢性疾病，主要的表现是尿液中含有高龙胆酸（尿黑酸），因而暴露于空气后尿液的颜色会变深。

乙醇（alcohol）：一种带羟基（OH）的有机化合物。

等位基因（allele）：同一个基因的不同变体。

等位基因频率（allele frequency）：群体遗传学概念，指特定的基因在所有等位基因中所占的比例（相同的定义和名词也适用于染色体）。

别构蛋白（allosteric protein）：具有两个不同结合位点的蛋白质，

每个位点都可以与特定的配体结合，在与目标配体结合后，别构蛋白的结构和活性会发生相应的改变。

琥珀突变体（amber mutant）：产生无义密码子（UAG）的突变体，额外的无义密码子将提前终止蛋白链的延伸。

胺（amine）：带有氨基基团（NH_2）的有机化合物。

氨基酸（amino acid）：构成蛋白质的单体，一种同时含有氨基（NH_2）和羧酸基团（COOH）的有机化合物。

氨基（amino group）：化合基团 NH_2。

氨基端（amino terminal）：多肽链的游离氨基末端。

氨酰基 tRNA（aminoacyl tRNA）：与氨基酸结合的转运 RNA，在蛋白质合成中负责运送氨基酸。

分裂后期（anaphase）：有丝分裂和减数分裂中，染色体或者染色单体互相分离并向相反的两极移动的时期。

非整倍体（aneuploid）：染色体数量在单倍体整数倍的基础上，多余或者缺少个别染色体的情况。

抗体（antibody）：某些细胞（通常在鸟类和哺乳动物体内才有）在受到抗原刺激之后合成的分子，通常的作用是与抗原结合并使之无害化。

反密码子（anticodon）：转运 RNA 与信使 RNA 上的密码子互补的特定序列。

抗原（antigen）：任何在进入生物体（通常指鸟类和哺乳动物）后能够刺激抗体合成的外源性物质。

放射自显影（autoradiography）：一种将放射性物质暴露在摄影胶片上，以胶片上产生的黑点反映放射源位置的显影技术。

常染色体（autosome）：相对于性染色体（X 或 Y）而言的普通染色体。

营养缺陷型（auxotroph）：无法合成一种或者多种自身必需营养物质的突变体。

噬菌体（bacteriophage）：细菌的病毒。

Base：（1）碱，指能够与氢离子结合的物质。比如，烧碱就是一种碱，因为它的溶质氢氧化钠（NaOH）在水中会电离出 Na^+ 离子和 OH^- 离子；后者能与氢离子（H^+）结合，形成水分子。（2）碱基。遗传学名词，指构成核酸的含氮部分。

生物信息学（bioinformatics）：分析基因组结构和功能的科学分支，分析的手段以计算机模型和程序为主。

生物合成（biosynthesis）：新陈代谢中负责合成生物自身必需分子的过程。

囊胚（blastula）：动物胚胎发育中的空心球状阶段。

纯育（breed true）：稳定生育相同后代的过程。

衣壳（capsid）：保护病毒体（病毒颗粒）的蛋白外壳。

羧基（carboxyl group）：化合基团 COOH，由于基团里的氢容易脱离成为 H^+，故而是酸性基团。

羧基端（carboxyl terminal）：多肽链的游离羧基末端。

催化剂（catalyst）：一类能够加速化学反应的速度，且自身不会有损耗的物质。

互补 DNA（cDNA）：同互补 DNA。

细胞（cell）：构成生物体的基本单位，由高度有序和复杂的生物分子和离子溶液组成，以生物质膜为边界。

细胞周期（cell cycle）：细胞各个分裂事件的一轮完整循环，包括 DNA 复制，以及复制完成后细胞一分为二。

纤维素（cellulose）：一种多聚糖，是植物组织的重要组分，尤其是木材部分。

中心粒（centriole）：动物以及某些其他生物细胞内的结构之一，在细胞分裂时迁移到细胞的一极，引导染色体向两极运动。

着丝粒（centromere）：染色体上两个染色单体附着的位置。

追踪（chase）：在以放射性同位素孵育细胞后加入没有放射性的物质，推动放射性物质向目标位置的移动，同时稀释和移除多余的放射性同位素。

化学键（chemical bond）：将两个原子连接到一起的相互作用（参见共价键）。

化学反应（chemical reaction）：由原子和分子参与，经过相互作用形成新分子的过程。

交叉（chiasmata/chiasma）：在减数分裂中，同源染色单体之间形成的 X 型交联，交叉处的断裂可以让染色体片段发生交换。

叶绿体（chloroplast）：真核细胞（如植物）进行光合作用的细胞器，是光合作用发生的场所。

染色单体（chromatid）：完成复制的染色体由两个相同的部分构成，每个部分即为染色单体。

染色粒（chromomere）：染色体上的圆珠形膨起。

染色体畸变（chromosomal aberration）：染色体结构或数量的改变。

染色体（chromosome）：由 DNA、组蛋白、其他蛋白质和 RNA 分子构成的细胞内结构，是承载细胞基因组的主要结构物质。

顺反子（cistron）：几乎相当于基因的功能单位，是互补实验中的专门叫法。

克隆（clone）：（1，n.）由同一个生物个体通过无性生殖产生的所有复制。（2，n.）以将细胞核注入去核卵细胞内的核移植方式产生的个体，该个体相当于提供细胞核的个体的复制，通过这种技术产生的单独个体即为克隆。（3，n.）插入后与载体分子一同增殖所得的 DNA 片段，也称 DNA 克隆。（4，v.）获取克隆（释义 2 和 3）的实验过程。

编码链（coding strand）：与信使 RNA 碱基序列相同的 DNA 链，唯一的区别是胸腺嘧啶和尿嘧啶。

共显性（codon）：在杂合子中能够同时且完全表达的两个等位基因，两者之间的关系被称为共显性。

密码子（codon）：编码一个氨基酸的序列单位（由三个相邻的核苷酸组成）。

秋水仙素（colchicine）：一种能在减数分裂中期阻断分裂继续进行的物质，常用于核型绘制。

冷敏（cold sensitive）：形容词性，指细胞在突变后，能在常温而不能在低温条件下正常生存的情况。

共线性（colinear）：指核酸与核酸所编码的蛋白质之间的关系，即核酸的序列直接决定了氨基酸的序列。

集落（colony）：由一个细胞生长增殖形成的细胞集团，如细菌（菌落），细胞集落通常见于培养基的表面。

碱基互补（complement）：指核苷酸碱基之间能够形成稳定配对的现象——A 与 T 或者 U、G 与 C，这两种碱基之间的搭配可以被称为碱基互补。另外，双链核酸的两条单链不仅有核苷酸碱基的互补，两条单链本身也是互补的关系。

互补 DNA（complementary DNA）：以 RNA 为模板，由逆转录酶催化合成的 DNA。

互补测定（complementation test）：测试两个不同的突变能否同时存在于一个细胞内而不影响基因的功能，根据结果可以推测这两个突变影响的是相同还是不同的基因。

条件表型（conditional phenotype）：能在某种许可条件下生长，而无法在进行对比的限制条件下生存的表现型。

接合（conjugation）：两个细胞通过紧密的物理接触，让 DNA 从其中一个细胞进入另一个细胞的过程，在细菌中尤其常见。

共价键（covalent bond）：由两个原子通过共享不同数量的电子对而形成的化学键，破坏共价键需要相当高的能量，这与那些只要很少的能量就会断裂的连接方式有显著的区别。

交叉互换（crossing over）：两个核酸分子（或者说染色体）断裂后交换片段的过程。

胞嘧啶（cytosine）：DNA 和 RNA 中的嘧啶碱基之一。

道尔顿（dalton）：分子量的单位，大小相当于一个氢原子的质量（按照严格的定义，1 道尔顿等于一个碳原子的十二分之一）。

染色体缺失（deficiency）：染色体部分片段丢失的畸变。

缺失定位（deletion mapping）：凭借基因的缺失突变绘制遗传图，依据的原理是如果两个突变的位置有交集，那么两者的重组就无法修正突变的缺陷。

变性（denature）：让分子（比如蛋白质）失去生物学活性的手段。

密度梯度（density gradient）：超速离心机中的离心溶液（通常是氯化铯溶液），形成从圆心到圆周递增的径向密度分布，不同的分子能以分子量和密度为基础，在离心溶液中实现分离。

脱氧核糖（deoxyribose）：严格来说，应该叫 2- 脱氧核糖，为五碳核糖的一种变体，其 2 号位碳原子上连接的是一个氢原子，而不是核糖的羟基（OH）。

决定（determination）：胚胎发育中细胞命运确定的过程，与"分化"相区别。

分化（differentiation）：胚胎发育中细胞获得特定形态和功能的过程，与"决定"相区别。

二肽（dipeptide）：两个氨基酸通过肽键连接形成的化合物。

二倍体（diploid）：（adj.）指拥有两个染色体组[①]。（n.）对具有两个染色体组的细胞或个体的代称。二倍体是较"单倍体"而言的概念。

分裂极（division pole）：在有丝分裂和减数分裂过程中，作为染色体移动的方向和子细胞细胞核形成的位置。

DNA 芯片（DNA chip）：在一小片载玻片上布置的单链 DNA 分子阵列，是基因组的特定组分，DNA 芯片可以用于探测与阵列互补的 RNA 分子。

DNA 克隆（DNA clone）：插入载体的 DNA 片段（载体位于细胞内，细胞、载体和 DNA 都会复制和增殖）。

DNA 连接酶（DNA ligase）：能够催化核酸间磷酸二酯键形成的酶，也就是可以把两条核酸连成一条。

DNA 指纹图谱（DNA fingerprint）：个体 DNA 片段的特征性图谱，制作的原理是用特定的酶切割 DNA，然后在凝胶上分离大小不同的片段。

DNA 多聚酶（DNA polymerase）：在 DNA 复制中将单个核苷酸添加到单链末端的酶。

显性（dominant）：当两个等位基因在杂合子中相遇时，其中一个的效应盖过另一个的情况，与"隐性"相对。

供体（donor）：（1）在细菌的接合中，向受体细胞（F⁻）贡献 DNA 的细胞（Hfr 或者 F⁺）。（2）在重组 DNA 技术中，作为提取 DNA 的原材料，或者为其他生物提供插入所需基因的生物。

染色体重复（duplication）：染色体部分片段出现重复的畸变。

---

① 染色体组：即所有形态不同的非同源染色体。——译者注

外胚层（ectoderm）：动物胚胎中将来形成体表结构（皮肤）和大部分神经系统的原始组织，与"内胚层"和"中胚层"相区分。

电泳（electrophoresis）：分子分离技术，如核酸分子的分离。基本步骤是将待分离物质置于固相支持物（凝胶或者纸）上，再给支持物通上电流。

内胚层（endoderm）：动物胚胎中将来形成肠道上皮和消化器官的原始组织，与"外胚层"和"中胚层"相区分。

核酸限制性内切酶（endonuclease）：从内部直接切割核酸链，而非从游离的末端逐个切除核苷酸的酶。

内质网（endoplasmic reticulum）：真核细胞内复杂的生物膜系统，尤以大片呈平行分布的质膜为代表，上面附着有大量核糖体，是蛋白质合成的主要场所。

终末产物（end-product）：代谢通路最终产生的化合物，如氨基酸。

酶（enzyme）：提高代谢反应速率的生物催化剂，化学本质多为蛋白质（有极少一部分是 RNA）。

后成论（epigenesis）：认为生物体是在基因组指令的指导下逐步形成的理论。

附加体（episome）：细胞内独立存在或是整合到宿主基因组里的质粒或者病毒基因组。

赤道板（equatorial plate）：在有丝分裂或减数分裂中期，染色体整齐排列的中央平面。

优生学（eugenics）：通过选育改良人类的理念，是缺乏实践意义的理想化科学。

优型学（euphenics）：通过改变个体的表现型来减轻遗传病的影响，但是不直接改变致病的基因，与"优生学"相区别。

外显子（exon）：真核细胞间隔基因中实际编码蛋白质的序列部分。

指数增长（exponential growth）：以 N_g 代表世代 g 的数量，以 N_{g+1} 代表下一世代的数量，如果 N_{g+1}/N_g 是一个常数，类似数量的增长方式即指数增长。

表达（express）：基因中携带的信息被转化为实际编码的蛋白。

灭绝（extinction）：在进化过程中，一个种群的个体全部死亡的现象。

F 因子（F factor）：一种大肠杆菌质粒，使得细胞具有把基因转移到另一个细胞中的能力。

F+、F– 菌株（F+，F– strain）：大肠杆菌的不同品系，根据是否含有 F 因子被分为 F^+ 菌株和 F^- 菌株。

适合度（fitness）：生态学和进化理论中衡量生物体某种表现型对繁殖行为的增益大小的单位。

建立者效应（founder effect）：一种与种群迁徙相关的效应，指一部分个体从大种群中脱离，迁徙到其他地区后建立新的种群，由于这些建立者的基因型构成与大种群不同，而导致新种群的遗传结构有所不同的现象。

移码突变（frameshift mutation）：基因阅读框（参见"阅读框"词条）发生错位的突变现象。

功能基因组学（functional genomics）：研究基因组如何表达的科学。

配子（gamete）：指精子和卵细胞，也包括低等生物中与两者相当的细胞。

合成间期（gap）：包括 G_1 期（合成前间期）和 G_2 期（合成后间期），真核细胞周期中的阶段之一，介于有丝分裂期和 DNA 复制期之间。

原肠胚（gastrula）：动物胚胎的发育阶段之一，此时胚胎呈空心球状，在球性胚胎的一端，细胞被深深推入胚胎内，形成一个内部的胚层。

基因敲除（gene knockout）：一种让单个基因失活的实验手段，可以据此研究基因的正常功能。

基因治疗（gene therapy）：以正常基因取代缺陷基因的治疗方式。

遗传密码（genetic code）：核酸分子中的核苷酸序列与蛋白质中氨基酸序列的对应方式。

遗传杂交测试（genetic cross）：让两个生物体或者病毒以有性或者伪有性生殖的方式将双方基因组融合的测试实验，通常是为了鉴定后代的遗传学特征。

遗传漂变（genetic drift）：指小种群的基因结构会快速变化的进化过程。小规模种群容易受到随机事件的影响，所以漂变往往与自然选择的方向大相径庭。

遗传信息（genetic information）：生物中决定生物体结构和运作的基因组指令。

转基因食物（genetically modified food）：以转基因生物为原料生产的食物。

转基因生物（genetically modified organism）：含有一个或者多个异源基因的生物。

基因组（genome）：决定生物和病毒结构与功能的全部基因以及基因调节信号，基因组以核酸作为载体。

基因组文库（genomic library）：来自同一生物个体的 DNA 片段的集合，这些片段是单一限制性内切酶的切割产物，均以与载体相结合的方式被保留。

基因型（genotype）：生物体内某个基因特定的等位基因组合，与"表现型"相区别。

种质细胞（germ cell）：产生配子的前体细胞。

生殖细胞基因治疗（germ line gene therapy）：一种理论上的遗传病疗法，主要指通过替代种质（生殖）细胞内的致病基因，断绝它们向后代传递的可能。

糖原（glycogen）：一种由葡萄糖聚合而成的储存性多糖。

鸟嘌呤（guanine）：构成 DNA 和 RNA 的嘌呤碱基之一。

单倍体（haploid）：（adj.）指仅含有一个染色体组的情况。（n.）指仅含有一个染色体组的个体或者细胞，与"二倍体"相区别。

螺旋（helix）：一种旋梯状的分子构型。

杂合子（heterozygote）：针对双倍体个体的某对基因，指构成该基因对的两个等位基因不同的情况，与"纯合子"相区别。

杂合（heterozygous）：（adj.）形容杂合子的情况。

Hfr 菌株（Hfr strain）：一种包含 F 因子（参见"F 因子"词条）且将其整合到基因组内的大肠杆菌菌株，它在接合中具有极高的 DNA 输出效率。

同源异型基因（homeotic gene）：一类调节生物体形态的基因，突变后会造成严重的发育畸变。

同源染色体（homolog）：在二倍体中，同源染色体指那些大小和基因组成完全相同的染色体。"同系物"（homolog）概念的适用面颇广，不止局限于染色体。

同源性（homology）：不同物种间在生物学结构（解剖结构或是分子结构）上的相似部分，也可以指那些相同的特征。

纯合子（homozygote）：针对二倍体个体的某对基因，指构成该基因对的两个等位基因相同的情况，与"杂合子"相区别。

纯合（homozygous）：（adj.）形容纯合子的情况。

何蒙库鲁兹（homunculus）：一种生殖和遗传研究领域曾假想过的小人，人们认为它会事先躲藏在精子或者卵子里，并在女性怀孕期间发育成婴儿。

氢键（hydrogen bond）：一种分子间的弱相互作用力，由一个带正电的氢离子和两侧具有成为负离子倾向的原子构成，例如—O———H—O，或者—N——H—O—，这里的虚线代表氢键。

亲水（hydrophilic）：即"吸水的"，形容分子容易与水结合并能溶于水的特性，与"疏水"相对。另可参见词条"极性"。

羟基（hydroxyl group）：化学基团 OH。

先天性新陈代谢紊乱（inborn error of metabolism）：由于关键酶缺失、代谢通路紊乱而导致的遗传病。

诱导（induction）：（1）指通过抑制阻遏蛋白激活基因表达的过程。（2）胚胎发育中，一种细胞对另一种不同类型细胞的发育和分化所产生的影响。

信息（information）：多与少决定了生物结构有序性和特异性的高与低。

分裂间期（interphase）：真核细胞周期中，除去有丝分裂期以外的阶段。

内含子（intron）：基因序列中作为隔断的非编码序列，与"外显子"相对。

染色体倒位（inversion）：一种染色体畸变，染色体的部分片段断裂脱落之后，旋转一百八十度后又接回原位。

离子（ion）：带有正电荷或负电荷的原子和分子。

核型（karyotype）：一种生物体染色体组的示意图，制作的方式是将染色体分散涂布后拍照留影，随后按照同源染色体分组配对的方式整理排列。

千碱基对（kilobase）：计数单位，代表一千个碱基、核苷酸或核苷酸对。

标记（label）：（n.）指加入化合物内的放射性原子，通常被作为特征性标签，用于追踪该物质。（v.）指添加上述标签性物质的实验操作。

菌苔（lawn）：生长在琼脂培养基上的细菌层，用于衬托噬菌斑的位置。这个词也可以用于更宽泛的情景，即任何可以反衬出噬菌斑的细胞层。

配体（ligand）：能与蛋白质上特定位点结合的分子。

连锁图（linkage map）：指示染色体上各个基因以及其他遗传成分的图，它们的相对位置以相互之间的连锁程度确定。

连锁（linked）：指基因或者其他遗传成分同时位于一条染色体（核酸）上。

脂质（lipid）：大致相当于脂肪，一种疏水性的生物分子，通常由长链碳氢化合物构成。

基因座（locus 或 loci）：基因和调控序列在染色体或遗传图上占据的位置。

溶菌（lysis）：细胞在被噬菌体感染后（广义上来说，是细胞在被病毒感染之后）破裂，同时释放胞内噬菌体的过程。

溶原性的（lysogenic）：用于描述细胞处于溶原状态的形容词。

溶原现象（lysogeny）：指细菌细胞内含有处于前噬菌体状态的温和噬菌体。

溶菌周期（lytic cycle）：噬菌体开始在宿主细胞内大量增殖并导致细菌溶解破裂的过程。

大进化（macroevolution）：从化石证据中观察到的宏观进化过程，表现为新旧物种的不断更替。

大分子（macromolecule）：分子量极其巨大的分子，比如典型的蛋白质与核酸分子。

基因标记（marker）：指突变或其他形式的特征性核酸序列，可以作为定位基因以及其他遗传成分位置的参照。

减数分裂（meiosis）：在一个完整的生殖周期内，二倍体细胞分裂为单倍体细胞的过程。

生物膜（membrane）：由蛋白质和脂质构成的结构，作为细胞和各种亚胞结构的边界，如细胞核、线粒体等。

中胚层（mesoderm）：动物胚胎中将来形成大部分内脏器官的原始组织，与"内胚层"和"外胚层"相区别。

信使 RNA（messenger RNA）：携带核酸密码子信息的 RNA 分子。

代谢通路（metabolic pathway）：由一系列酶参与的一连串化学反应，目的是将原料物质一步步转化为必需的产物。

新陈代谢（metabolism）：发生在一个生物体内的所有化学反应的总称。

代谢产物（metabolite）：由代谢通路产生的众多物质之一。

分裂中期（metaphase）：在有丝分裂和减数分裂中，所有染色体大致分布于细胞中央的分裂阶段。

微进化（microevolution）：发生在一个物种内的微小遗传改变。

线粒体（mitochondrion）：一种微小、修长的真核细胞细胞器，主要的功能是从食物中获取能量并将其转化为生物体能够利用的形式。

有丝分裂（mitosis）：在真核细胞中，细胞核由一个精确分裂为两个的过程，所得的每个子代细胞核都含有相同的染色体构成。细胞核分裂常常与细胞分裂相伴。

理论模型（model）：科学研究中一种用配图或文字解释对象运作原理的形式。

单体（monomer）：构成多聚体的每个小分子。

单糖（monosaccharide）：单个的糖分子，即构成多糖分子的单体。

突变原（mutagen）：能提高突变率的物质或者自然现象，比如放射线。

突变（mutant）：（n.，作为名词时，作"突变体"）指具有基因变异的个体。（adj.）形容含有变异的状态。

变异（mutation）：（1）基因组发生改变的过程。（2）也可以指代基因组发生改变后造成的结果本身。

突变率（mutation rate）：衡量突变发生可能性的指标。通常，这个指标代表每次细胞进行分裂时，某个基因发生突变的概率。

自然选择（natural selection）：表现型不同的生物体拥有不同繁殖成功率的现象，原因是在特定的环境条件下，不同性状的适合度不同。

脉孢菌（Neurospora）：遗传实验中广泛使用的一种红色面包霉菌。

固氮（nitrogen fixation）：大气中的游离氮（N_2）被转化为诸如氨气（NH_3）或者硝酸根（NO_3^-）等植物能够利用的形式的化学过程。

无义突变（nonsense mutant）：有义密码子突变为无义（多肽链延伸终止）密码子（包括 UGA、UAG 和 UAA）的过程，原本能够继续延长的多肽将会提前终止。

核膜（nuclear envelope）：真核细胞中包裹细胞核的双层膜结构。

核苷酸（nucleotide）：构成核酸的单体分子，由糖分子（核糖或脱氧核糖）上连接一分子含氮碱基和一分子磷酸基团形成。

细胞核（nucleus）：真核细胞中容纳染色体的细胞器。

营养培养基（nutrient medium）：能够支持某些生物生长的混合物质。

卵母细胞（oocyte）：能够通过减数分裂产生卵细胞的细胞。

卵子发生（oogenesis）：卵子形成的过程。

开放阅读框架（open reading frame）：潜在的基因候选，特征包括一系列连续的密码子序列，以典型的起始密码子作为开头，以典型的终止密码子作为结束，中间没有间隔序列，总长度足够编码一条多肽。

操纵基因（operator）：一段毗邻基因的序列，作为调节蛋白结合的位点，对基因的表达起调控或者阻断作用。

操纵子（operon）：由操纵基因和受它控制的一个或多个基因构成的调节单元。

细胞器（organelle）：细胞内的独立结构，每种细胞器都有特定的功能。

有机化合物（organic compound）：大部分的含碳化合物，通常还含有氢原子、氧原子和（或）氮原子。有机物是有机体能够合成的物质之一。

卵细胞（ovum）：即卵子。

泛生论（pangenesis）：该理论（目前已经没人相信）认为精子和卵子会聚集来自身体各个器官的"种质"物质，以此解释配子能将亲本性状传递给后代的现象。

亲本型（parental）：杂交后代中与亲本相同的基因型，与"重组型"相区别。

家族谱系（pedigree）：反映某个（些）遗传性状在家庭成员（其他生物也同理）中间传递的图。

肽键（peptide bond）：在蛋白质和肽中连接两个氨基酸的部分，原子组成为 C—O—N—H。

允许条件（permissive）：能够让条件致死性突变个体生长的条件，比如低温相对于高温敏感的突变菌株，与"限制条件"相区别。

噬菌体（phage）：细菌的病毒。

表现型（phenotype）：生物体表达出的性状，与"基因型"相区别。

苯丙酮尿症（phenylketonuria）：一种以智力缺陷为症状的遗传疾病，原因是患者无法正确地代谢苯丙氨酸。

磷酸基团（phosphate）：化学基团 PO_4，见于核酸和其他化合物中。

线系进化（phyletic evolution）：物种性状逐渐改变的进化过程。

系统发生树（phylogenetic tree）：展现数个物种在进化上具有的可能联系的图，通常为分岔的树状图。

噬菌斑（plaque）：生长于培养基上的细胞由于噬菌体的感染而形成的小而圆的清亮板块。

质粒（plasmid）：存在于细菌和其他微生物细胞内且能够自我复制的 DNA 分子，质粒上可能带有独特的基因，有时也会把自己的复制分子转入其他细胞内，但是通常都会与细胞本身的基因组保持分离。

培养皿（plate）：用于培养和研究细胞生物或者病毒的容器。

多效性（pleiotropic）：指一个等位基因在生物体中能够影响多个性状表现型的现象。

极体（polar body）：卵子发生中，卵母细胞（卵细胞）因不均等分裂而产生的体积较小且没有功能的分裂产物。

聚合物（polymer）：由许多相似或相同的小分子（单体）聚合形成的分子。

聚合酶（polymerase）：催化聚合物形成的酶。

聚合酶链式反应（polymerase chain reaction）：一种通过不断重复复制过程而扩增小 DNA 分子的技术。

多核苷酸（polypeptide）：即核酸，一种由许多核苷酸聚合形成的分子。

多肽（polypeptide）：即蛋白质，一种由许多氨基酸聚合形成的分子。

多聚核糖体（polyribosome）：多个核糖体附着在同一条信使 RNA 上形成的结构。

多糖（polysaccharide）：一种由许多单糖分子聚合形成的分子。

池（pool）：指每种化合物在胞质或细胞器内的储存和堆积。

先成论（preformation）：一种解释生殖现象的理论，认为精子和卵子里有预先存在的、已经发育完全的微小生物体。

一级结构（primary structure）：指蛋白链中的氨基酸序列。

探针（probe）：一种分子，通常是短小的核酸片段，在标记后可以被用于寻找特定的基因或者其他遗传成分。

二氨基吖啶（proflavin）：一种能与 DNA 结合的染料分子，会促进碱基的插入或删除突变。

启动子（promoter）：DNA 或者染色体上结合 RNA 聚合酶，从而启动转录的位点。

前噬菌体（prophage）：指温和噬菌体（如噬菌体 λ 和 P1）处于溶原状态下的基因组。前噬菌体通常呈环形，整合在细菌的基因组上或者游离在细胞质内。

分裂前期（prophase）：有丝分裂和减数分裂开始的第一个阶段，细胞内发生染色体的固缩核膜的崩解。

蛋白质（protein）：氨基酸的聚合物。

原养型生物（prototroph）：能够以简单的碳基分子（如糖）合成所有自身所需物质（氨基酸、核酸等）的生物，比如某些细菌和真菌。

假病毒（pseudovirion）：携带细胞 DNA 而非病毒基因组的病毒蛋白颗粒，同样具有感染性。

脉冲标记技术（pulse label）：一种实验技术，主要指在短时间内在细胞或者生物体内加入标记物（参见"标记"词条），然后进行追踪（参见"追踪"词条）。

庞氏表（Punnett square）：展示杂交试验结果的图表，在图两边分别列举亲本双方所有可能的配子，然后在方格里填上对应的配子组合。

嘌呤（purine）：含氮碱基的分类之一，包括核酸里的腺嘌呤和鸟嘌呤，分子结构是一个六元环连接一个五元环，与"嘧啶"相区别。

嘧啶（pyrimidine）：构成核酸的含氮碱基之一，包括胞嘧啶、胸腺嘧啶和尿嘧啶，分子结构是一个六元环，与"嘌呤"相区别。

R 质粒（R plasmid）：一种携带单个或者多个抗生素抗性基因的质粒（参见"质粒"词条）。

阅读框架（reading frame）：一种假想的核酸阅读方式，按照一次读取三个碱基对的方式沿基因推进，以此推测最终的蛋白产物。

受体（receptor）：具有特异性配体结合位点的蛋白质，能够识别配体并与其发生相互作用。

隐性（recessive）：两个等位基因之间的相对关系。当两者同时出现在杂合子中时，指效应没有表现出来的其中一方，与"显性"相对。

接受细胞（recipient）：在细菌接合中，与 Hfr 和 F$^+$ 细胞相连的细胞。

识别（recognize）：与特定分子或者核酸上特定序列发生特异性结合的过程。

重组型（recombinant）：杂交后代中与亲本不同的基因型，与"重组型"相区别。

重组 DNA（recombinant DNA）：以限制性内切酶切割 DNA 分子，并将切割片段插入经过同一种限制性内切酶切割的载体内所得的重组产物。

调节基因（regulator gene）：编码调节蛋白的基因。

重复 DNA（repetitive DNA）：在典型的真核生物染色体中，构成染色体的 DNA 里所含有的短而反复的区段。

复制（replica）：（n.）与模板完全相同的拷贝，特指核酸分子。

复制（replicate）：（v.）指一个核酸分子扩增为两个完全相同的分子的过程。

阻遏物（repressor）：通过与操纵基因集合，控制一个或多个基因表达的调节蛋白。

限制性内切酶（restriction endonuclease enzyme）：识别特征性序列后，在 DNA 分子内的特定位点进行切割的酶。

限制性片段长度多态性（restriction fragment length polymorphism）：一种个体 DNA 序列的差异，由于限制性内切酶切割位点的不同，使得不同个体切割片段的长度分布不同。

限制性图谱（restriction map）：标注不同限制性内切酶切割位点之间相对距离和顺序的示意图。

限制条件（restrictive）：无法让条件致死性突变个体生长的条件，例如高温相较于高温敏感的突变体，与"允许条件"相区别。

突变回复体（revertant）：变异被撤销后恢复原样的生物体。

核糖（ribose）：一种构成核苷酸的五碳糖。

核糖体RNA（ribosomal RNA）：作为核糖体结构成分的RNA分子。

核糖体（ribosome）：一种由蛋白质和RNA分子组成的复合物，是合成蛋白质的工厂。

RNA聚合酶（RNA polymerase）：一种以DNA为模板，催化合成RNA分子的酶，它也是实际催化转录的酶。

S期（S period）：真核细胞的细胞周期中，DNA和染色体进行复制的时期。

分离（segregation）：等位基因在有性生殖中互相分开并进入不同配子的过程。

半保留（semiconservative）：核酸复制的形式，双链分子解旋后分别作为模板，在已有分子的基础上合成新的核酸分子。

兄弟姐妹（sibling）：同父同母的血亲。

镰刀型贫血症（sickle cell anemia）：一种遗传病，病因是红细胞呈异常的镰刀形，容易阻塞管径较小的血管。

镰状细胞特征（sickle trait）：杂合型的镰刀型贫血症，症状较为温和。

体细胞（somatic cell）：多细胞生物体内所有不是生殖腺细胞（指配子细胞，以及通过减数分裂产生配子的其他细胞）的细胞（比如动物的肝细胞、肌肉细胞和皮肤细胞）。

体细胞基因治疗（somatic gene therapy）：通过向目标组织内导入正常基因治疗特定遗传病的技术。

物种形成（speciation）：一个物种分裂后成为两个或多个新物种的过程。

精细胞（spermatid）：减数分裂产生的细胞之一，经过形变后将成为精子。

精母细胞（spermatocyte）：一种能够通过减数分裂产生精子的母细胞。

精子（spermatozoon, 也作 sperm）：成熟的雄性配子。

纺锤体（spindle）：有丝分裂和减数分裂中一种由微管构成的结构，作用是分离染色体、引导其向相反的细胞两级移动。

淀粉（starch）：葡萄糖单体以 α-1：4 糖苷键连接而成的多糖，是生物体的储能物质。

干细胞（stem cell）：多细胞生物体内一类保留全能性的细胞，能够分化出各种各样的成熟体细胞。

终止密码子（stop codon）：不编码氨基酸的无义密码子（UAG、UGA 以及 UAA），是多肽链延伸的终止信号。

品系（strain）：特指不同的生物和病毒品种，划分的依据通常是基因型，研究和育种是其主要的培育目的。

结构基因组学（structural genomics）：研究基因组结构的科学。

亚种（subspecies）：同一物种生活在不同地区内的独特种群。

底物（substrate）：酶作用的对象，或者说反应过程需要由酶催化的物质。

抑制突变（suppressor）：逆转前一次突变表现型的二次突变。

同线性（synteny）：不同物种的基因在染色体上位于相似或者相同位置的现象。

分裂末期（telophase）：有丝分裂和减数分裂的最后阶段，染色体组重新被新形成的细胞核包围。

温和噬菌体（temperate）：能够导致细菌溶原状态的噬菌体。

高温敏感（temperature sensitive）：形容适应低温而不适应高温条件的突变或者突变体。

模板（template）：指导互补结构或者分子合成的依据。

模板链（template strand）：在 RNA 合成中作为模板的 DNA 链，与 RNA 的序列互补。

测交（test cross）：测定显性表型个体基因型的杂交试验，具体的操作是将其与隐性纯合个体杂交。如果待测个体是显性纯合，那么后代就只有显性表型的个体；而如果待测个体是显性杂合，那么后代里就会出现隐性表型的个体。

胸腺嘧啶（thymine）：构成 DNA 的嘧啶碱基之一。

组织（tissue）：多细胞生物中由许多相同类型的细胞组成的、具有特定功能的结构，比如肌肉组织、表皮组织和独特的神经组织。

全能性（totipotent）：胚胎学概念，形容某些细胞能够发育成任何成熟体细胞的性质。

转录产物（transcript）：以 DNA 为模板合成的与其互补的 RNA 分子。

转录（transcription）：合成转录 RNA 的过程，多数情况下的产物是带有基因信息的信使 RNA。

转导（transduction）：病毒（通常是噬菌体）把基因（基因组基因）从一个细胞带到另一个细胞的过程。

转运 RNA（transfer DNA）：为蛋白质合成运送氨基酸的 RNA 小分子。

转化（transformation）：通过导入 DNA 改变细胞（通常是细菌）的过程。

转基因（transgene）：由一个物种转入另一个没有亲缘关系的物种体内的基因。

转基因生物（transgenic organism）：接受转基因修饰的生物体。

翻译（translation）：蛋白质合成的过程，与"转录"相区别。

染色体易位（translocation）：一种染色体部分片段转移到非同源染色体上的畸变。

转座子（transposon）：一种能在基因组内变换位置的遗传成分。

周转代谢（turnover）：新分子代替旧分子的过程。从广义上来说，任何新旧交替的过程都可以被称为周转。

超速离心机（ultracentrifuge）：能以超高速旋转溶液或浊液的设备，产生的离心力足以让溶液中的溶质粒子沿径向移动。

上游（upstream）：染色体或核酸分子上与转录方向相反的定位术语。

尿嘧啶（uracil）：构成 RNA 的嘧啶碱基之一。

尿苷酸（uridine）：含有尿嘧啶的核糖核苷酸。

化合价（valence）：代表一个原子能与其他原子形成化学键的数量。

载体（vector）：能够携带指定 DNA 片段的媒介，可以是病毒、质粒或者其他细胞结构。

囊泡（vesicle）：一种由生物膜围成的微小囊状结构，它的功能是在细胞内运送物质。

病毒体（virion）：细胞外的颗粒状病毒，基本结构包括一条基因组核酸，以及保护核酸的蛋白质衣壳。

烈性噬菌体（virulent phage）：只有溶菌周期的噬菌体，在感染细菌后随即开始大量增殖。

病毒（virus）：区别于生物的一种遗传性机体，只能在活细胞内增殖，由单纯的基因组构成，且能在生命周期中的某些阶段形成存在于细胞外的病毒体（参见"病毒体"词条）。

野生型（wild-type）：实验生物体内所谓的"标准"和"正常"等位基因，与突变等位基因的概念相对。

X 染色体（X chromosome）：哺乳动物和一些其他动物体内决定个体性别的染色体，XX 的个体为雌性，与 Y 染色体配对的 XY 个体为雄性。

X 射线衍射（X-ray diffraction）：一种根据晶体分子对 X 射线的散射情况推导晶体分子结构的技术手段。

Y 染色体（Y chromosome）：哺乳动物和一些其他动物体内与 X 染色体配对、决定雄性性别的染色体。

合子（zygote）：雌雄配子（通常是精子和卵子）结合形成的细胞。

扫描二维码，下载"湛庐阅读"APP，
搜索"人人都该懂的遗传学"，获取本书参考文献！

未来，属于终身学习者

我这辈子遇到的聪明人（来自各行各业的聪明人）没有不每天阅读的——没有，一个都没有。巴菲特读书之多，我读书之多，可能会让你感到吃惊。孩子们都笑话我。他们觉得我是一本长了两条腿的书。

——查理·芒格

互联网改变了信息连接的方式；指数型技术在迅速颠覆着现有的商业世界；人工智能已经开始抢占人类的工作岗位……

未来，到底需要什么样的人才？

改变命运唯一的策略是你要变成终身学习者。未来世界将不再需要单一的技能型人才，而是需要具备完善的知识结构、极强逻辑思考力和高感知力的复合型人才。优秀的人往往通过阅读建立足够强大的抽象思维能力，获得异于众人的思考和整合能力。未来，将属于终身学习者！而阅读必定和终身学习形影不离。

很多人读书，追求的是干货，寻求的是立刻行之有效的解决方案。其实这是一种留在舒适区的阅读方法。在这个充满不确定性的年代，答案不会简单地出现在书里，因为生活根本就没有标准确切的答案，你也不能期望过去的经验能解决未来的问题。

湛庐阅读APP：与最聪明的人共同进化

有人常常把成本支出的焦点放在书价上，把读完一本书当作阅读的终结。其实不然。

> 时间是读者付出的最大阅读成本
> 怎么读是读者面临的最大阅读障碍
> "读书破万卷"不仅仅在"万"，更重要的是在"破"！

现在，我们构建了全新的 "湛庐阅读" APP。它将成为你"破万卷"的新居所。在这里：

- 不用考虑读什么，你可以便捷找到纸书、有声书和各种声音产品；
- 你可以学会怎么读，你将发现集泛读、通读、精读于一体的阅读解决方案；
- 你会与作者、译者、专家、推荐人和阅读教练相遇，他们是优质思想的发源地；
- 你会与优秀的读者和终身学习者为伍，他们对阅读和学习有着持久的热情和源源不绝的内驱力。

从单一到复合，从知道到精通，从理解到创造，湛庐希望建立一个"与最聪明的人共同进化"的社区，成为人类先进思想交汇的聚集地，与你共同迎接未来。

与此同时，我们希望能够重新定义你的学习场景，让你随时随地收获有内容、有价值的思想，通过阅读实现终身学习。这是我们的使命和价值。

湛庐阅读APP玩转指南

湛庐阅读APP结构图：

12+图书订阅服务
纸质书
有声书
电子书

读什么

湛庐阅读APP

怎么读

泛读：一书一课
通读：通识课
精读：精读班

与谁共读

跟谁读

作者、译者、专家、推荐人和阅读教练

优秀的读者和终身学习者

三步玩转湛庐阅读APP：

读一读▼

湛庐纸书一站买，
全年好书打包订

书城

听一听▼

泛读、通读、精读，
选取适合你的阅读方式

精读班　一书一课
通识课

扫一扫▼

买书、听书、讲书、
拆书服务，一键获取

扫一扫

使用APP扫一扫功能，
遇见书里书外更大的世界！

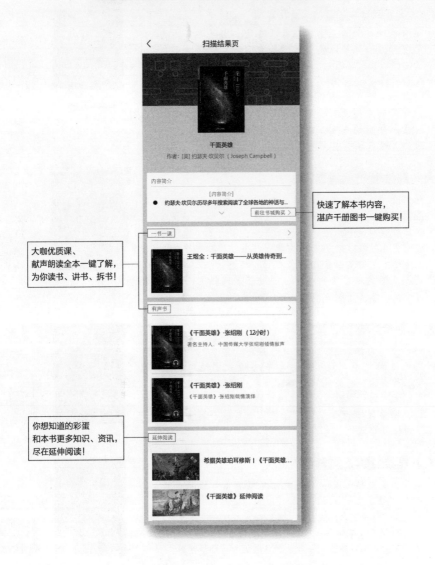

快速了解本书内容，
湛庐千册图书一键购买！

大咖优质课、
献声朗读全本一键了解，
为你读书、讲书、拆书！

你想知道的彩蛋
和本书更多知识、资讯，
尽在延伸阅读！

延伸阅读

《人人都该懂的心理学》

◎ 《人人都该懂的心理学》系统梳理、讲解了现当代心理学的核心思想、重要实验和研究，用简单有趣的文字为你构建系统的心理学知识网络，让你通过本书读懂心理学、爱上心理学。

◎ 人为什么会变得好斗？人是怎样看到、听到和感觉到事物的？人为什么会有偏见？我们真的可以对人测谎吗？在睡眠或催眠状态下发生了什么？生活中的每一个问题都可以说是心理学的问题，而这些问题都可以在本书中找到答案。

《人人都该懂的克隆技术》

◎ 在克隆羊多利诞生之后，克隆技术又取得了哪些进展？克隆技术现在还重要吗？电影中的克隆人情节可以变成现实吗？克隆技术拥有哪些应用前景？所有这些有关克隆技术的答案，你都可以在《人人都该懂的克隆技术》这本书中找到。

◎ 涵盖克隆技术发展的脉络、关键节点及相关伦理学讨论，一本书了解克隆技术的"前世今生"。

《人人都该懂的科学哲学》

◎ 科学最终带给我们的究竟是生存还是毁灭？科学研究的目的究竟是什么？科学能告诉我们绝对真理吗？所有这些有关科学哲学的答案，你都可以在《人人都该懂的科学哲学》这本书中找到。

◎ 涵盖科学哲学的核心思想，让你一本书了解科学哲学的核心智慧。

《人人都该懂的法庭科学》

◎ 再现法医工作细节，洞悉犯罪现场调查背后的科学原理。

◎ 剖析法庭科学7大关键领域，揭秘科学证据的法律呈现。法庭科学7大领域一一呈现，展现不同学科在案件侦破过程中的应用，带你进一步走进法庭科学的纷繁世界。

Genetics: A Beginner's Guide by B. Guttman, A. Griffiths, D. Suzuki and T. Cullis

Copyright © Guttman, Griffiths, Suzuki and Cullis 2002

First published in the United Kingdom by Oneworld Publications

All rights reserved

本书由 Oneworld Publications 在英国首次出版。

本书中文简体字版由 Oneworld Publications 授权在中华人民共和国境内独家出版发行。未经出版者书面许可，不得以任何方式抄袭、复制或节录本书中的任何部分。

版权所有，侵权必究。

图书在版编目（CIP）数据

人人都该懂的遗传学 / （美）伯顿·格特曼，（加）安东尼·格里菲斯，（加）戴维·铃木，（加）塔拉·卡利斯著；祝锦杰译 . — 杭州：浙江人民出版社，2019.6

书名原文：Genetics

ISBN 978-7-213-09322-7

Ⅰ . ①人… Ⅱ . ①伯… ②安… ③戴… ④塔… ⑤祝… Ⅲ . ①遗传学—普及读物 Ⅳ . ① Q3-49

中国版本图书馆 CIP 数据核字 (2019) 第 101961 号

浙江省版权局
著作权合同登记章
图字：11-2019-121 号

上架指导：遗传学通俗读物

人人都该懂的遗传学

［美］伯顿·格特曼　［加］安东尼·格里菲斯　［加］戴维·铃木　［加］塔拉·卡利斯　著
祝锦杰　译

出版发行：浙江人民出版社（杭州体育场路 347 号　邮编　310006）
　　　　　市场部电话：（0571）85061682　85176516
集团网址：浙江出版联合集团　http://www.zjcb.com
责任编辑：方　程
责任校对：杨　帆
印　　刷：天津中印联印务有限公司
开　　本：880mm×1230mm 1/32　　印　　张：13.75
字　　数：336 千字　　　　　　　　插　　页：1
版　　次：2019 年 6 月第 1 版　　印　　次：2019 年 6 月第 1 次印刷
书　　号：ISBN 978-7-213-09322-7
定　　价：79.90 元

如发现印装质量问题，影响阅读，请与市场部联系调换。